精密机械设计

运动学设计原理与实践

【美】道格拉斯·布兰丁（Douglass L. Blanding）著

于靖军　刘辛军　译

机械工业出版社

本书是美国机械工程师协会（ASME）和美国精密工程协会（ASPE）重点推介的机械创新设计系列图书之一。全书从运动学中的基本概念出发，通过探索蕴含在已广泛用于机械装置及精密仪器设计实践多年的运动学原理，提出了一种简单实用的约束线图分析法用于新装置的发明。该方法的优点在于可将任一机械连接中的约束及自由度用一组空间线图来表示，以实现分析及概念设计的可视化、图谱化。事实上，无论是精密仪器、办公设备还是汽车、飞机、空间站等，任何机械装置在概念设计阶段都可以采用这种图谱方法。本书提供了丰富的设计实例，以便读者迅速了解机械的工作原理，提高机械创新的技能以及驾驭复杂机械分析和设计的能力。

本书可作为高等院校机械设计、精密机械、精密仪器、工业设计等专业学习（精密）机械设计的基础教材，亦可作为其他机电结合专业学习机械设计基础的参考教材，还可供有关工程设计及技术人员自学使用。

Exact Constraint：Machine Design Using Kinematic Principles/by Douglass L. Blanding
ISBN：978-0-7918-0085-7

图书在版编目（CIP）数据

精密机械设计：运动学设计原理与实践/(美)道格拉斯·布兰丁(Douglass L. Blanding)著；于靖军，刘辛军译. —北京：机械工业出版社，2017.1（2024.9 重印）
书名原文：Exact Constraint：Machine Design Using Kinematic Principles
ISBN 978-7-111-55524-7

Ⅰ.①精…　Ⅱ.①道…②于…③刘…　Ⅲ.①机械设计　Ⅳ.①TH122

中国版本图书馆 CIP 数据核字（2016）第 287367 号

机械工业出版社（北京市百万庄大街 22 号　邮政编码 100037）
策划编辑：刘本明　责任编辑：刘本明　责任校对：刘怡丹
封面设计：张　静　责任印制：郜　敏
北京富资园科技发展有限公司印刷
2024 年 9 月第 1 版第 6 次印刷
169mm×239mm・9.75 印张・187 千字
标准书号：ISBN 978-7-111-55524-7
定价：69.00 元

凡购本书，如有缺页、倒页、脱页，由本社发行部调换
电话服务
服务咨询热线：010-88361066
读者购书热线：010-68326294
010-88379203
网络服务
机 工 官 网：www.cmpbook.com
机 工 官 博：weibo.com/cmp1952
金 书 网：www.golden-book.com
教育服务网：www.cmpedu.com

译者的话

这是一本教授如何采用简单直观的方法进行机械（或结构）拓扑结构概念设计的专著。本书作者道格拉斯·布兰丁（Douglass L. Blanding）是一名资深的机械工程师，曾经在柯达公司工作长达20余年。书中的许多机械模型都来自于生产实践，是作者长期工作的经验总结。

全书内容共分为8章。第1章从简单的二维装置（本质都是平面机构）出发，介绍了运动学中的一些基本概念，如自由度、约束、瞬心、反力等，并引出了约束线图的概念。第2章简单介绍了几种典型的三维约束装置，作为由平面装置向空间装置的过渡。第3章是全书的重点，从空间三维的角度系统介绍了约束线图分析法的基本原理。第4~7章分别给出了该方法在柔性元件、联轴器、复杂装置和结构设计中的应用。第8章，也是本书的最后一章，则列举了一个如何应用约束图谱法设计纺织机的具体实例。

在本书中，读者可以学习到大量与机械运动学设计相关的准则和技巧。全书通过全面系统地探索那些历史悠久但又有些抽象晦涩的运动设计原理（广泛用于精密仪器设计实践中已逾百年），可使读者从中获取一系列独特而强大的可用在任何机械（无论何种类型和尺寸）设计中的原则和技巧。而所有技巧的核心在于约束线图分析法的运用。该方法可将机械连接的约束及自由度用一组空间线图来表示，以达到可视化的目的。事实上，无论是精密仪器、办公用品，还是汽车、飞机、空间站等，任何机械装置都可找到这类线图。了解这些设计原理不仅对求解疑难设计问题有帮助，同时也有助于设计质优价廉的新装置。

此外，本书还提供了丰富的设计实例，以便于读者迅速了解机械的工作原理，提高机械创新的技能以及驾驭复杂机械分析与设计的能力。

正如本书作者所言："一幅图片抵得上一千个单词，一个模型抵得上一千幅图片。"本书尽管蕴含了深刻的运动学原理，但运用的是大量线框形式表达的二维、三维机械模型。另外，全文鲜有公式，并不像一般工科教材专著那样公式通篇，这使得本书的可读性非常强。

前　言

本书通过全面系统地探索那些历史悠久但有些抽象晦涩的运动学设计原理，可使读者从中获取一组独特而功能强大的法则和技巧。这些法则与技巧可用在任何机械设计中，无论何种类型和尺寸，无论设计的仪器精密与否。所有技巧的核心在于约束线图分析法的运用。该方法可将机械连接的约束及自由度用一组空间线图来表示，以达到可视化的目的。这些线图的空间关系一经揭开，就可以发现在它们之间遵循一个相当简单的“法则”。尽管并不是新的，却并不为人们所熟知。事实上，无论是精密仪器、办公用品还是大型车辆等，任何机械装置都可找到这类线图。通过学习识别机器中的这些线图，机械设计工程师将能够以全新的视角来了解机器的工作原理，从而往往会令他们给出其各自领域内特异问题的完美解答。这些原理集成在一起，就是本书所提到的“精确约束设计原理”。它将使设计者对机器的性能有更为深刻的理解，从而有助于设计者更容易地设计质优价廉的新装置。

精确约束设计原理将各种看似不同领域的机器设计问题整合在一起。例如，表现约束和自由度的线图既可以在机构的构件连接中找到，也可以发现于单个结构内部。因此，诸如结构分析与机构设计这两个不同的领域完全可以归于同类，因为对二者而言都可采用相同的分析技巧。

精确约束设计原理不仅仅可以应用于机器构件（部件）间的机械连接，有时，我们需要跳出机器本身来审视这些连接，例如汽车的轮胎与道路之间的“连接”。当工程师在设计汽车悬架机构时，为了确定诸如汽车转向轴位置这类几何特性，应当认真考虑这种连接。与之类似的例子是，当工厂生产线上需要传送一个又薄又长的卷幅（或柔性板材）——比如纸——时，我们必须将卷幅本身也作为机器的一个组成部分，并考虑传送过程中卷幅与辊子之间的机械连接关系。本书最后一章就是探讨精确约束设计原理如何在卷幅传送装置中应用。

本书可以给机器设计者以灵感。受众读者群包括与机器（汽车、农业机械、飞机、空间站、望远镜、办公设备、精密仪器等）设计相关的工程师、设计师、科研人员、技师以及维修人员等，也可以是那些对机械痴迷或者希望能更好地理解机器工作原理的人员。本书的主题源于一些最基本的运动学原理，看似抽象的理论通过丰富多彩的实例来补充。读者从中定能极大地加深对机器工作原理的理解，提高创新设计高性能、低成本机器以及分析了解现有复杂机器的能力。

作者编写本书的目的就是将有关机器设计的运动学法则与技巧集成在一起，变成一个能使位于工程实践第一线的工程师受益的系统实用教程。这些法则有些为大家所共知，有些则不然。其中的一些技巧则是全新的体验。例如，约束线图分析技巧是新的，所有这些法则与技巧以书中的方式来集成也肯定是新的。集成后所谓的“精确约束设计原理”，更是一种具有实用价值的方法论。它从运动学中的迷雾中冲出，将运动学设计原理应用到机械设计问题的各个层面，而并不仅仅用在精密仪器的设计中。

在对精确约束设计原理进行阐述的过程中，本书首先介绍基本概念，然后在这些基本概念的基础上提出精确约束设计原理，辅以大家所熟悉的实例，从而将抽象的概念变得更加形象具体。另外，本书尽管有大量精彩的运动学连接实例，但并不是一本运动连接的分类图书。作者既不是这些实例的发明者，也不想深究它们的原创者。这里只有一个目的——更加形象地阐述丰富多彩的精确约束设计原理。

背　景

虽然詹姆斯·克拉克·麦克斯韦（James Clerk Maxwell）并没有宣称自己第一个发现了运动学原理，但他却精炼地诠释了运动学设计的本质。在其论文《有关科学仪器的通用性考虑》（*General Considerations Concerning Scientific Apparatus*）中，他总结出“施加给科学仪器关键部件的机械约束数一定等于6减去该部件应该具有的自由度数”。他进而指出这些约束必须合理布置才能避免过约束。有关运动学设计理论的起源和发展可参考克里斯·埃文斯（Chris Evans）所著的《精密工程发展论》（*Precision Engineering*：*An Evolutionary View*）。

运动设计原理已逐渐成为精密仪器设计的基本原理之一。怀特海德（T. N. Whitehead）在其所著的《仪器与精密机械设计与应用》（*The Design and Use of Instruments and Accurate Mechanism*）一书中指出：运动学精度作为仪器与精密机械设计的本质需求，一旦遵循其中的设计原理，必将从中获益，譬如可实现超高精度、预期的性能以及关键部件非常微小的变形等。

20世纪60年代，伊士曼柯达公司的约翰·麦克劳德（John McLeod）博士在工作中就采用运动学设计原理设计精密光学元件中的刚性结构和柔性支撑。他注意到板簧和细长杆都可承受适度的拉压载荷，而在受到横向及弯曲载荷时却很容易发生弯曲变形，因此都可作为柔性元件来使用。麦克劳德博士给出了如何将不同分布方式下的柔性细长杆连接在一起以实现不同类型的约束，进而得到不同的自由度类型。同时，他也注意到结构中经常使用的板簧和杆，尽管非常厚，但与柔性元件形状类似，因此在外载下也具有相似的反应。这一观察结果由此将运动学设计原理扩展至结构设计中。麦克劳德博士甚至还发明了“精确约束”（exact constraint）一词，用它来描述受关注元件既不欠约束也不过约束的条件是其受到了“在运动学上正确”的约束限制，即所希望的自由度恰恰满足。

在柯达公司的另一位员工——电气工程师约翰·莫斯（John E. Morse）的努力下，运动学设计原理得到进一步发展。他在处理一系列意外事件时开始关注精确约束设计。他深入了解了麦克劳德博士的工作以及对结构和支撑光学元件的柔性机构中过约束、欠约束、精确约束的解释。当时，莫斯博士正在思考如何解决看似与之完全不相干的卷幅（柔性板材）传送问题。他经过深入细致的观察发现：他的机器中所传送的卷幅实际上是机器中的一个二维刚性元件，并与机器相连。经过这样的思考，他很自然地将运动学设计原理应用到分析与解决卷幅传送问题之中。莫斯博士继续研究和精炼这一技巧，并称之为“卷幅传送中的精确约束”。20世纪80年代早期，莫斯博士将精确约束设计向伊士曼柯达公司的全体员工进行推广，他做了多场专题讲座，甚至发表了两本全面系统的论文集《基于精确约束的机器设计》（*Exact Constraint Machine Design*）与《卷幅传送中的精确约束》（*Exact Web Handling*）。

我十分有幸从1984年开始和莫斯先生共事，直至他1986年退休。那时的我是精确约束设计的坚定追随者，深信运动学设计原理强大到足可以解决机器设计领域的诸多问题。我继续在该领域开展工作，发表了多篇短论文（柯达公司内部使用）来记录如何应用著名的精确约束求解柯达公司全体工程师都感兴趣的问题。最近，应多方要求，我承担起整理有关这一主题相关材料的任务。我开始意识到可将这些素材变成一本基础教程，其中蕴含众多实例，以使对这一主题感兴趣的读者能够很容易地理解和应用自由度与约束之间的关系。

我尽力去找寻这样一种方法，但好像没有哪一种方法可以很好地将给定任意约束模式下的自由度确定出来，尤其当约束并不沿正交方向布置时。一名优秀的工程师经过多年经验的积累或许可以培养出某种直觉，但无法向无经验的人清晰地传达。我也注意到，甚至有着丰富经验的设计者也不能很好地解释和分析那些他们以前没有遇到过的机械连接。有这样一个例子：在某次我参加的有关运动学精度设计的主题讲座过程中，涉及到一种装置，该装置包括上下两个平台，两个平台之间由三条支链组成，每条支链都由球铰与螺纹千分尺相连接，但三条支链互为异面。报告人本来在运动学设计方面经验丰富，但面对如何精确给出该装置自由度的问题一筹莫展。我清楚地认识到尚有一片“乌云”横亘在眼前。

最后，当我用6个纯转动来表示物体的6个自由度（而不像通常那样用3个转动加上3个移动）时，我终于看透了那片乌云。这样就可以发现在表示物体自由度线图与其约束线图之间存在一个非常简单的关系。这个关系就是“约束线图分析法”的中心议题所在。颇具讽刺意味的是，这一结论经证明并非是个新东西，恰恰相反，它很陈旧——现在确实存在一种方法可以很漂亮地解析所有过去看似非常“聪明的求解”。它是一种粘合剂，将运动学设计可以应用的各种不同领域紧紧粘合在一起。不过，本书将以相当简洁的形式将这些基本原理和技巧组织在一起，这对从事机器设计的任何人而言都将是十分独特而又价值斐然的。

不像大多数工程类书籍那样的“定量”本性，本书所给出的原理和技巧都是“定性”的。书中的素材也并不期望屈从或者替代任何现有的工程分析。相反，精确约束设计原理旨在帮助设计者产生一个合理的机器拓扑结构，无论对象是机器本身还是结构，还是二者兼有之。同时也希望能够引导设计者正确安排机械约束以实现预期的自由度。因此，这本书的宗旨是传授一种设计方法论。而在学习本书时最好结合相关的工程基础教程。

目　录

第 1 章

物体间的二维连接

听之不如见之，见之不如亲历之

本章开始我们来探索物体间机械连接的本质问题。在自由状态下，刚体有6个独立的运动或位置上的自由度：3个移动自由度和3个转动自由度。当我们设计一台机器零件间的机械连接时，必须考虑到所有的6个自由度。如果能够深谙此道，将会帮助我们有效地设计出有着良好性能和低成本的机器。

为此，我们将从最基本的原理开始学习，即从平面二维连接开始，这时只需要考虑3个自由度即可。同时，也会使用一些简单的模型，正如“一幅图片抵得上一千个单词”一样，一个模型亦抵得上一千幅图片。鼓励读者学习过程中按照文中描述尝试自行搭建各种简单模型。

1.1 自由度

我们知道，三维空间中的自由物体具有6个独立的**自由度**。然而，在二维平面内，一个物体最多只有3个自由度：两个移动（自由度）和一个转动（自由度）。作为一个二维的例子（见图1-1），我们不妨考虑将一个纸板平放在一个平面上（例如桌子的上表面）。假设纸板始终保持与桌面接触，对于桌子而言，它只有3个独立的自由度：

1）左右移动；

2）前后移动；

3）绕与桌面垂直轴的转动。

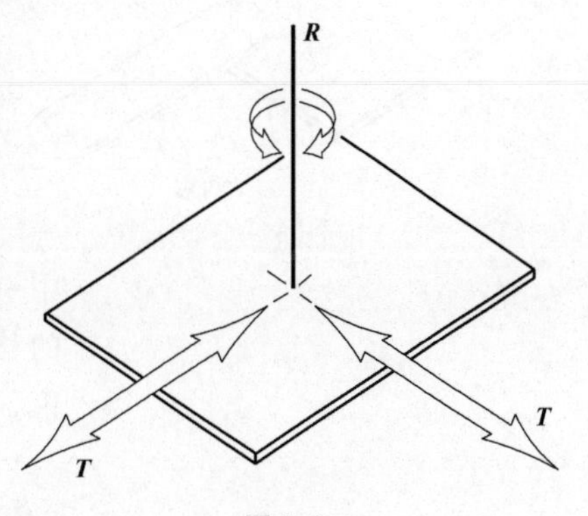

图 1-1

本书中，我们将用符号 ***T*** 表示移动自由度，用符号 ***R*** 表示转动自由度。

1.2 坐标轴

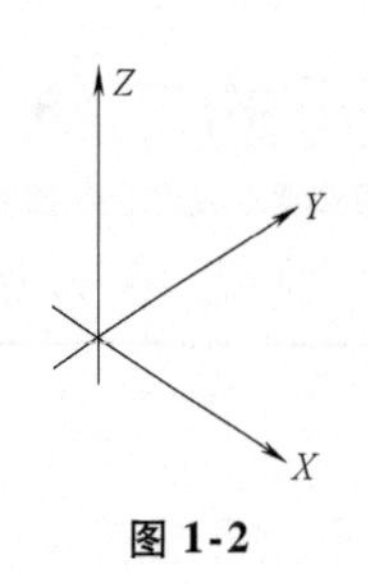

图 1-2

通常，用由一组坐标轴表示的**参考坐标系**来表示上述自由度更为方便。在三维空间，我们通常使用传统的直角坐标系（又称笛卡尔坐标系），在这里，X、Y和Z轴之间相互正交（见图1-2）。在前面二维的例子中，我们将“左右方向”的移动自由度（平行于X轴）称为“X自由度”；“前后方向”的移动自由度（平行于Y轴）称为“Y自由度”；转动自由度记为θ_Z，因为该转动轴线与Z轴平行。

1.3 约束

当在某一物体与参考物体之间建立起某种机械连接，并且造成了该物体的自由度数目（相对于参考物体）减少时，我们就称该物体被**约束**了。

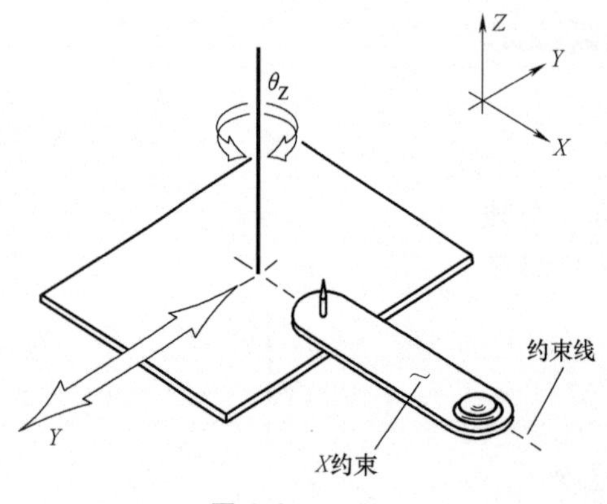

图 1-3

这里，施加给某个物体上的约束和其减少的自由度之间是一一对应的。例如，一个二维平面内的物体，在自由状态下有3个自由度，如果对该物体施加了单一约束，则结果就是该物体只剩余了2个自由度。类似地，该二维平面中受到2个约束作用的物体则只剩余1个自由度；受到完全3个约束的作用则会导致该物体的自由度为0。

让我们再回到前面二维的例子中——桌面上的纸板。假设我们希望约束掉X方向的移动自由度，则可以单独在X方向增加1个约束，具体如图1-3所示。

这里，我们不妨建立这样一个模型（见图1-3）：用两个图钉将一个由纸板做成的连杆与二维物体（纸板）相连，连杆的一端连在纸板上，另一端则与工作台相连。这样，我们就创建了对物体的一个约束。连杆轴线（连接两图钉点之间的直线）则定义了**约束线**的位置。约束效果如下：

> **物体上沿着约束线上的所有点都只能在垂直约束线的方向上移动，而不能沿着约束线移动。**

由于连杆所在约束线的方向与 X 轴平行，从而约束掉了物体沿 X 方向的自由度，被称为“**X 约束**”。现在，如果我们再来检查一下该物体的运动，可以发现物体在 X 方向的确不能再发生移动，但在 θ_Z 和 Y 方向上仍然有自由度（小范围的运动）。

注意到该物体在 Y 方向并没有很大或无限的活动范围。但在如图 1-3 所示位置的瞬时，物体在 Y 方向是可以自由移动的。类似地，假设要求我们去测量一个从身边驶过的加速行驶的汽车速度，当车恰好经过时速度为 25km/h；早一点儿时，汽车的速度小于 25km/h；当它经过之后，它的速度大于 25km/h。25km/h 是我们所关注时刻的瞬时速度。相似地，我们说图 1-3 中的模型在所示位置时，存在 θ_Z 和 Y 两个自由度。

现在我们再来考察一些具有与连杆同样功能的其他约束装置。

图 1-4 所示为和一物体相连的细杆连接。正是基于这样的约束装置，细杆的轴线可以确定一条约束线。这一细杆连接模型可以通过用热熔胶将一个直径 1/8in 的木棍连接在其两端实现。它的一端连接在物体上，另一端连接在工作台或工作台面上。热熔胶与“橡胶”的特性有些相似——允许在粘接处有小角度的转动，同时在沿着约束线方向能够提供很好的刚性约束。

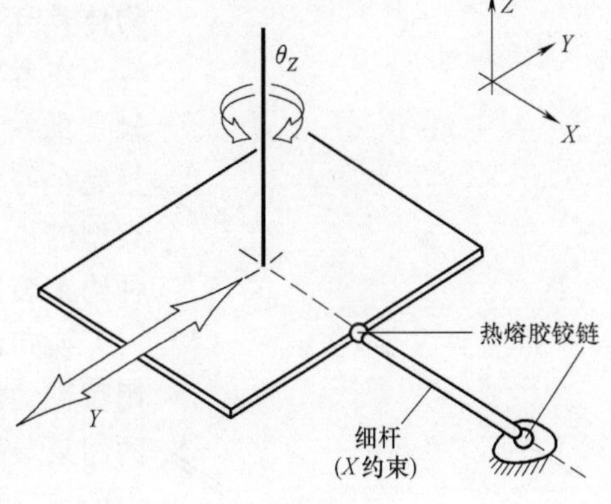

图 1-4

另外一种约束装置是图 1-5 所示的简单点接触模型，即用反力抵着与桌面相连的短柱从而保持物体与其接触。该反力只有在具有一定幅值时才能保证在

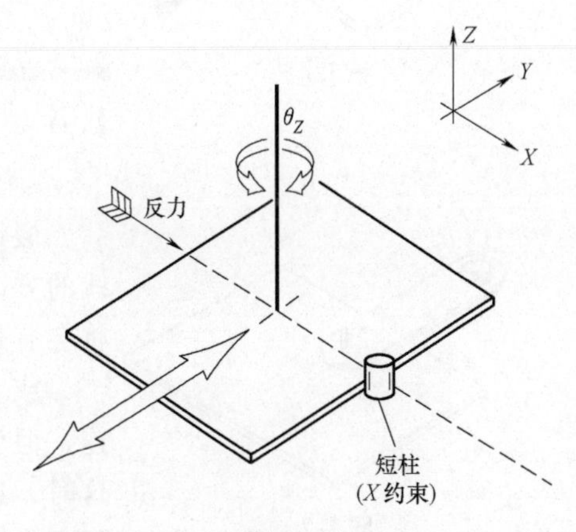

图 1-5

任何 Y 和 θ_Z 偏移情况下，以及无论发生任何可能的随机载荷情况下，物体和短柱之间都能保持接触状态。对于这一装置，约束线是指经过接触点与接触面相垂直的直线。

我们发现：不管选择哪种约束装置（连杆、细杆或者点接触），物体所剩余的自由度总是相同的。物体会有 1 个转动自由度（***R***），它与约束线相交且与二维物体所在的平面相垂直；以及 1 个移动自由度（***T***），它与约束线垂直并且在二维物体平面内。这两个自由度又是相互独立的。也就是说，物体可以围绕沿着约束线的任何给定点转动（在一个微小转角范围内），该点还可以平移（在一个微小偏移范围内）。任何一个运动都可以和其他运动同时或不同时发生。这两个运动是相互独立的，因此说该物体具有 2 个自由度。

在考察完上述三种装置（连杆、细杆或者点接触）的约束性能后，我们可以推断，它们在功能上是完全等效的，因为每种装置都可为物体提供相同类型的单一约束。在微小位移条件下，不管采用哪种约束装置，物体的剩余自由度总是相同的。

换句话讲，当我们考虑物体自由度时，具体使用哪种约束装置并不重要，重要的是是否使用类似的约束装置以及在何种场合下使用。这里，用图1-6中的黑斜体大写字母 ***C*** 来表示约束。该模型可以想象为端部铰链连接的一根细杆。

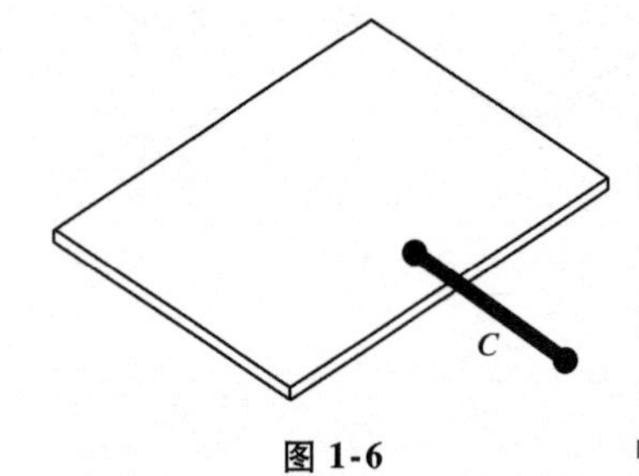

图 1-6

1.4 沿一给定直线约束的功能等效性

假设将图 1-3 所示的连杆（约束）沿着原约束线的方向施加在二维物体的另一侧，如图 1-7 所示，将会有什么效果？

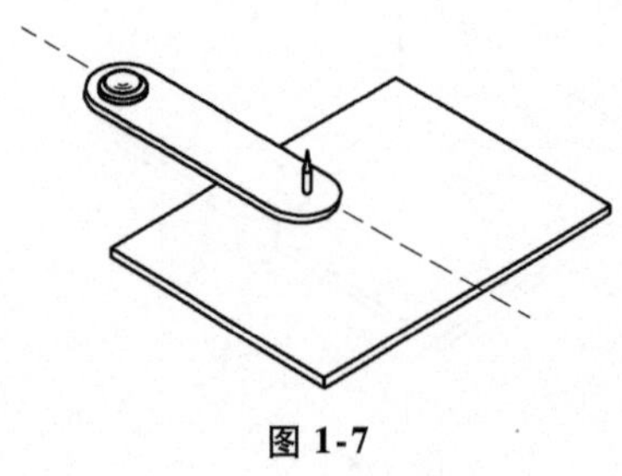

图 1-7

或者假设连杆更长些并且跨过物体与另一端相连，但仍然沿着同一约束线的方向，如图 1-8 所示。这时，连杆的长度、它与物体相连的位置，或者从哪个方位沿着给定约束线方向与物体相连是否对约束效果有影响呢？对于微小位移而言，答案是否定的，即没有影响。物体剩余的 2 个自由度对于沿着给定约束线所施加的任何约束都是不变的。由此可以推断：

沿着给定约束线方向的约束从功能上讲与任何其他沿着同样约束线方向的约束，在微小位移情况下是等效的。

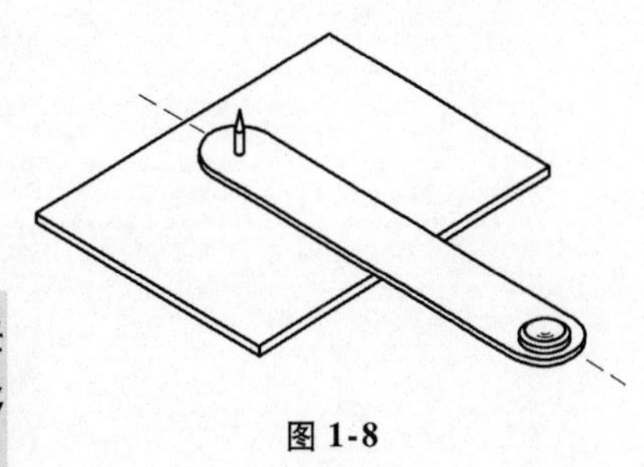

图 1-8

1.5　过约束

假设我们沿着同一约束线同时对物体施加两个约束，如图 1-9a 或图 1-9b 所示，这将产生一种称为**过约束**的情形。无论对于哪一种情形（见图 1-9a 或图 1-9b），其中的两个约束都在同时约束同一自由度（图示情况下为 X 自由度）。

过约束将导致许多实际困难的发生。如果物体尺寸或者约束不是恰好合适，部件间的配合将会出现问题，如导致配合太松或者发生干涉（见图 1-10）。因此，我们通常面临这样一种选择：部件间的连接要么太松，从而导致不能精确定位；要么太紧，从而导致不能正常装配。如果愿意以牺牲成本为代价，我们可以选择第三种方式：部件间实现精确的配合（或者近似如此）。为实现这一点，可以提高公差配合的等级，或者采用特殊的装配技术，如钻孔和销连接等。但是，即使做到了零件间的完美配合，过约束也还会有其他弊端：产生与转移应力。

例如，考虑图 1-11 所示的结构。在 X 自由度上，物体 A 相对物体 B 形成过约束。假设它们之间的连接可以通过在装配过程中的钻孔及销连接来保证，或者使用尺寸精确控制的零件。

当 1 到 4 之间的尺寸由于温度变化或者其他外部因素导致物体 B 变形而产生变化时，将产生沿着约束线方向的内部应力，进而导致在两

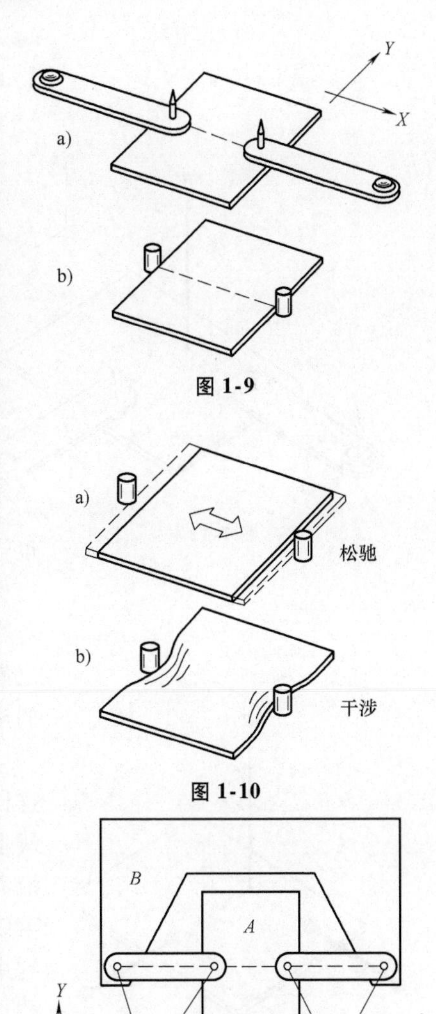

图 1-9

图 1-10

图 1-11

物体以及连接它们的连杆内部产生应力。当这一应力大到接近金属的屈服强度时，它将会削弱装配并导致过早失效。事实上，当只使用一个连杆时，产生的装配应力要比两个连杆存在的情况小很多。

小结：过约束通常会减弱原有的性能（如过盈、应力、松弛以及不精确等），造成更多的耗费（如需要过盈配合以及特殊的装配技术），或者两者兼有之。基于上述原因，我们需努力识别并尽量避免过约束的发生。

1.6 转动瞬心（虚拟转轴）

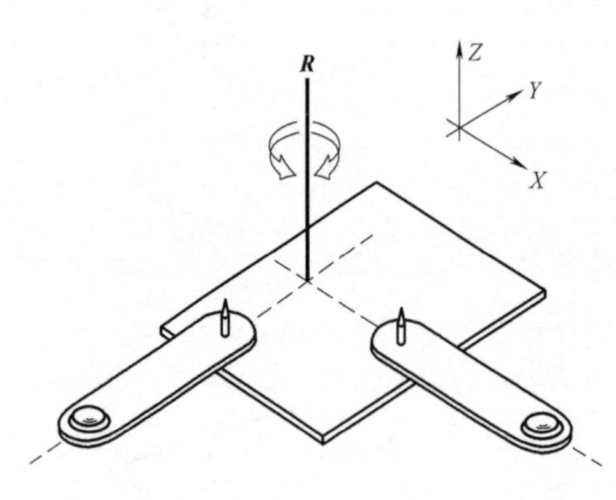

图 1-12

现在假设将上面的二维物体再减少 1 个自由度，可以通过增加第二根连杆的方式达到此目的，如图 1-12 所示。

我们可以象征性地用图 1-13 表示上述情形。由于受到了两个约束，物体的 X 和 Y 自由度被约束掉，这时物体只剩余 1 个自由度，这是一个转动自由度。物体可以绕着一条通过 X 与 Y 方向约束线的交点并且垂直于 XY 平面的直线转动。这一直线也被称为**虚拟转轴**或者**转动瞬心**。顾名思义，随着目标物体运动，其转轴位置也相应发生变化。即随着物体运动，其约束线也发生变动，因此交点也随之发生漂移。在很多情况下，物体通常只作小范围的运动，瞬心漂移的幅度并不显著。

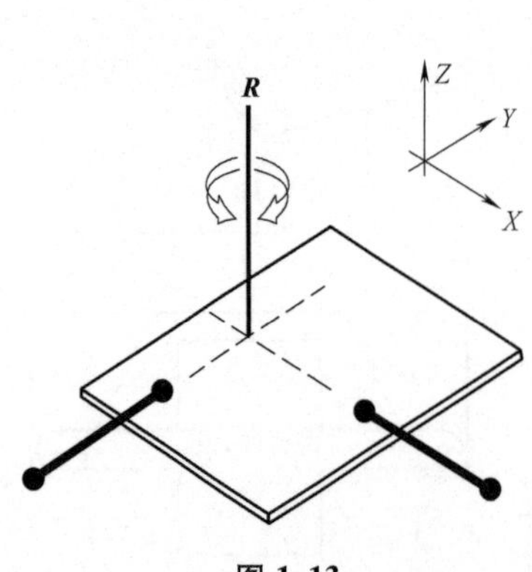

图 1-13

关于“用两个相交的约束来定义转动轴”可以这样来解释：回顾 1.3 节，约束的效果是允许约束线上的点只能沿约束线相垂直的方向移动，而不能沿着约束线的方向。这就要求该物体必须绕着沿约束线上的某一点转动。当二维物体上作用有两个线约束时，该物体必须绕着一个同时在两个约束线上的点转动。这样，两约束线的交点就是同时在这两直线上的唯一点，因此，物体必定绕着通过该交点的直线转动。

1.7　微小位移

前面我们已经涉及到了物体“微小”位移或者“微小”运动的概念。物体的“微小”位移可定义为在约束线位置处产生的可接受的微小漂移。漂移可接受的大小程度取决于不同场合下特定的需求。

图 1-14 表示一个带有附加机械臂的二维物体。该物体要完成如下功能：使机械臂沿着轴向运动并使机械臂能进入与之相邻部件的孔中以及从孔中退出，同时要求不能与孔的任何部位发生接触。

如图 1-15 所示，当物体产生 5°的位移时，两个约束线的位置均发生漂移，它们的交点位置（即瞬心的位置）也发生了微小的变化。

不过，当机械臂进行往复移动时，它沿孔的进出仍然是畅通的。这意味着约束线的位置漂移足够小，可以接受，因此该机构仍能满足要求。

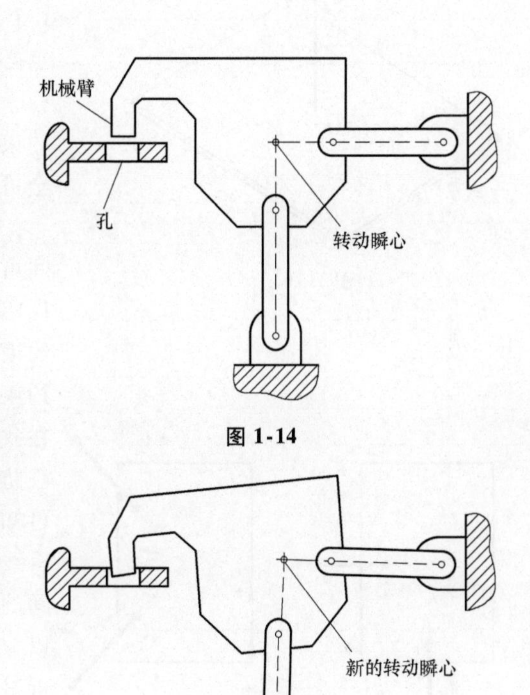

图 1-14

图 1-15

1.8　一对相交于给定点约束的功能等效性

在 1.6 节中我们知道，一个 X 约束与一个 Y 约束结合起来，在它们约束线的交点处可以定义转动瞬心。现在，我们试着反向思考这个问题。具体从辨识转动自由度想要的位置开始，进而找到两个约束的合适位置。像通常一样，将思考限定在物体微小位移的情形下，因此我们可以忽略由于运动而导致的瞬心漂移所造成的影响。

假设我们为二维物体设计了一种约束位形，使它只有一个通过其质心的转动自由度，如图 1-16 所

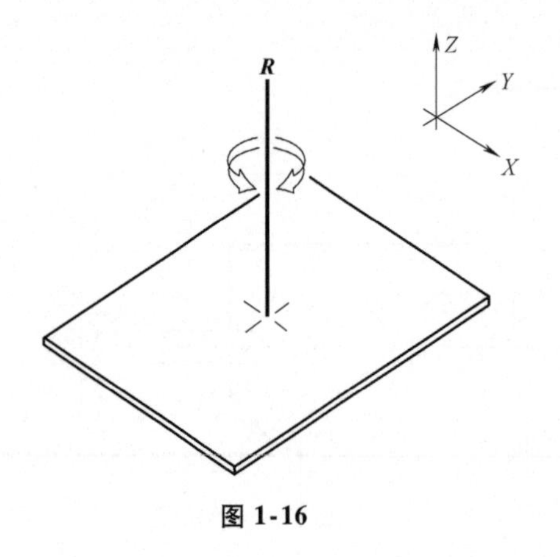

图 1-16

示。首先，我们知道约束必须位于 XY 平面内，因为这是一个二维问题。其次，必须要提供两个精确约束，因为该物体最终需要有1个自由度。第三，约束（或约束线）的交点必须在我们想要的瞬心位置。

然而，没有任何线索可以用来确定这对约束相对于物体的合适角度。例如，我们完全可以任意来选择图 1-17a 和图 1-17b。

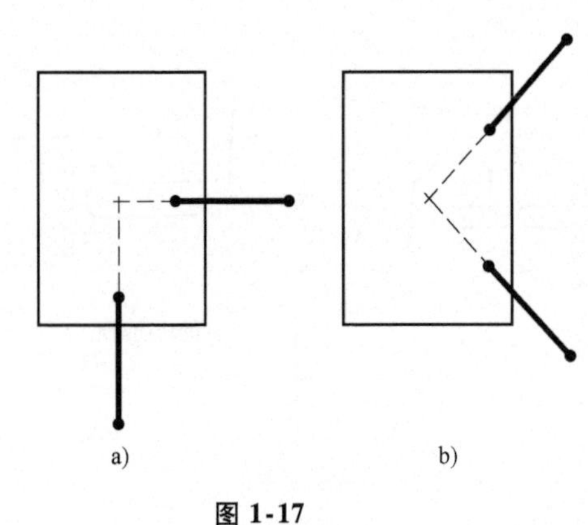

图 1-17

事实上，我们同样发现在两条约束线之间可选择的角度并不是唯一的。例如，图 1-18a中所示的一对约束与图 1-18b 中所示的约束具有同样的瞬心。从中可以看出在选择约束位置时有多种余地——只要约束线相交在我们想要的瞬心位置。当然，我们必须小心防止出现过约束的现象。由 1.5 节中讨论可知，过约束发生在两约束作用线沿着同一直线的情况下。因此，必须确保两约束线之间的角度不接近 0°或 180°。即使当两约束线以非常小的角度相交时，这种情况也非常接近过约束的情况——被第一个约束限制的自由度又将被第二个约束过约束。这是一种失败的设计。第一个层面的失败在于一个自由度发生过约束后所产生的不利后果，第二个层面的失败在于与之垂直的自由度变得不再受约束了（本来应该由第二个约束所限制）。

因此，很明显，在选择两个约束线间的角度时，尤其是旨在限制沿着两正交方向（X 和 Y）移动的情况下，90°的相交角是最好的。接近 0°或 180°的情况则是最差的，应尽力避免。

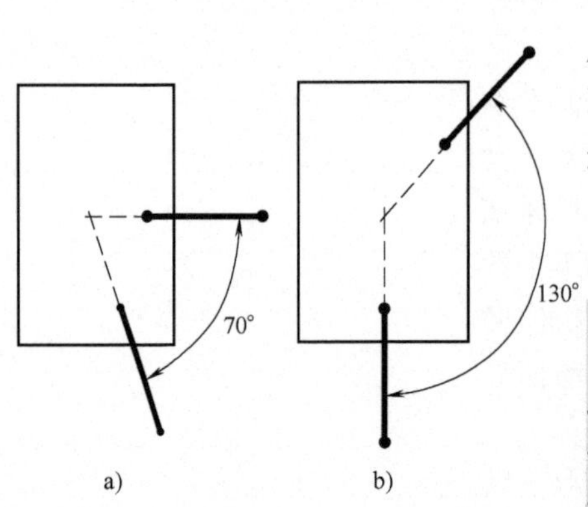

图 1-18

由此，我们可以总结一下一对相交约束的功能等效性：

相交于给定点的任何一对约束，在功能上与其他相交在同一平面上的同一给定点的任意对约束是等效的。这主要适用于微小位移以及约束间夹角不接近 0°或 180°的情况。

因此，一对相交约束之间确定了一簇辐射线，选择任意两条可以等效代替先前的两个约束（只要两者之间的角度不是很小）。

1.9 虚拟转轴的例子

为了了解虚拟转轴（瞬心）的用途，考虑下面的设计实例。

如图 1-19 所示，辊子与沿着箭头方向运动的传送带接触。我们想要给辊子在上游处设计一个转轴，这与牵引车拖动挂车的方式相似，辊子将在传送带上实现自对准。

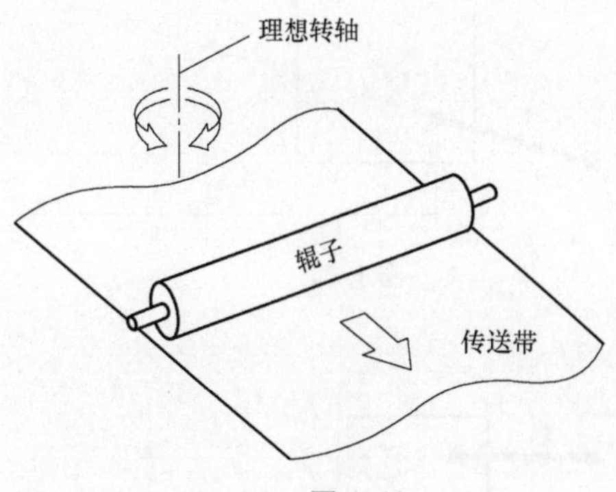

图 1-19

但是，由于受到机器空间的限制（这个装置是机器中的一部分），我们的设计要求是必须保持辊子上游通畅。因此，必须在特定的位置处设计一个虚拟转轴，这可以通过采用安装在远离转轴位置的约束来实现。

在图 1-20 所示的方案设计中，约束 C_1 与 C_2 的位置在辊子的下游，但是，它们的约束线相交在所需要的上游转轴轴线处。

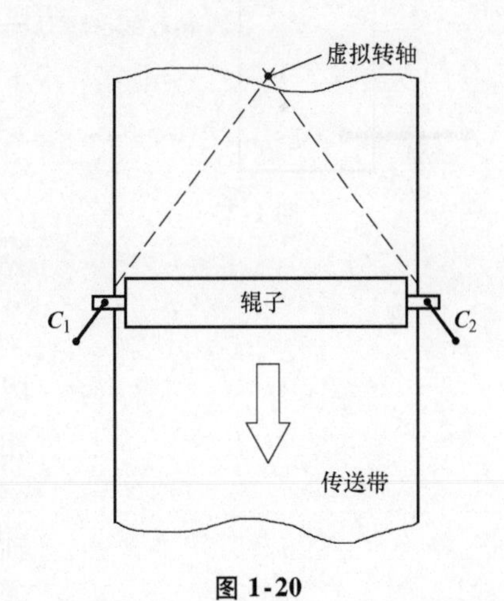

图 1-20

图 1-21 所示为图 1-20 方案设计的实际结构。两个连杆约束线的交点确定了辊子的虚拟转轴轴线位置。由于辊子自对准时产生的是微小位移，虚拟转轴的位置并不会有明显的漂移。

1.10 平行约束

乍一看，两个平行约束和两个相交约束的情况是迥然不同的，但实际上前者只是两条约束线相交在无穷远处的一

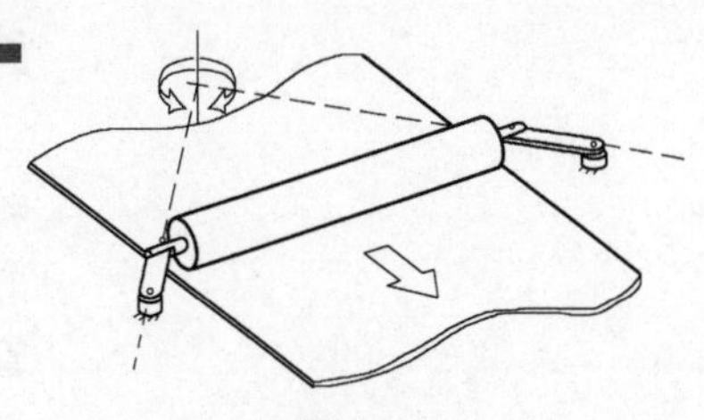
图 1-21

种特殊情形。

考虑图1-22，这里有一对相交的约束线 $\boldsymbol{C}_1$ 与 $\boldsymbol{C}_2$，其交点确定了距离物体为 d 的瞬心。

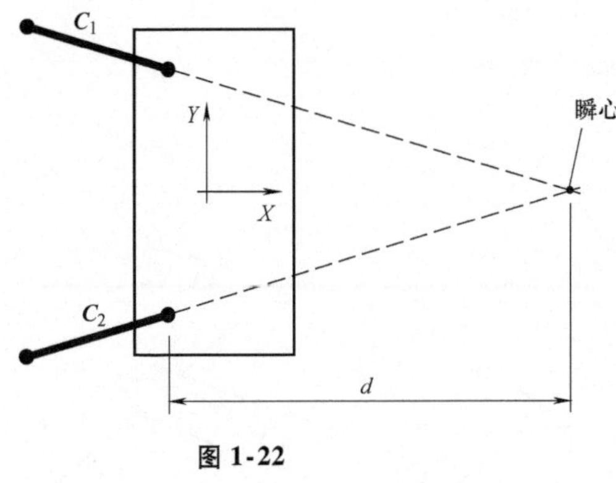

图1-22

现在，想象物体可以绕该瞬心转动一个微小范围，从而使物体在 Y 方向偏移1mm。

接下来考虑减小 $\boldsymbol{C}_1$ 与 $\boldsymbol{C}_2$ 之间夹角使距离 d 增大一倍的影响。如果物体仍然绕着瞬心小范围转动并导致同样在 Y 方向产生1mm的偏移，这时物体只需要转动更小的角度。

继续增大距离 d，可以发现 $\boldsymbol{C}_1$ 与 $\boldsymbol{C}_2$ 之间的夹角随之变得更小。因此，为产生质心在 Y 方向1mm的偏移物体绕着其瞬心转动的范围也会变得更小。显然，我们可以推断，随着距离 d 无限接近无穷大，约束 $\boldsymbol{C}_1$ 与 $\boldsymbol{C}_2$ 将会互相平行，为使在 Y 方向产生1mm的偏移所需绕其瞬时中心（位于无穷远处）转动的角度也将变为0°（见图1-23）。

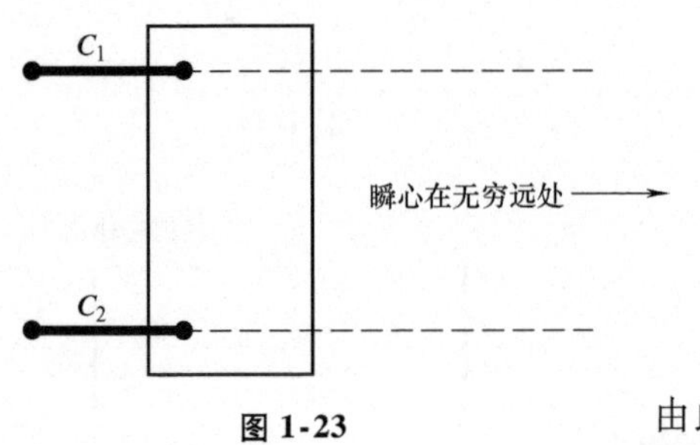

图1-23

由此我们可以得出如下结论：

平行线的交点在无穷远处。

这一点很重要。当回顾我们前面进行的试验时，距离 d 是逐渐增大的，而且总是要求 $\boldsymbol{C}_1$ 与 $\boldsymbol{C}_2$ 相交。

因此第二点结论是：我们可以用一个绕无穷远轴的转动逼近平移运动。如果轴线位置很远，物体绕该轴的转动 $\boldsymbol{R}$ 实质上与一个纯移动 $\boldsymbol{T}$ 是等效的。

移动 $\boldsymbol{T}$ 可以等效地表示为转轴在无穷远处的转动 $\boldsymbol{R}$。

在实际例子中，移动可以近似看成绕远端轴的转动。转轴不需要在无穷远处，甚至不需要在很远的地方。例如，考虑简单的桌面订书机的设计。尽管订书机的端部和铰链之间的距离仅仅为6in左右，订书机的端部可以很好地完成其垂直方向的“移动”位移。

1.11　一对平行约束的功能等效性

借鉴前面所给出的一系列相交约束的功能等效原则，任何一对约束，如果与给定的一对平行约束平行，由于它们的瞬心都将会相交在无穷远处的同一点，因此在功能上也是等效的。

如果要求三个人分别对图 1-24 所示的二维矩形物体创建约束，以使物体只有 Y 方向的移动未被约束，他们可能会给出图中所示的三种解决方案。每一个答案都是正确的。事实上，有无穷多种正确的解决方案。

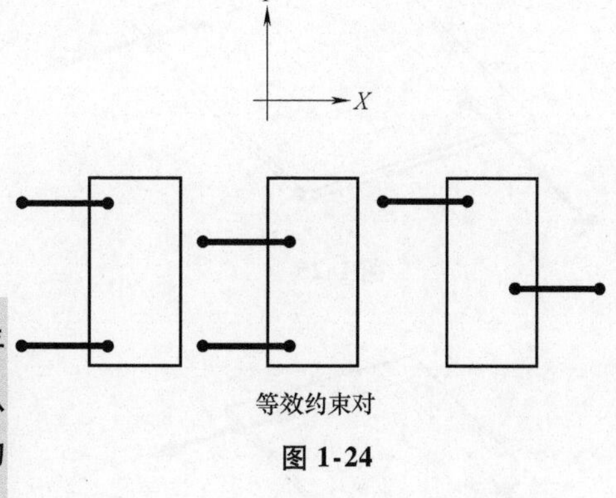

图 1-24

如果用一个无穷大的平面内的两条平行线表示作用在物体上的一对约束，那么该平面上的任何两条平行直线都可以从功能上等效代替作用在物体上的这两个约束。

当然，和前面一样，我们还必须小心防止过约束发生，它会发生在当约束作用在同一直线（或近似直线）上时。因为这对约束必须是平行的关系，两者之间的距离（而不是角度）成为一个关键参数，不允许这对约束线相距太近。

为防止过约束，我们必须保证与物体的尺寸相比两平行约束间的距离不要太小。

1.12　精确约束

至此我们已经讨论了物体有 1 个或多个自由度未被约束的情况。现在来分析另外一种特殊情况（也很重要）：平面所有 3 个自由度均被约束。

首先，考虑图 1-25 所示的被 C_1 与 C_2 限制了 2 个自由度的二维物体。这个物体有 1 个位于 C_1 与

C_2 交点处的转动自由度 R_1。这一自由度可以通过增加第 3 个约束——与 R_1 相距为 d 的 C_3 来限制，如图 1-26 所示。C_3 对 R_1 施加力矩，而 d 则是力臂。为保证其有效性，力臂 d 相对于物体的尺寸而言不能过小。

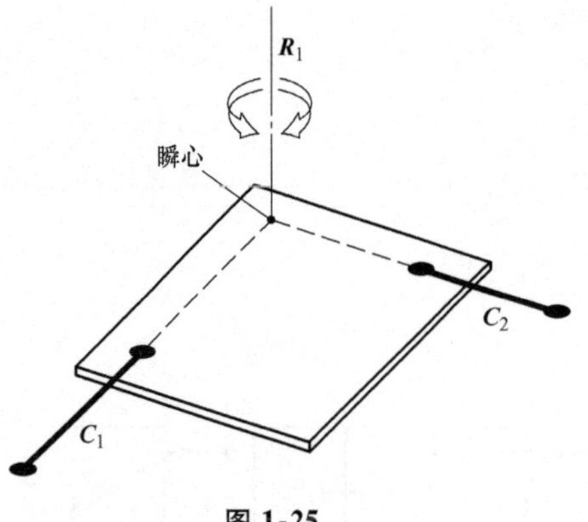

图 1-25

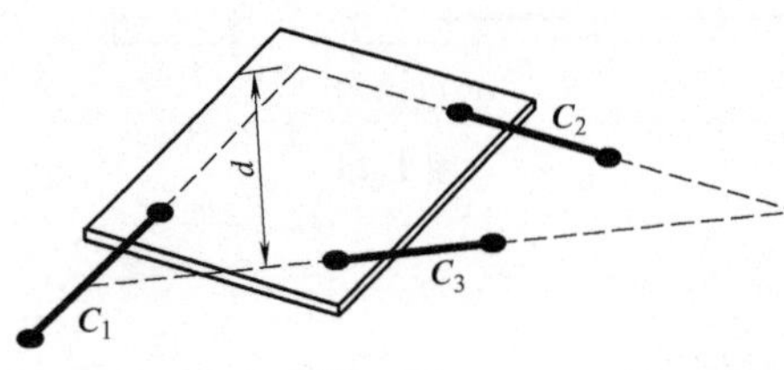

图 1-26

这样就已经有 3 个约束施加到物体上，由此物体的自由度也便减为零。这时，既没有哪个自由度被过约束，也没有哪个自由度未被约束。这种情况下，该二维物体就可以称为被**精确约束**了。

我们可以说这个二维物体受到了“完全”或者“完整”的约束。但上面这些名词并没有强调物体的每一个自由度均分别受到了限制，一个约束对应一个自由度。通过使用精确约束这一名词，我们来表达分析过程中的严密性。

精确约束这个术语同时也在提醒我们，过多的约束不一定更好（回顾 1.5 节中讲到的过约束所造成的问题）。

一般情况下，确定一个二维物体的 3 个约束是否被施加在合适的位置，有一种比较好的测试方法：检查由 3 条约束线构成的三角形。每条约束线相对于由其他两条约束线交点确定的瞬心都需要有一个具有“合适尺寸”的力臂。一般情况下，只要从三角形每条边到与之相对的顶点之间的垂直距离相对被约束二维物体的尺寸而言不太小即可。

1.13　约束装置

我们用名词“约束装置”来表示用于限制物体的 1 个或者几个自由度的机械连接。在前面的模型中，已经使用过一些不同的约束装置：连杆、接触点、端部带有铰链的钢筋连接等。随着学习的深入，我们将会接触到更多的约束装置，选择其中哪种装置是由给定任务的特殊要求来决定的。但是不管选择何种约束装置，设计者在设计约束分布方式时需要达成一个共识，即通过合理约束机器的每个（运动）构件，仅保留那些需要实现的自由度。

1.14　销孔连接

物体间的销孔连接是一种常用的约束装置，用以提供 X 和 Y 两个方向的约束。然而，从定义上看，销孔连接却是一种过约束。回顾1.5节中过约束带给我们的选择：①宽松的、松散的、不精确的活动构件；②由于接触过紧，零件间配合过紧或者不能很好地配合；③由于采用精密公差或特殊装配技术实现了完美装配而使零部件的制造成本昂贵。在销孔连接的情形下，销的尺寸可能是：①比孔小；②比孔大；③与孔直径尺寸完全相同。

为了理解为什么这一连接是一种过约束，不妨让我们仔细观察图1-27a和图1-27b所示的销尺寸小于孔尺寸的情形。在图1-27a中，销的右侧与孔的右侧接触。这种点接触产生了对 X 自由度的约束。在图1-27b中，销的左侧与孔的左侧接触。这种点接触也产生了另外一个与前面沿着相同约束线方向的对 X 自由度的约束。两种特征（接触点）产生了两个约束，它们共同来约束 X 自由度。从1.5节中的定义可以知道，这是明显的过约束现象。在 Y 自由度上情况是一样的。因此，销孔连接在两个自由度方向，即 X 和 Y 方向上，都存在过约束。

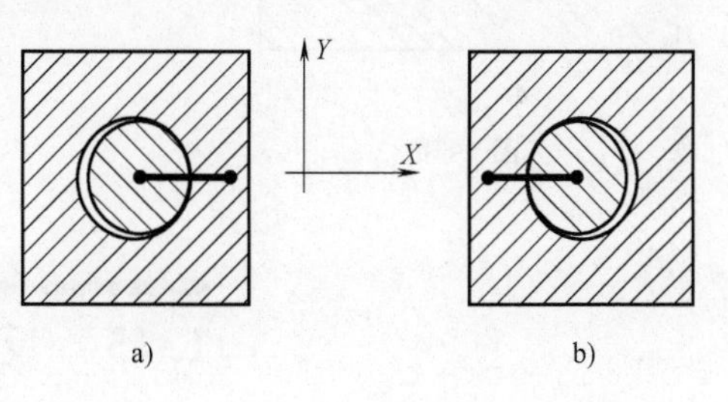

图1-27

这是否意味着我们总要尽量避免使用销孔连接？答案是否定的，当在只需要较低位置精度时它会有许多实际的应用。但当需要相当高的精度时，则应当坚决避免使用销孔连接。这时，一个更好的选择是图1-28所示的销-V形槽连接。这种连接对每个自由度都只用到了一种约束特性（因此只有1个约束）。

现在，我们再来分析一下两端分别使用了销孔连接的连杆。尽管这样提供了一个二维约束的模型，我们发现在连杆两端部的销孔连接自身都是过约束的。如果在一个要求较高精度的场合使用连杆机构，我们应当尝试通过用V形孔代替圆孔来优化设计，具体如图1-29所示。这里，我们使用金属弹簧保持销与其各自V形孔的接触（力）。

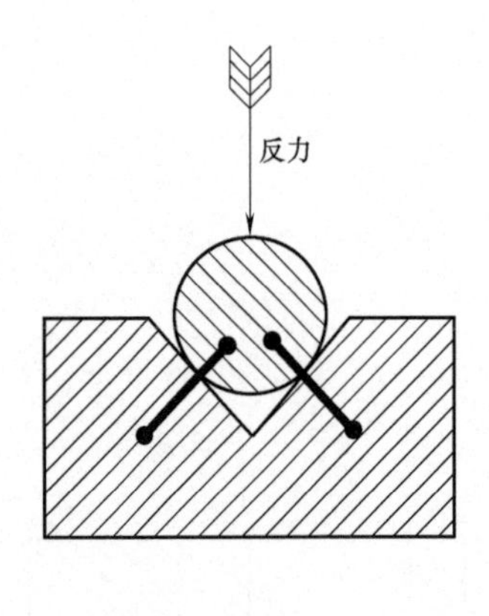

图 1-28

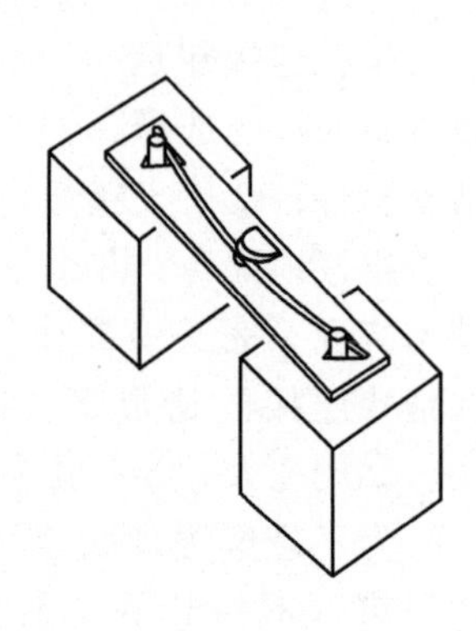

图 1-29

1.15 反力

回顾1.3节，当引入点接触作为一种约束装置时，总要有相应的反力以保持两物体相接触。有时候，我们希望一个物体的所有约束都是由点接触提供的。对需要精确定位的同时还要频繁更换的物体连接而言，这可能是一种很好的设计方式。

对每个接触点，其各自的反力可以按矢量方式施加，以使每个接触点的单个反力能够维持接触状态。考虑图1-30所示的例子，描述的是采用两个销进行定位的二维物体。

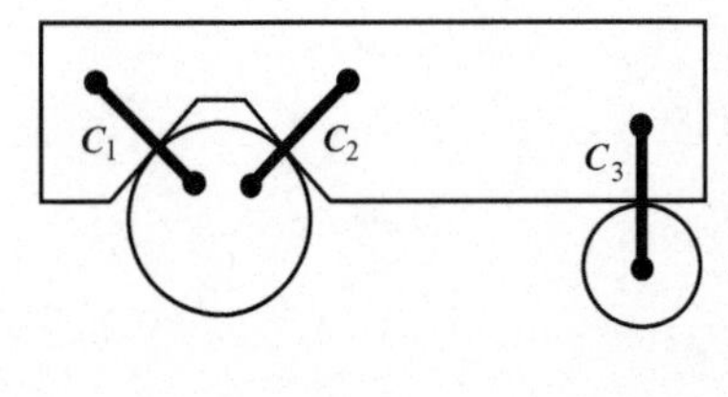

图 1-30

各约束反力如图1-31a所示。

在图1-31b中，反力 $\boldsymbol{F}_1$ 和 $\boldsymbol{F}_2$ 按照矢量加法进

行合成。最后，得到了一合反力矢量 $\boldsymbol{F}_{1,2,3}$，该合力能够保持在每个接触点处约束副的正确位置。它是 $\boldsymbol{F}_1$、$\boldsymbol{F}_2$、$\boldsymbol{F}_3$ 三者的矢量和，如图 1-31c 所示。

上述反力可以通过图 1-32 所示的各种装置来实现。

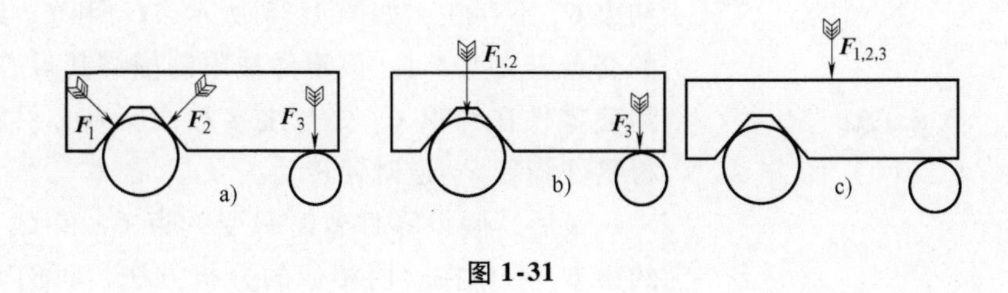

图 1-31

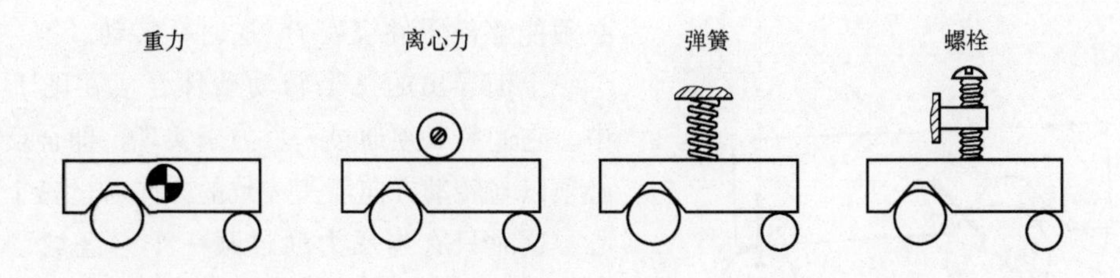

图 1-32

1.16　反力区域

在 1.15 节中，我们讨论了如何将作用在各单个约束上的反力合成为一个合力。这时有人可能会问：将这个合反力置于何处才能保证它在各个部分产生可靠的反力？

也许存在这样一个区域，只有合反力通过该区域才能保证可靠的接触。这一区域可以通过下面的图解法找到。作为一个例子，我们使用图 1-30 所示的零部件结构。延长 $\boldsymbol{C}_1$、$\boldsymbol{C}_2$ 和 $\boldsymbol{C}_3$ 的约束线使之相交，如图 1-33 所示。

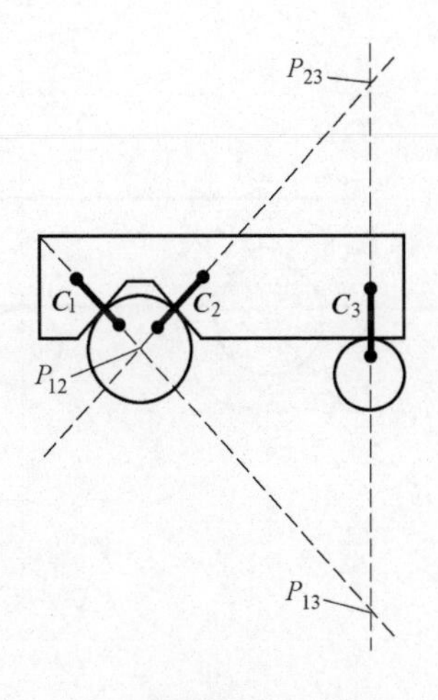

图 1-33

现在假设在某一时刻零件与大销接触，但与小销不接触，如图 1-34 所示。在这一瞬时，约束 $\boldsymbol{C}_1$ 和 $\boldsymbol{C}_2$ 存在，但 $\boldsymbol{C}_3$ 不存在。零件被限制在绕着过约

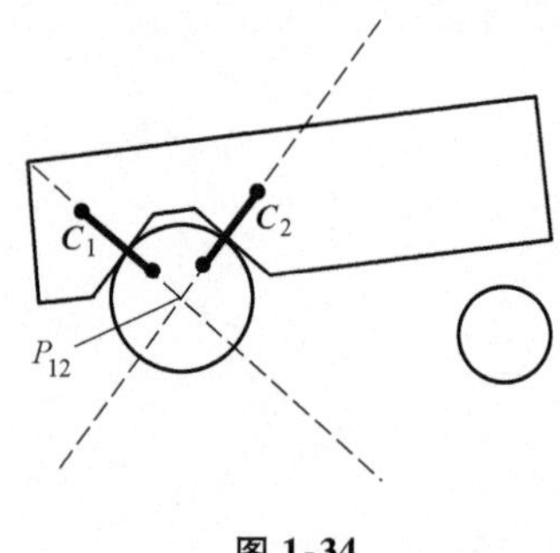

图 1-34

束 $\boldsymbol{C}_1$ 和 $\boldsymbol{C}_2$ 相交点的轴线（即由约束 $\boldsymbol{C}_1$ 和 $\boldsymbol{C}_2$ 确定的瞬时转心）转动，这里记做 P_{12}。因为我们想要使零件和小销（$\boldsymbol{C}_3$）再次相互接触，则反力必须能够使得零件绕着 P_{12} 顺时针转动。

下面，假设零件暂时只受约束 $\boldsymbol{C}_2$ 和 $\boldsymbol{C}_3$ 限制，约束 $\boldsymbol{C}_1$ 不存在，如图 1-35 所示。$\boldsymbol{C}_2$ 和 $\boldsymbol{C}_3$ 约束线的交点定义为 P_{23}，该零件被限制围绕其瞬心转动。为使零件在约束 $\boldsymbol{C}_1$ 处与之接触，反力必须能够使得零件绕着 P_{23} 逆时针转动。

最后，假设零件暂时只受约束 $\boldsymbol{C}_1$ 和 $\boldsymbol{C}_3$ 限制，约束 $\boldsymbol{C}_2$ 不存在。用相似的分析方法，我们可以推断出为使零件在约束 $\boldsymbol{C}_2$ 处与之接触，反力必须能够使零件绕着 P_{13} 逆时针转动。

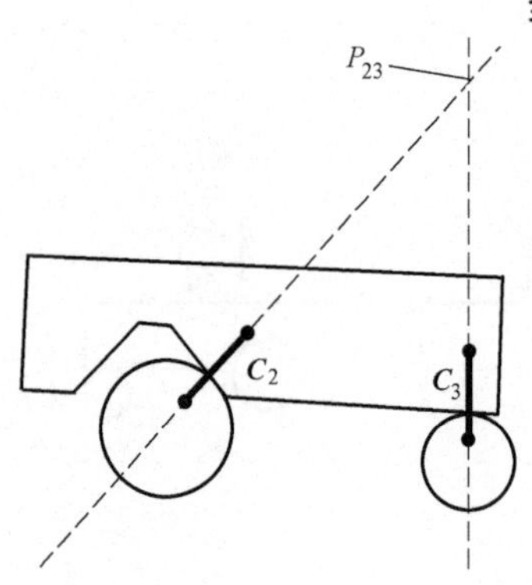

图 1-35

上面导出的三个转动条件合成在图 1-36 中。它们都必须通过一反力来实现，即合反力必须以与转动方向箭头一致的方向通过三个瞬心。这时只有当反力通过某一个“区域”时才能实现，为此可通过构造法来找到。

首先，在约束的各交点处延长约束线并进行分割。然后，在不能“找到一个反力能够同时满足绕着约束线上两瞬时中心正确方向转动的区域”画一条粗实线。例如，约束 $\boldsymbol{C}_3$ 的竖直线被分为了三段：P_{23} 和 P_{13} 之间的部分、高于 P_{23} 的部分和低于 P_{13} 的部分。如果假设一个反力 $\boldsymbol{F}$，跨过直线中间的部分，如图 1-37 所示，我们将会发现它不会同时满足在 P_{23} 和 P_{13} 处的转动条件。图中所示的力 $\boldsymbol{F}$ 对 P_{23} 可以产生正确的转动，但对 P_{13} 则是错误的。因此，$\boldsymbol{C}_3$ 垂直线的内部被画成了粗实线，反力的作用线不允许跨过该线。

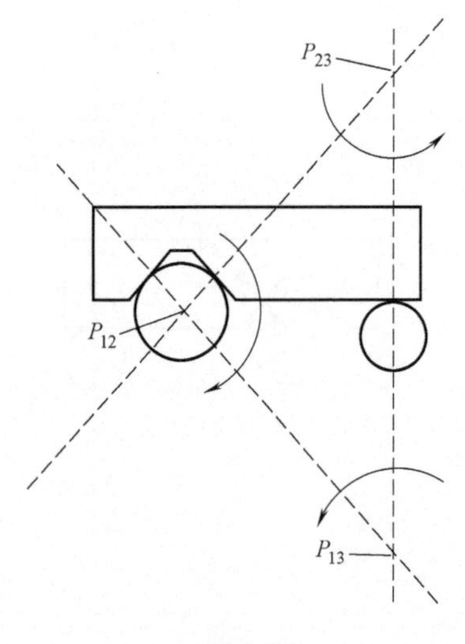

图 1-36

当完成了对上述例子中 9 段线段的分析，我们得到了图 1-38 所示的图形。图 1-38 显示了在约束处不考虑摩擦力的情形下合反力必须通过的区域。沿着图示任意两矢量之一的力都通过了该区域，因此都能保证零件与销接触。

下面考虑摩擦力。

假设期望图 1-34 所示的零件绕着 P_{12} 顺时针转动。为实现这一转动，在约束 $\boldsymbol{C}_1$ 和 $\boldsymbol{C}_2$ 的接触点处必须发生滑动。伴随滑动就会产生摩擦力。合反力这时起两个作用：①沿着 $\boldsymbol{C}_1$ 和 $\boldsymbol{C}_2$ 的约束线提供一个反力，以实现零件绕着 P_{12} 顺时针转动；②为了产生预期的转动，必须要克服 $\boldsymbol{C}_1$ 和 $\boldsymbol{C}_2$ 处的摩擦力。

我们首先采用图解法简要分析一下摩擦力。该方法对我们分析合反力区域十分重要。

如图 1-39 所示，假定物块 A 靠在水平面 B 上，A 和 B 之间的摩擦系数为 μ。现在我们对物体 A 施加力 $\boldsymbol{F}$ 并且可以变化角度 ϕ。很明显，对于那些较小的角度 ϕ，物块 A 在水平面 B 上不会滑动。摩擦力将使物块自锁在原位置，无论力 $\boldsymbol{F}$ 有多大都不会移动。只有当 $\phi = \phi_f$ 时，施加的力 $\boldsymbol{F}$ 才会使物块开始滑动。

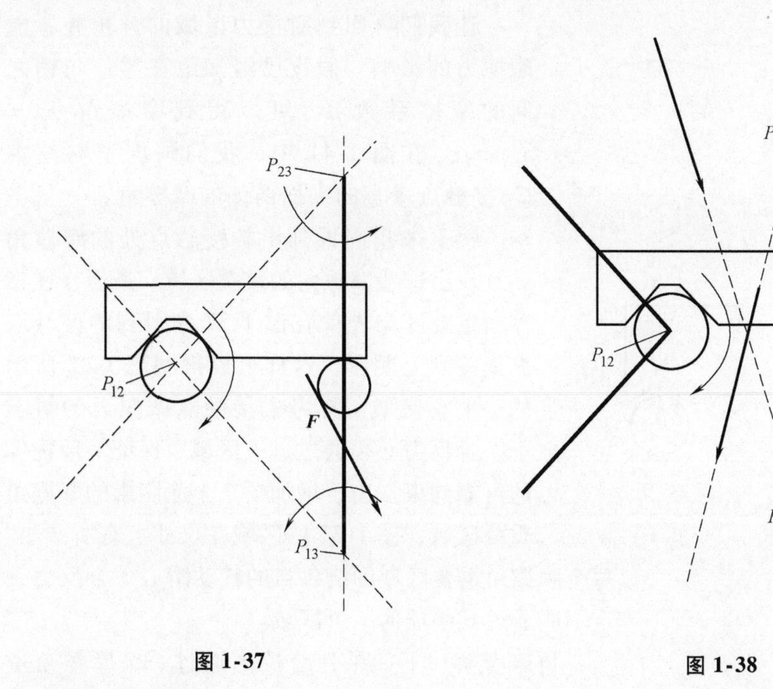

图 1-37　　**图 1-38**

摩擦角 ϕ_f 应满足

$$\phi_f = \arctan \frac{f}{N} = \arctan\mu$$

$$f = \mu N$$

式中，f 为滑动分力（水平分力）；N 是正压力（垂直分力），如图 1-40 所示。

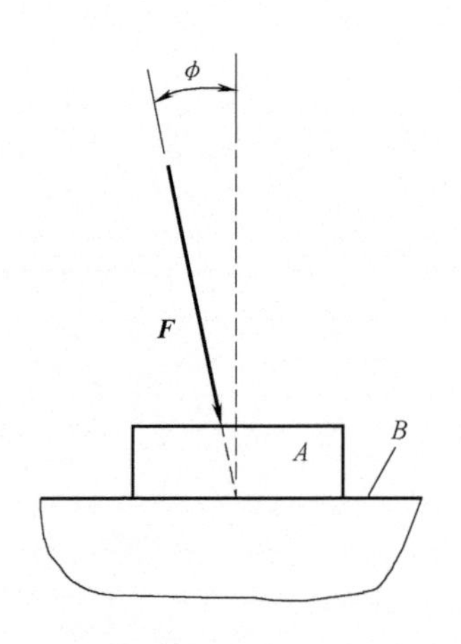

图 1-39

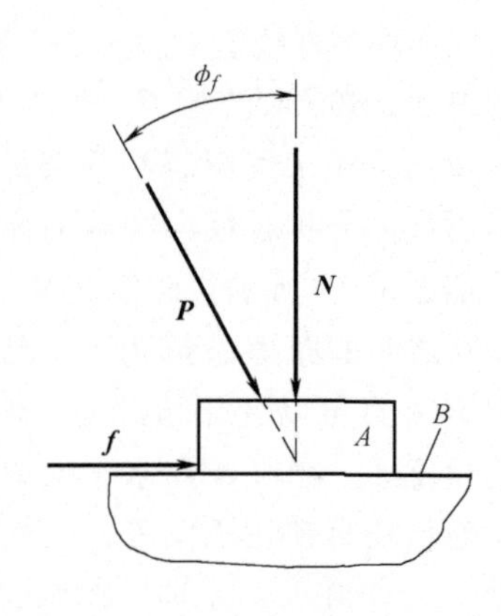

图 1-40

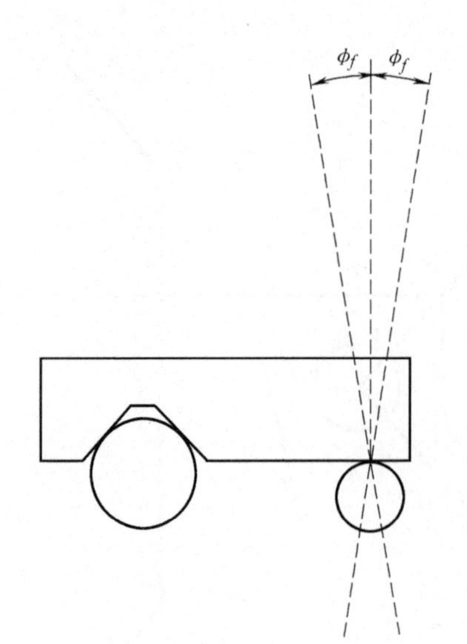

图 1-41

让我们再回到对反力区域的分析并考虑摩擦力的影响。假设已经知道在零件与销之间的摩擦系数 μ。可以得到摩擦角 $\phi_f = \arctan\mu$。在图 1-41 中，我们画出了与约束 $\boldsymbol{C}_3$ 接触点垂直的平面两侧的摩擦角。

接下来我们再画出各接触点处的摩擦角并且找出这些摩擦角的重叠区域。最后，在摩擦角重叠区与先前在图 1-37 中得到的区域取交集并画上阴影。这样可以得到图 1-42 所示的一个小区域。在考虑接触点摩擦力的情况下，合反力必须通过这一区域以保证实现物体的可靠约束。由于增加了三个涂阴影的摩擦角重叠区域，图 1-37 的区域在尺寸上有所减小。每个摩擦角重叠区域围绕各自的转动瞬心。合反力一定不能通过其中任何一个区域。

再来考察一下如果让合反力通过一个摩擦角重叠区域会发生什么情况。图 1-43 所示为力 $\boldsymbol{F}$ 通过 P_{23} 周围的摩擦角重叠区。注意到力 $\boldsymbol{F}$ 可以被分解为两个分力 $\boldsymbol{F}_2$ 和 $\boldsymbol{F}_3$。$\boldsymbol{F}_2$ 指向约束 $\boldsymbol{C}_2$ 的接触点并

且位于 C_2 摩擦角内部。F_3 指向约束 C_3 的接触点并且位于 C_3 摩擦角内部。由于 F_2 和 F_3 分别位于它们各自摩擦角的内部，则在约束 C_2 和 C_3 处不会发生滑动。这样就不会产生所需要的转动，因此也不能实现对零件的有效约束。

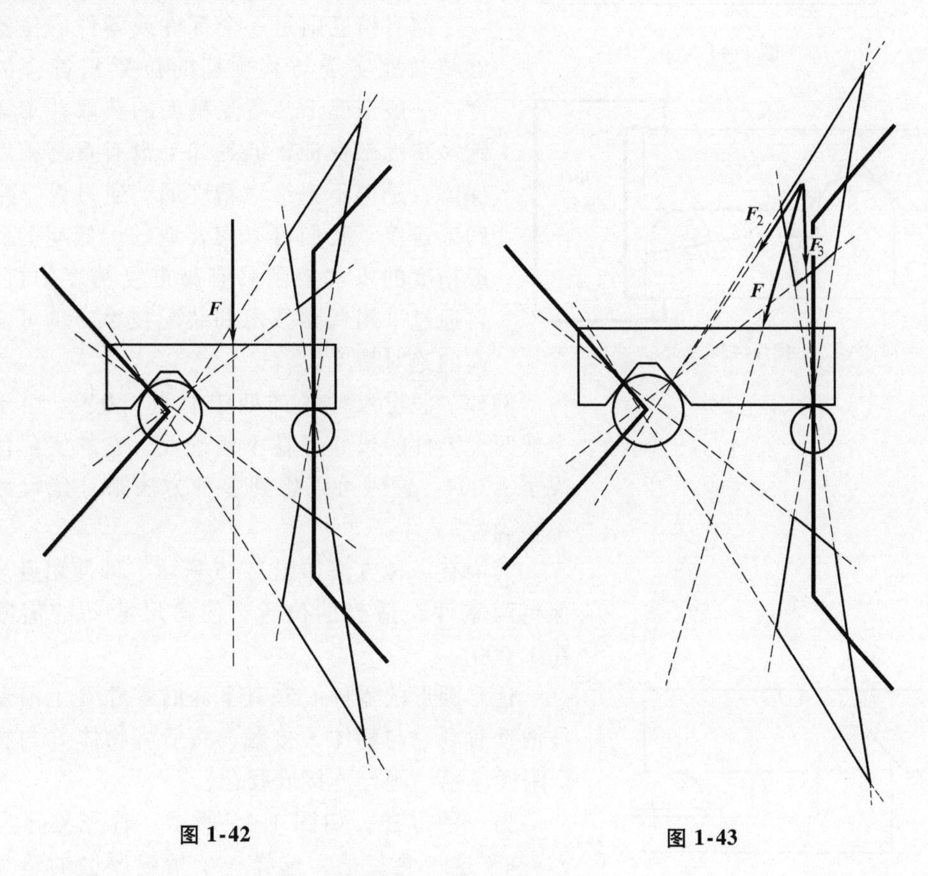

图 1-42　　图 1-43

1.17　重复精度和绝对精度

在机器设计中，我们通常会遇到如下术语：“重复精度”与“绝对精度”。

精度也称为重复精度，是指部件或部件上的某部分在经过一段时间后返回到相同位置的程度。机器设计过程中，其部件如果能够精确约束，便可自动实现相当高的重复精度。

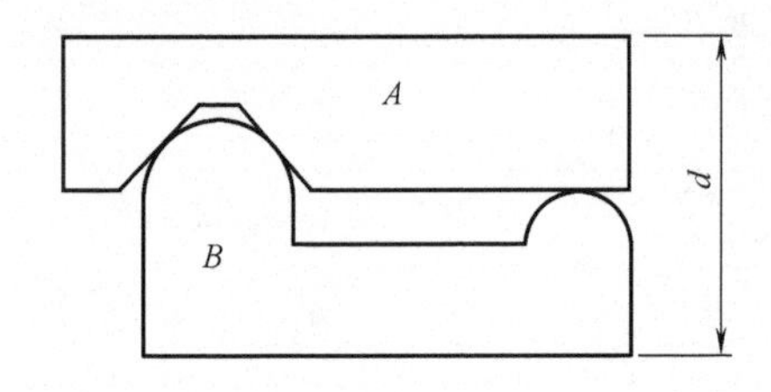

图 1-44

例如，如图 1-44 所示，假设安装过程中使得物体 A 和下面的物体 B 始终保持接触，然后测量总的距离 d。如果我们反复移去物体 A 并重新放置，就会发现每次测量距离 d，它的值都会有所不同。

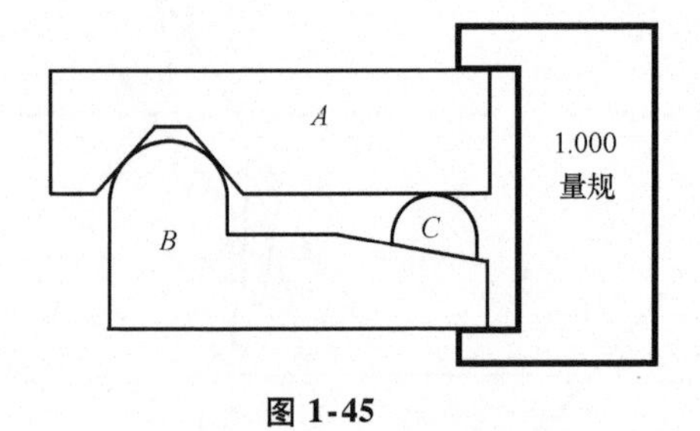

图 1-45

绝对精度则是一个部件或零件的位置能够精确地实现与其预期的位置相符合的程度。一般情况下，重复精度的获取并不需要绝对精度来保证，但是如果没有重复精度作保障，是得不到绝对精度的。通过设计精密约束连接，我们可以用普通的、低耗的、一般精度的零件得到具有高重复精度的机器。再通过采用调整技术和装配技术，也可实现高的绝对精度。

例如，假设尺寸 d 的期望值为 1.000。由于单个或两个零件的尺寸存在不精确性，它的实际值变成了 1.004。这时可以想到多种方法来补偿尺寸的不精确性。

其中有一种方法如图 1-45 所示，即使用量规来保持两零件在适当的位置，使得尺寸 d 的值限定在 1.000。

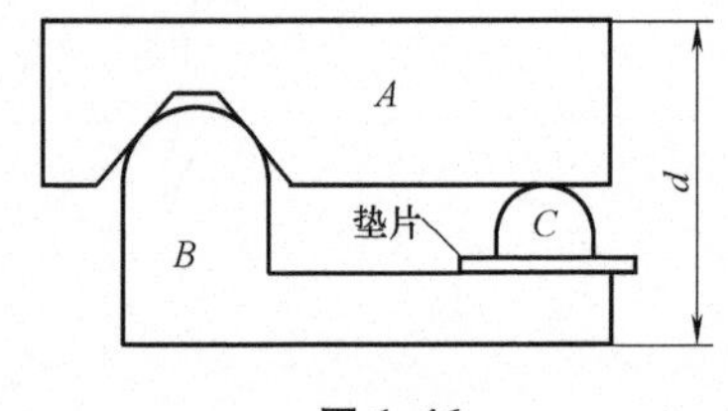

图 1-46

让半圆形的零件 C 在其下面的零件 B 上沿着斜坡滑动直到它与物体 A 接触，然后将物体 B 与物体 C 刚性连接（螺栓连接或胶合）。

另一种方法，如图 1-46 所示，首先测量尺寸 d。基于这一测量值，选择一个精确厚度的垫片并将其置于半圆形零件 C 和零件 B 之间，然后将半圆形部分和垫片固定在零件 B 上。

1.18　螺纹：可调节的约束装置

设计精确约束连接的一个优点是可以用相对廉价、一般精度的零件实现较高的重复精度。然而，为了通过装配一些较低精度零件来实现较高的绝对精度，我们必须依靠精确的安装或精密调整。调节装置可以很容易地通过使用一般的机械螺栓的机构设计来实现。螺纹的端部可以看成是点接触式的约束装置。通过旋转螺栓，就可以调节物体被约束的位置，每次调整一个自由度。适当地选择这些约束的位置，对各个自由度的调节可以做到相互不耦合。

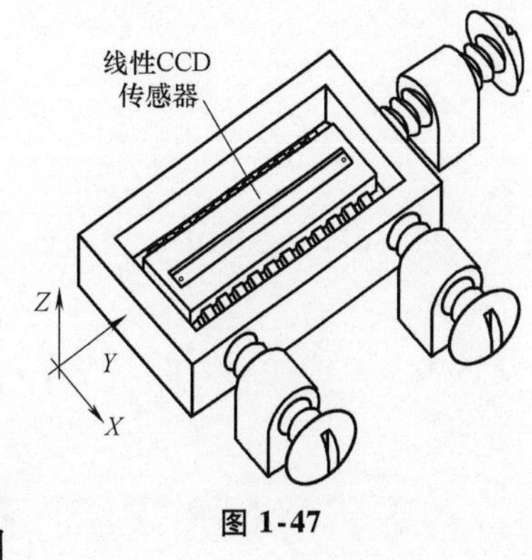

图 1-47

图 1-47 所示为一个包含一列光敏感像素的线性电荷耦合器件（CCD）传感器。每一像素为 10μm²，整列像素长为 25mm。

我们要求在 X 和 Y 方向最终像素点相对基准图像的位置必须精确对齐。为此使用 3 个螺栓实现这一调节。图 1-48 示出了这种情况，并象征性地显示出调节约束机构。

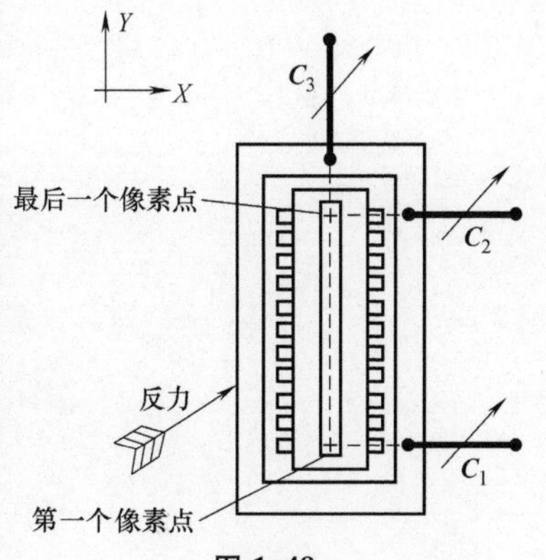

图 1-48

在设定位置，$\boldsymbol{C}_1$ 和 $\boldsymbol{C}_3$ 的约束线相交于第一像素点，所以对 $\boldsymbol{C}_2$ 的调整并不能引起第一像素点处的运动，只能引起最后像素点处沿 X 方向的运动。同样的道理，$\boldsymbol{C}_2$ 和 $\boldsymbol{C}_3$ 的约束线相交于最后像素点，因此对 $\boldsymbol{C}_1$ 的调整并不能引起最后像素点处的运动，而只能引起第一像素点处沿 X 方向的运动。最后，对 $\boldsymbol{C}_3$ 的调节只能引起整个像素列在 Y 方向的运动。

一旦设计完成了调节装置，就可以通过使用图 1-49所示的装置进行锁紧（使用止动螺母或紧固螺母锁紧）。

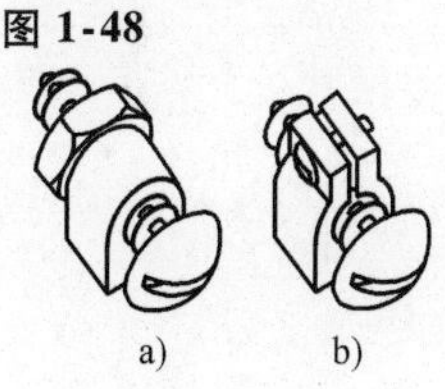

图 1-49

1.19　热膨胀不敏感性设计

假设我们需要安装一个装置（部件），任何由于温度变化引起的热膨胀，都不能使其在某一固定位置的关键特征发生变化。

图 1-50 所示为带有一个孔的零件，孔的轴线不允许移动。

物体热膨胀（由图中虚线表示膨胀后的区域）使得物体从给定点（原点）沿着径向按比例向外扩展。这里指定孔的中心为原点，所有约束面都基于孔中心的径向方向分布。结果发现，这时孔的位置对热膨胀不敏感。

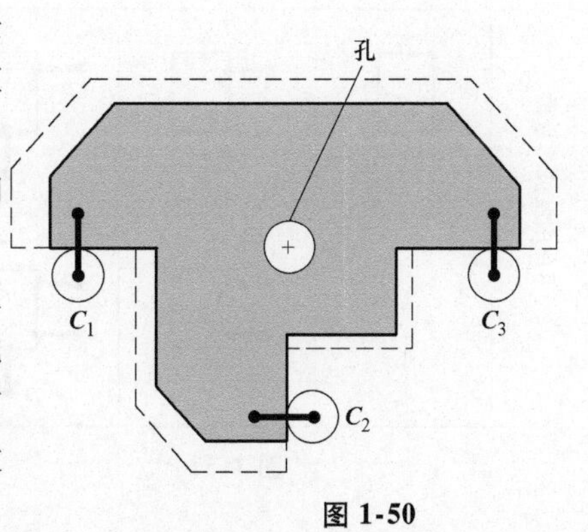

图 1-50

1.20　二维约束线图图示

图 1-51 示出了可作用于二维物体与参考物体（参考物体未画出）之间的各种可能的正交约束线图。

1.21　串联（级联）

图 1-51 所示的二维约束线图，总结了直接作用于二维物体的各种约束模式，可以看出没有一种模式可以在约束掉物体转动自由度的同时还能保证两个移动自由度都存在。为了达到此目的，我们可以采用串联的方法。为此需要引入一个中间体。串联过程中，物体通过第一级约束与中间体相连，然后再将第二级约束体连接到参考物体（地面）上。串联连接可保证第一级约束允许的自由度被加在第二级约束允许的自由度上。制图机（见图 1-52）就是串联连接的一个很好的例子。打印头与中间体之间的连接只允许有 X 方向的自由度。中间体与工作台之间的连接只允许存在 Y 方向的自由度。因此，打印头相对工作台在 X 和 Y 方向都可自由移动，但限制了 θ_Z 的转动。

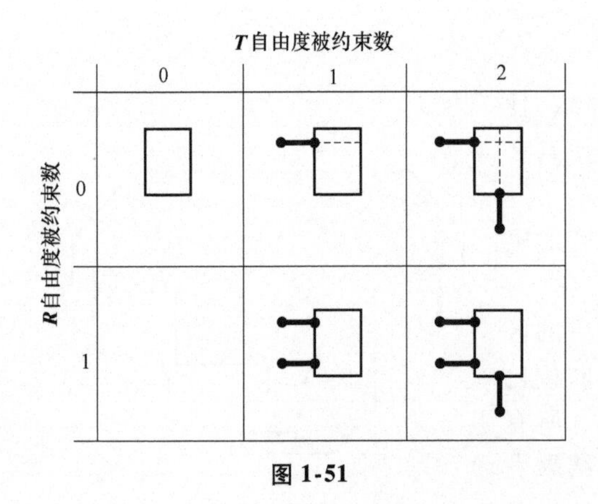

图 1-51

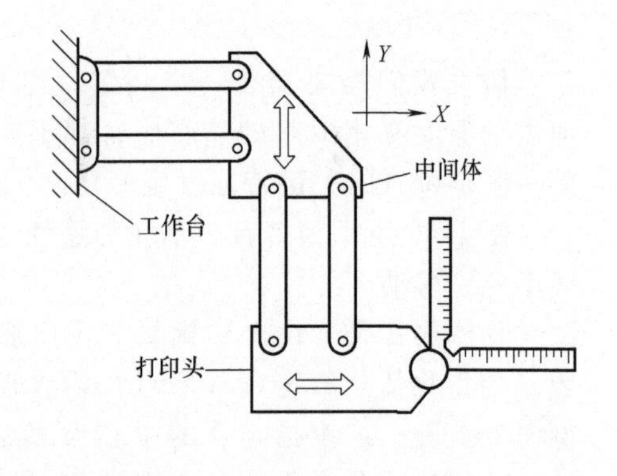

图 1-52

1.22　转动约束

串联并不是唯一一种只约束转动而不对移动实施约束的方法。图 1-53 所示为一个装有两个滑轮的零件，由缆线约束其转动，缆线的端部被连接在参考物体上。必须要施加一个卡紧转矩。这时，物体在 X 和 Y 方向可自由移动。这种方法通常应用于一些绘图板上，用以保证防止丁字尺（垂直水平尺）的转动，卡紧转矩由反向缆线提供。

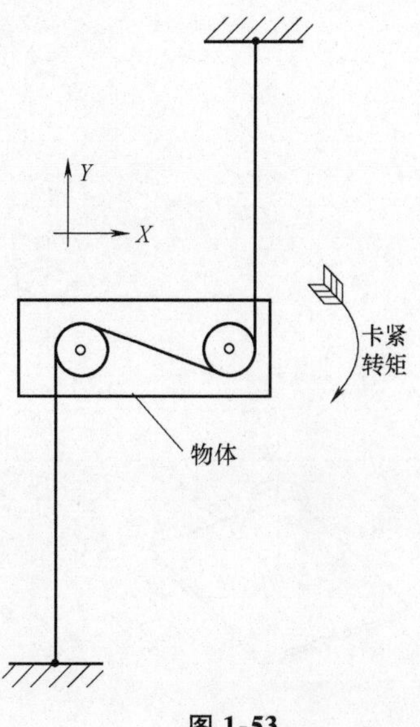

图 1-53

1.23　转动自由度线 R 与约束线 C 的交点

再来回顾一下 1.3 节有关约束效果的陈述：

物体上沿着约束线上的点只能在与约束线垂直方向上移动，而不能沿着约束线移动。

这使我们在 1.6 节中就认识到：二维物体的转动自由度必须作用在沿着（或相交）物体上的任意约束线上。为此可以对上述结论进行扩展：

物体转动自由度的轴线（R）一定与作用在该物体上的各个约束线（C）相交。

正如 1.10 节中所讨论的那样，可将“相交”进一步扩展为包括“相互平行”的情况，只是此时的交点在无穷远处。这不仅解释了为什么瞬心会在两约束线的交点处，同时也给出了物体所有转动自由度轴线所处的位置（后面将会看到）。

“物体所有转动自由度轴线与其所有的约束线相交”是精确约束设计的基础。本书后面各章节的讨论，都是建立在这一基础之上的。进一步的讨论还会发现许多关于机械设计中不仅有趣而且有用的结论。

1.24　移动自由度等效表示为转动中心在无穷远处的转动自由度

现在我们已经知道了在假定（二维）物体受到了任意形式的约束的情况下，如何来确定该物体的转动自由度。但如果物体有一个或几个自由度是移动自由度，应如何确定呢？

注意到一个移动自由度 $\boldsymbol{T}$ 可以表示为无穷远处的转动自由度 $\boldsymbol{R}$。在1.10节中，我们发现一个移动自由度 $\boldsymbol{T}$ 可以被一个瞬心在无穷远处的转动自由度 $\boldsymbol{R}$ 等效代替。因此，可以考虑表示二维物体自由度的其他可替代方法，这里以在图1-1中所描述的两个移动自由度和一个转动自由度的装置为例。

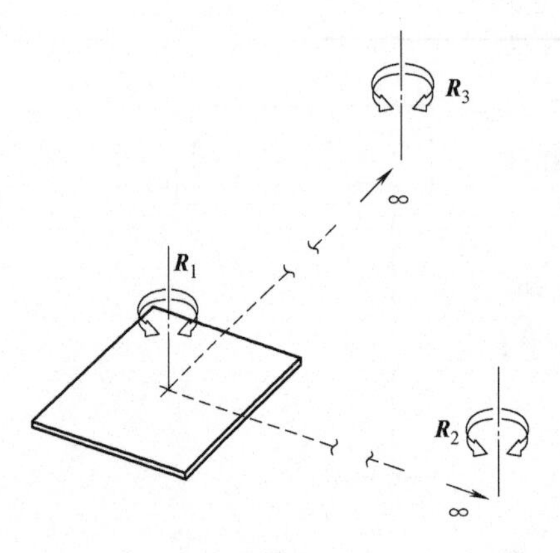

图 1-54

每一个移动自由度 $\boldsymbol{T}$ 都可以用转动自由度 $\boldsymbol{R}$ 等效代替，其作用点在无穷远处，如图1-54所示。$\boldsymbol{R}_1$ 作用在物体的任意位置。

图1-54与图1-1在表示未被约束的二维物体自由度方面是等效的。在第3章中，我们将进一步讨论**三维空间**的物体所受的各种约束类型以及与物体自由度之间的关系。

本章小结

在本章中，我们定义了约束 $\boldsymbol{C}$ 和自由度 $\boldsymbol{R}$。发现若物体上作用有约束，该约束可以表示成空间上的一条直线，而沿着该直线的方向为不允许该物体运动的方向。过约束是当两个约束作用在同一直线（或很近）时产生的。两个二维物体间的机械连接可以用二维平面中的一系列约束线来表示。当物体间的接触存在两个约束时，我们发现存在等效约束线，其方式取决于两约束线间的几何关系。如果两条线相交在有限平面区域内，就定义了一系列径向线，其中任意两个都可以等效替换原来的两条线相交线约束；如果两条线平行（或两条线相交在无穷远处），则定义了平面上无穷多条平行线阵列，其中任意两条都可以等效替换原来的两条线平行约束。当两约束线作用在二维物体上时，将会产生一个转动自由度，其转轴 ***R*** 位于两约束线的交点，且垂直于该二维平面。当两约束线平行分布时，产生的转动自由度轴线 ***R***（两约束线的交点）位于无穷远处，这时，它与纯移动自由度是等效的。

当两物体间有约束直接作用时，这种连接可以用约束线图来表示。当两物体通过串联的方式进行连接时，这样一个物体往往是通过一个或多个中间体与另一物体相连的，这种连接可通过每个串联连接的所有自由度 ***R*** 来表示。

第2章

三维约束装置

学而不思则罔，思而不学则殆

在前面学习二维连接时，我们曾经使用过一些简单的约束装置，例如点接触和端部带有铰链连接的连杆等。同时认识到这些约束装置在小位移运动情况下具有功能等效性。这样，为了便于分析，具体使用哪种约束装置这时变得并不重要，重要的是要知道约束是否存在以及在何处施加。

对于三维连接是同样的道理。随着对三维连接的深入学习，我们会找到更多的约束装置。其中有些约束装置只提供单个约束，有些则可提供多重约束。

不过，我们仍沿用现在已经熟悉了的约束符号代表每个约束（图1-6）。分析过程中则主要关注约束在空间中的位置，而不是使用了哪种特定的约束装置。每一约束都用空间中的线来表示。

话虽如此，一个设计者偏好某一种约束装置而不是另一种肯定总是有原因的。这些原因可能与连接的内部刚度、是否能双向施加载荷、安装和拆卸的难易程度、运动允许的范围以及费用等有关。设计者根据经验来决定选择何种约束装置。

在本章中，我们将介绍一些三维约束装置及其应用。

2.1 球铰

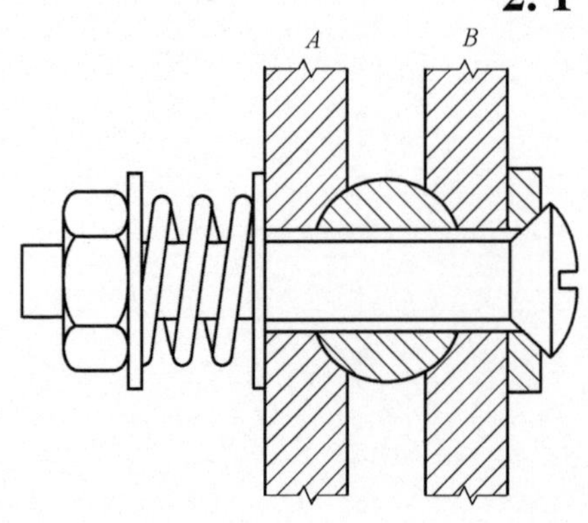

图2-1

球铰链是一种常见的多约束装置。图2-1所示为一种具有自紧固功能的球铰链结构。

球铰链的约束装置在机器中很常见，甚至也可以在自然界中找到它们的身影。例如，人的髋关节就是球铰链。这种类型的铰链提供了三个约束并且三个约束的交点在球心上，可实现绕着相交于球心处的三个轴线进行转动。

牵引车与挂车之间的连接也是球铰链应用的典型例子。在这个例子中，铰链具有过约束性，因为球套包住球的区域已经超过了半个球。这种过约束的缺点是铰链处有松动和间隙，优点是可使铰链能够承受任何方向的大载荷，无论上下、左右还是前后。在这个应用中，全方位的承载能力是十分重要的，而关节处存在少许的间隙也可以接受。

然而，也有一些应用场合（例如精密仪器的设计）是不允许存在松动和间隙的。对于这些场合，必须要注意保证球套和球铰之间不发生过约束。三面体球套可以为置入其中的球提供三个正交的固支力，可以防止过约束（三面体球套的形状可通过将立方体的一角压入泥模中成形得到）。这时，用一个过球心和三面体球套顶点连线方向的反力，可以保证所有三个接触点保持接合状态。这一连接，尽管“在运动学上是正确的”，但还可以作进一步改进。例如，可以通过使用所谓“曲率匹配”的方法增大其刚度和强度。

2.2　曲率匹配

假设一个钢球放在一个水平面上（见图2-2）。给钢球沿着约束线方向施加一反力 $\boldsymbol{P}$。这时，在球和支撑物体的接触“点”处会产生凹陷，从而导致产生较大的接触应力和刚度降低。不过，这两个问题都可以通过让接触曲面的曲率半径更加匹配而得到缓解。

支撑球体的三面体球套结构可以通过使用圆锥形套面形状（见图2-3）代替来改善接触性能（包括接触应力和接触刚度两个方面）。首先，该支撑套容易加工；第二，球面和球套的接合处由三点（接触面积小）变成一条线（环形区域）。借用我们用于描述地球的术语，如果我们定义球体的极轴和圆锥孔的轴重合，那么就可在纬度方向上实现曲率

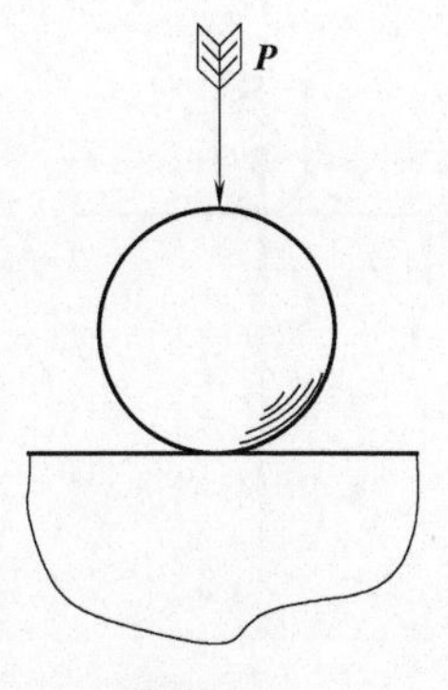

图2-2

匹配（而不是沿着经度方向）。这样显著提高了系统刚度，并在不需要对球套进行紧密公差设计的情况下减小了接触处的应力。换句话说，球和球套的配合度不会受到球的直径或锥形套锥角微小变化的影响。

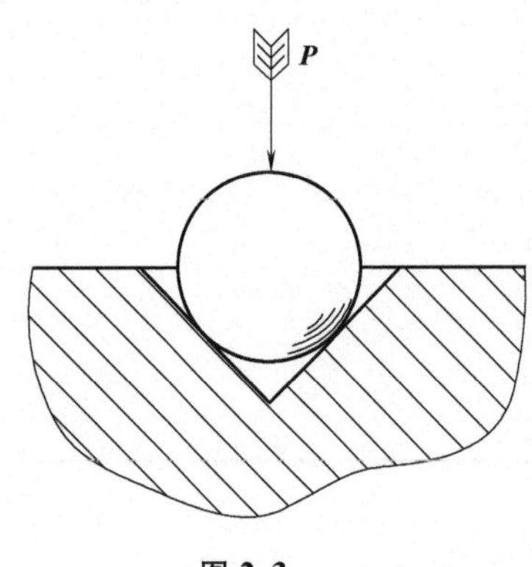

图 2-3

如果需要进一步提高球体与球套接触面的刚度并减小接触应力，我们必须使其沿着经度方向也曲率匹配。很明显，做成球形的套可以与球体实现最佳的曲率匹配效果。然而，这种完美配合在现实中有些难以实现。球与球套之间在曲率半径上哪怕存在很小的偏差都会破坏这种配合。为避免上述情况发生，并使其沿着经度方向上仍能实现某种程度上的曲率匹配，沿经度方向的球套尺寸可以比球体的尺寸略大。在图 2-4 所示的剖视图（曲率被夸大画出）中，一个球体约束在这样一个球套中。它的断面形状与哥特式拱门很相似。在实际应用中，球套沿经度方向的曲率半径可能很接近球的半径。认识到**球与球套的曲率半径并不需要十分精确的匹配就能实现高刚度和小接触应力的连接**很重要。当我们所设计零件的半径和与它相配合表面的半径很相近时，就会体会到曲率匹配的诸多优点了。

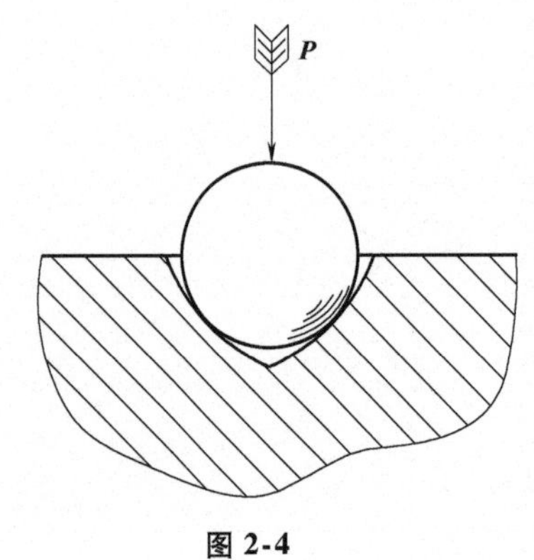

图 2-4

2.3　单约束装置

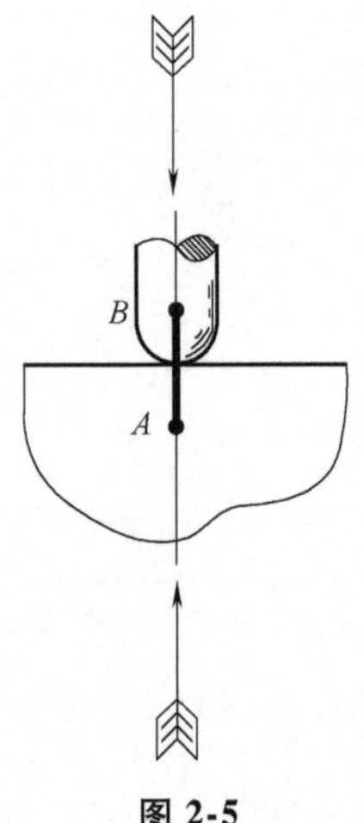

图 2-5

图 2-5 所示为一种最简单的约束装置，端部为圆形的接触点，在不考虑少许偏差存在的情况下可提供单一约束。这时，约束线通过接触点，并垂直于接触点表面的切线。然而，球面与平面的接触点处会产生较大的应力并使接触刚度变小。这一情况可以通过曲率匹配进行改善。例如，在 A 和 B 之间安装一中间体，使 A 和 B 的接触表面曲率相匹配。这一中间体可采用 C 形钳底座。

在图 2-6 中，中间体与球接触的是一圆环线，与 A 的表面则是面接触。这一连接是一种串联连接，C 形钳底座是中间体。该结构的刚度比图 2-5

所示的结构要大。

图 2-7 所示为 C 形钳底座的另外一种形式，这种形式可产生自反力。注意到该结构中，A 和 B 之间允许存在微小的偏差。

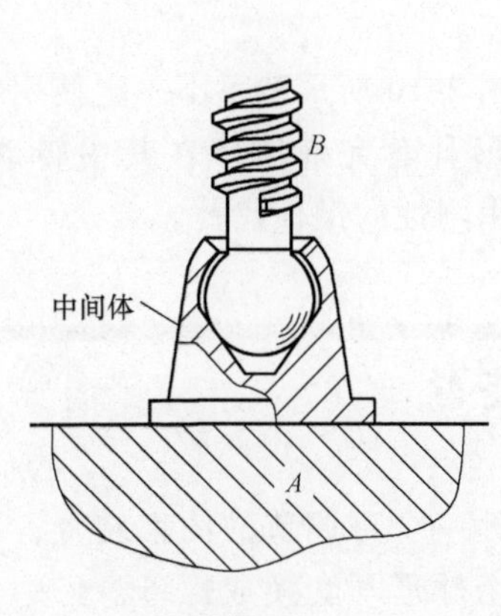

图 2-6

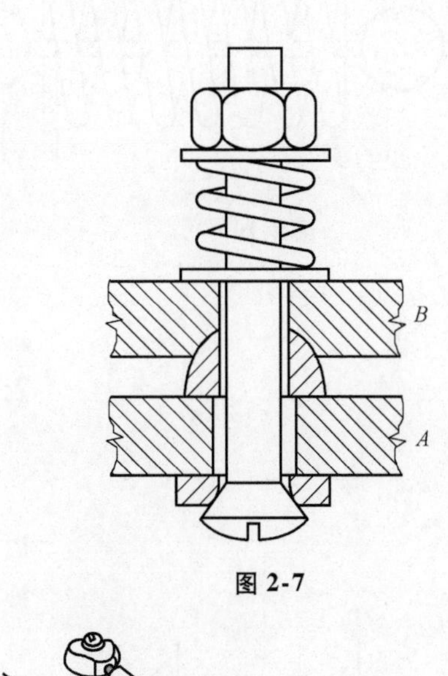

图 2-7

对于图 2-5、图 2-6 和图 2-7 中的任一约束装置，垂直于约束线的任何平面运动都将会导致约束装置沿接触面滑动。设计者必须小心，保证这些滑动面内的摩擦力不会妨碍我们所需要的自由度。这就需要设计者指定一个较小的反力，或者选择其他形式的约束装置，如端部为球铰链的杆连接，具体如图 2-8 所示。该装置提供了一个沿着两球心连线的单一约束，同时允许在垂直于约束线的方向上自由运动。

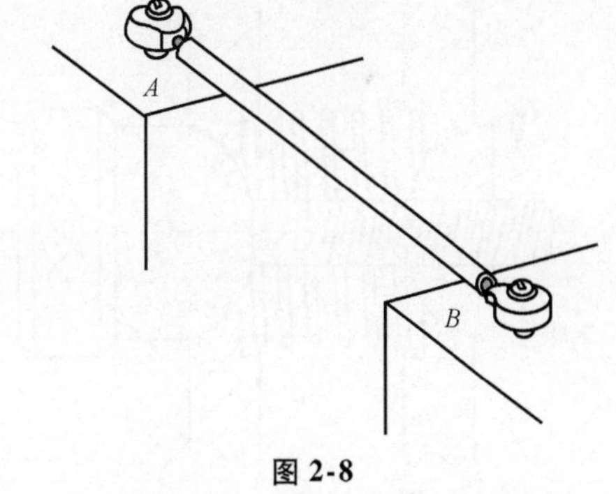

图 2-8

两物体间的细长杆或者索连接均可提供沿着轴线的单一约束。其细长特性引起的弯曲变形可提供垂直于轴线方向的转动和移动，而沿着轴线方向上却具有高刚度。这一装置称为柔性杆（wire flexure），我们将在第 4 章中详细讨论。

如果不要求承受双向载荷，则可以使用图 2-9 中的约束装置。图 2-9a 所示为两端为圆形的杆，其两端卡在被连接物体的

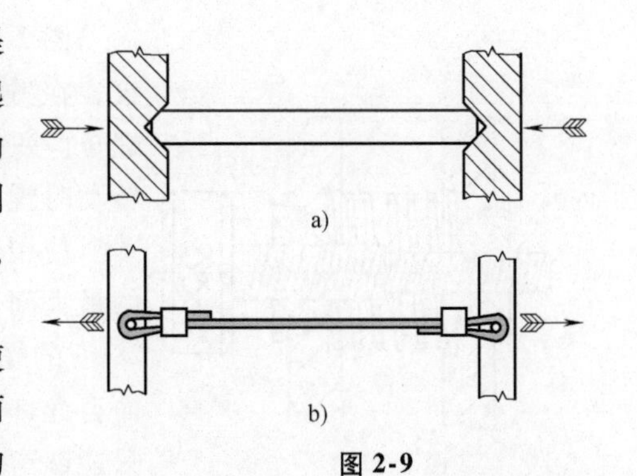

图 2-9

凹座内。图 2-9b 所示为索连接。杆连接只能承受压载荷，索连接只能承受拉载荷。

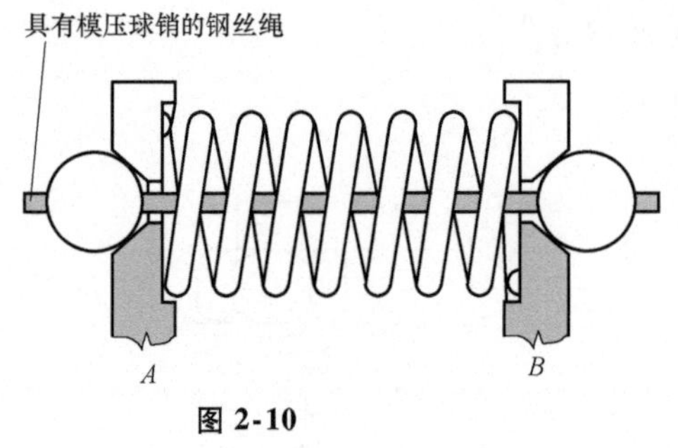

图 2-10

图 2-10 所示为对索连接的改进方案，这里增加了螺旋弹簧。在弹簧所能提供的弹性力范围内，这一约束装置既可以承受拉载荷又可以承受压载荷，而且，该连接允许存在偏差。

当然，图 2-10 所示装置不一定使用钢丝。因为球形耳套允许球体在其中转动，所以钢丝可用刚性的钢杆代替。

2.4 可调约束装置

如果我们需要设计一个可调节的约束装置，可以用螺栓代替杆。一个球形耳套换成螺母，另一个换成螺栓头（见图 2-11）。

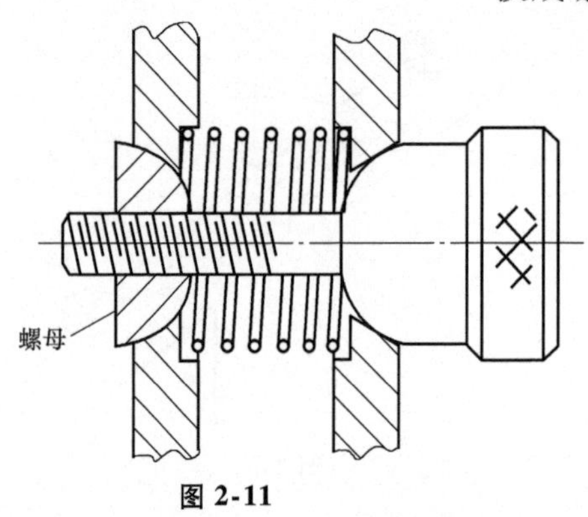

图 2-11

当设计非常精密的调节装置时，我们通常使用细牙螺纹。一个 80tpi（1in 跨度下的螺纹数）的螺栓，在实际中是很精确的，即每转 1/8 转，前进 0.0015in。如果我们需要更精确的螺纹，可以使用差动螺栓。差动螺栓包括两段螺纹，两段的螺距大小略有差别，有效螺距就是两螺距的差值。例如，24tpi 螺纹的螺距是 0.0417in，28tpi 螺纹的螺距是 0.0357in，两者差值为 0.006in，等价于 168tpi 的螺纹。

图 2-12 中，在螺栓的一端加工了 10-24 的螺纹，在另一端加工了 1/4-28 的螺纹。每个耳套都是螺母。每个螺母和其支座之间的摩擦力可防止螺栓转动时螺母随之转动。

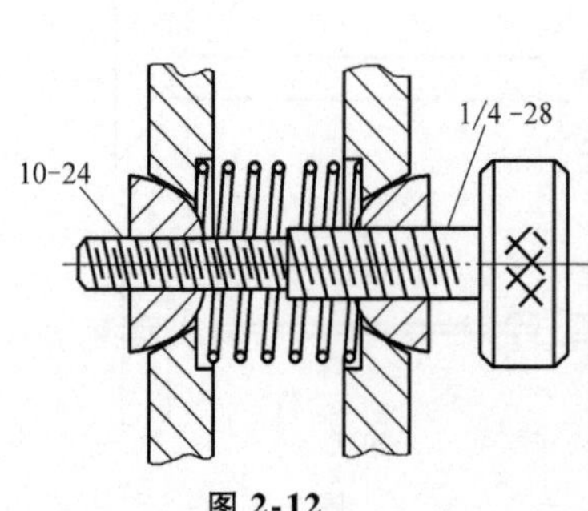

图 2-12

使用这种具有精密有效螺距的差动螺栓所带来的最大问题就是调节范围过小。例如，如果 24tpi 和 28tpi 的螺栓可以提供 10 转的调节量（对每个螺母而言允许的轴向运动大约是 0.400in），而差动螺栓只能够产生 1/16 in 的调节量。若要差动螺栓具有较大范围的调节能力，只能增大其长度，并且需要使用者具有足够的耐心。

这一问题被差动螺栓的设计者 David Kittell 巧妙地解决了。他采用了具有两种工作模式的紧凑设计方案（见图 2-13），既提供了较大的调节范围又提供了精密的有效螺距。在粗调模式下，螺距小的螺母与螺栓固定在一起，这样可防止差动效应的发生。在这种模式下，只有 10-24 的螺纹是有效的，因此可获得较大的调节范围。在精调模式下，两段螺纹都是有效的，产生了差动效应。当 1/4-28 螺母中的销与螺栓头下面伸出的销脱离时，装置就处于精调模式。这种模式下螺栓头只能转一圈。操作时，旋转螺栓（粗调模式下）应在被旋至刚刚过了正确的设定值后，再稍微旋回一点，然后在精调模式下继续旋进（小于一转）。

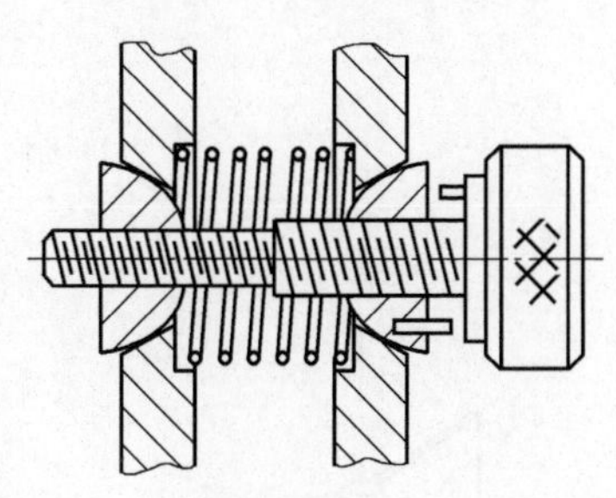

图 2-13

这一装置实际上是一个两端为球铰连接的长度可调杆。其中，螺母为半球形，安装在连接两物体的圆锥孔内，每个圆锥孔的内角是 60°。这样，摩擦力可以使螺母在不应旋转时在支座中实现自锁。每个被连接物体中的浅扩孔为螺旋弹簧提供了支座，而弹簧为螺母提供了轴向反力。

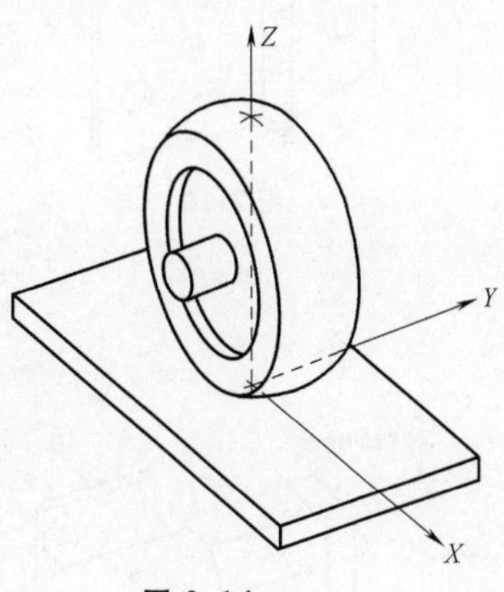

图 2-14

2.5　车轮

车轮允许大（无穷）的行驶范围而只提供 Z 向的约束。图 2-14 所示的车轮在 X 方向有无限的行驶范围；然而，Y 方向运动则伴随着车轮的侧滑。当车轮承受较大载荷，摩擦力较大时，并不能够完全自由地沿 Y 方向运动。对于这种情况，自对准的万向轮可能更合适些。

图 2-15 所示的万向轮可绕着铅直轴转动，以适应在 XY 平面内的任何运动。万向轮的特性将在本书第 8 章中进一步讨论。

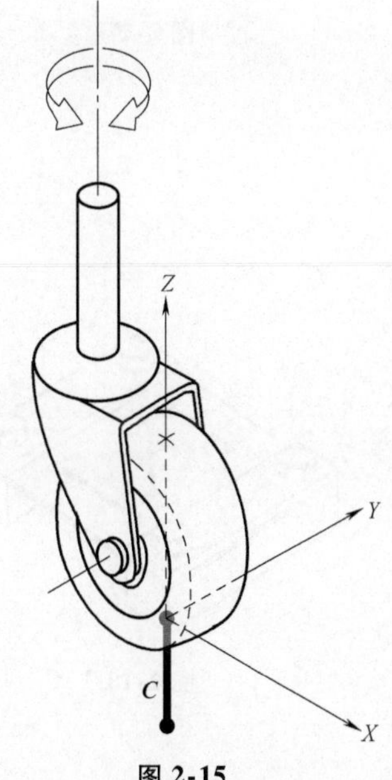

图 2-15

2.6　多约束装置

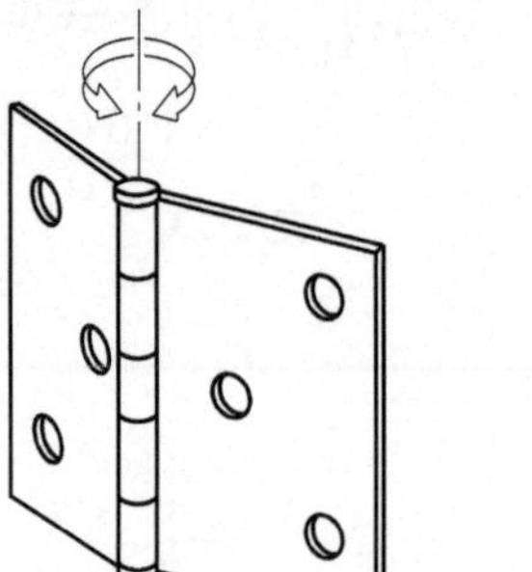

图 2-16

图 2-16 所示的铰链是一种在机械中常用的多约束装置。该铰链提供了 5 个约束，只剩下 1 个允许绕铰链轴转动的自由度。

有些铰链则设计成允许一定范围的轴向运动，我们将该装置绘于图 2-17 中。这一装置对物体施加了相对铰链轴径向的 4 个约束，剩余 2 个自由度，即沿着铰链轴线的移动和绕着该轴线的转动。

如果使 A 和 B 之间接触面的横截面形状是其他形状而不是圆形，我们可得到键槽连接。这时，绕铰链轴线的转动将被约束，只有沿着铰链轴线的移动自由度是允许的。运动学领域将键槽连接称为“移动副”。

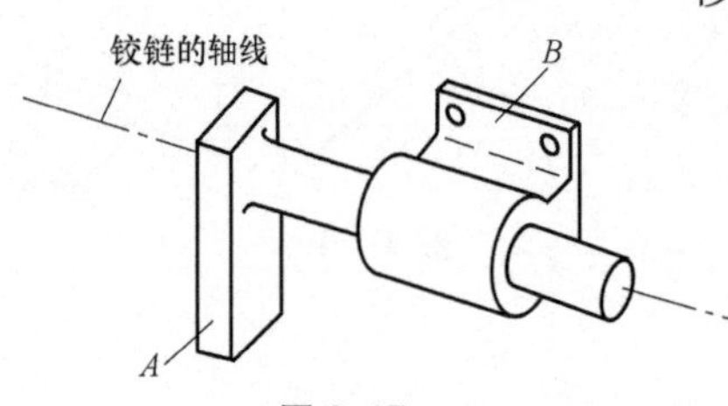

图 2-17

当用图 2-18 所示的柔性板簧连接两个物体时，表现的约束方式与柔性细长杆有点像。它足够薄，可以弯曲，提供了位于板簧平面内的 3 个约束。柔性板簧将在本书第 4 章中作进一步讨论。

这里我们要介绍的最后一种约束装置是（预紧）球轴承。这并非意味着它在重要程度和使用频率上也排在最后。

对于球轴承，通常在其滚珠和滚道之间留有微小的间隙。你可以将外圈拿在手中，摆动其内圈来感觉间隙的存在。

如图 2-19 所示，在内外滚道之间施加有轴向预紧力——用做反力。由于这些反力的特殊分布，在内外滚道之间存在 n 个倾斜的约束（对于 n 个球每球提供一个约束）。这些约束线和垂直线所成的角通常称为轴承的“接触角”。它们相交于轴承轴线上的某一点。

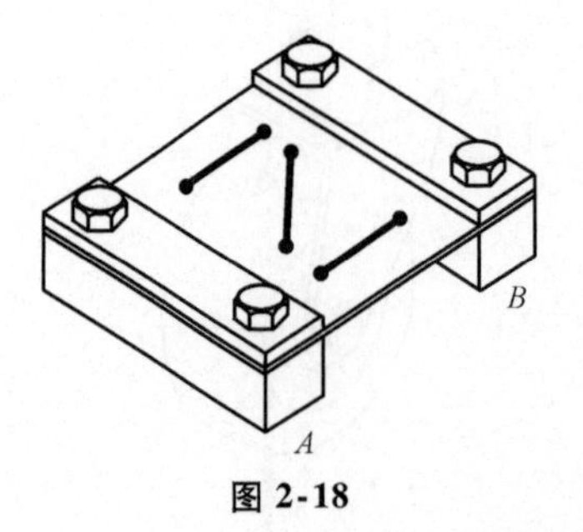

图 2-18

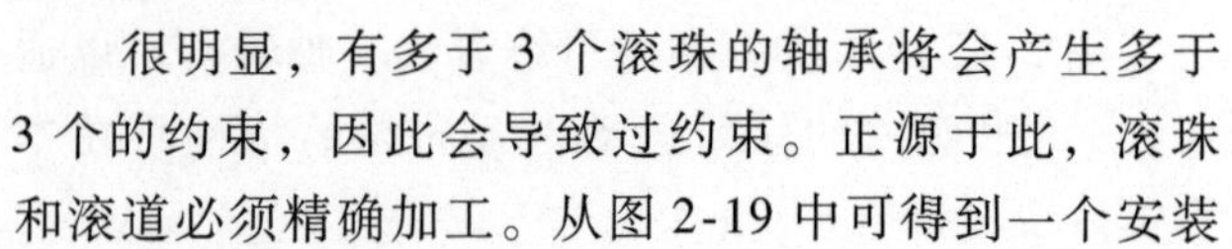

很明显，有多于 3 个滚珠的轴承将会产生多于 3 个的约束，因此会导致过约束。正源于此，滚珠和滚道必须精确加工。从图 2-19 中可得到一个安装在单个轴承上的轴仍然有 3 个自由度。这 3 个自由度通过这 n 个约束的汇交点。很有趣的事情是：我们发现在球铰链连接中同样是 3 个约束和 3 个自由度相交于同一点。

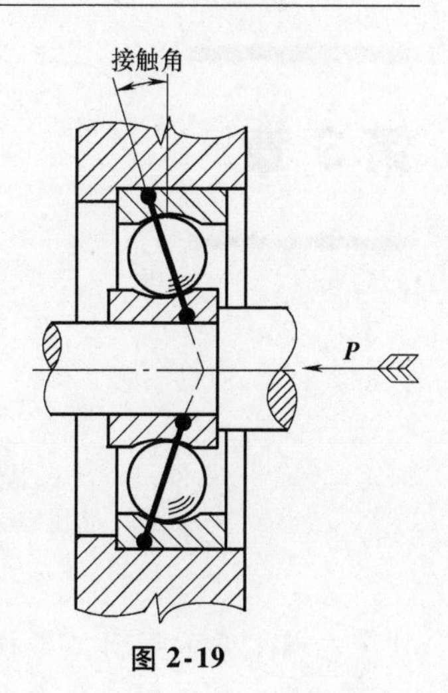

图 2-19

本章小结

本章中，从第 1 章使用的单约束装置出发，对约束装置的“类别”进行了扩展，进而探索了一些常见的用于三维连接的三维约束实例。

第 3 章

物体间的三维连接

博学之，审问之，慎思之，明辨之，笃行之

在第 1 章的平面二维模型中，已经介绍了很多重要的概念。但现在，需要将其扩展到整个三维空间。在本章中，我们将详细分析三维空间中物体间的连接形式。

当然，为大家所熟知的是：一个自由刚体具有 6 个自由度——3 个独立的移动自由度（通常记为 X、Y 和 Z）和 3 个独立的转动自由度（通常记为 θ_X、θ_Y 和 θ_Z）。

然而，大家并不熟悉的是：究竟采用什么样的连接方式可以确切地使三维物体的自由度数从 6（自由状态下）减小到一个小于 6 的数字（连接所导致的结果）。

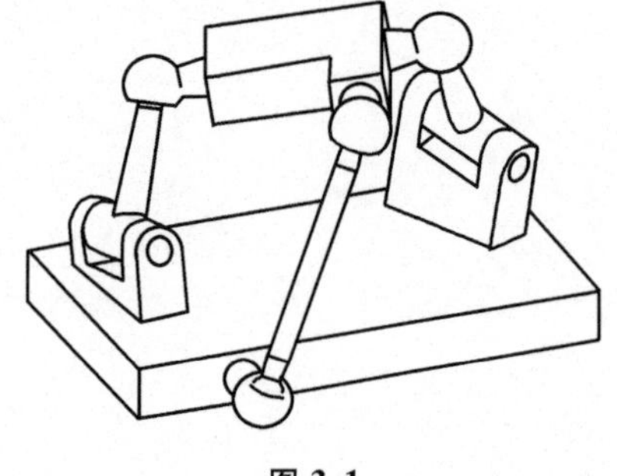

图 3-1

例如，考虑图 3-1 中一个物体通过三根连杆连接到机架上的情形。显然，由于这三根连杆对物体施加了某种约束，从而使物体相对机架的自由度数减少。

但是，在此约束条件下，我们并不清楚该物体具有何种自由度。为此本章将给出一些相当简单，但并不为人所知的**约束线图分析**技巧，它可以辅助我们分析图 3-1 中的连接并准确地确定出该物体的自由度。这一章将逐一揭示解决类似问题的分析技巧。

3.1 二维情况下的三维模型：约束图

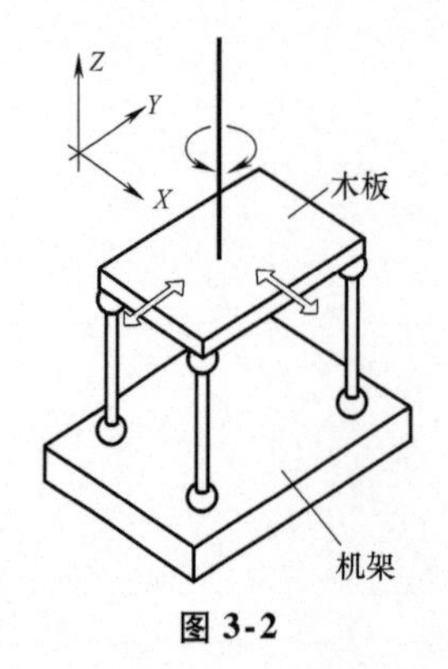

图 3-2

图 3-2 所示的模型是用一块木板和三根细木棍做成的。使用热熔胶将木棍连接到木板和机架上。每根木棍都是一个约束装置，在小位移情况下，每根木棍的特性与端部用球铰连接的杆是一样的。

在制作完这样一个模型之后，你会发现木板在

3 个自由度（X、Y 和 θ_Z）上可自由运动，但剩余的 3 个自由度（Z、θ_X 和 θ_Y）则与机架刚性连接。每根木棍在木板与机架间均产生 1 个约束。这样，三个木棍共同限制了木板的 3 个自由度，即这 3 个约束作用导致木板减少了 3 个自由度。

木板所剩余的 3 个自由度（X、Y 和 θ_Z）和第 1 章中未被约束的二维模型的 3 个自由度是完全相同的。

我们可以绘制约束图来代替该模型，如图 3-3 所示。图中每根木棍用一个约束符号 $\boldsymbol{C}$ 表示，物体上的每个自由度用转动自由度 $\boldsymbol{R}$ 表示。

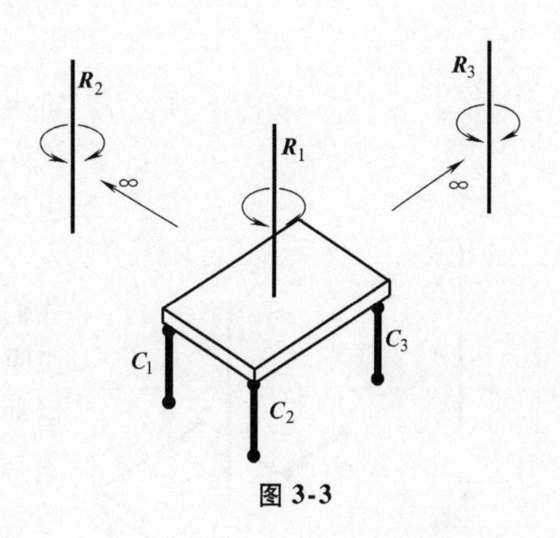

图 3-3

如前所述，物体的移动自由度（X 和 Y）可以被等价表示成转轴在无穷远处的转动自由度 $\boldsymbol{R}$。注意到上面例子中的木板受到 3 个约束并有 3 个自由度，它们也一定是相互平行的，原因分析如下：在本书 1.23 节中，我们已经知道物体转动自由度的轴线一定会与作用在其上的约束线相交。因此，在图 3-3 中，要使每条自由度线 $\boldsymbol{R}$ 和每条约束线 $\boldsymbol{C}$ 都相交，所有自由度线 $\boldsymbol{R}$ 就必须要与所有约束线 $\boldsymbol{C}$ 平行，即相交在无穷远处。

随着所要研究的物体间机械连接方式越来越多，我们将大量地应用约束线图来辅助分析。约束线图的优点在于：可使我们通过可视化的方法清楚地看到任一给定机械连接中，作用在物体上的约束线图以及所得到的物体的（转动）自由度线图。

3.2　自由度线 R 与约束线 C 之间的关系

现在我们再来考虑为上述模型增加第 4 根连杆 $\boldsymbol{C}_4$ 后的效果，如图 3-4 所示。这与图 1-3 所示的情况几乎一模一样，只是在本图中我们明确地画出了约束 $\boldsymbol{C}_1$、$\boldsymbol{C}_2$ 和 $\boldsymbol{C}_3$。很明显，这一连接的结果与 1.3 节中一样。增加一个额外的约束 $\boldsymbol{C}_4$ 将

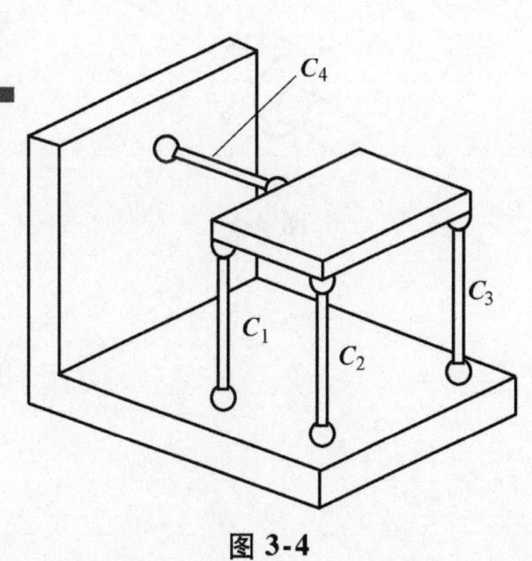

图 3-4

会限制物体一个自由度。而施加的约束数（不包括过约束）与剩余自由度数相加等于6。

如图3-5所示，现在物体具有的2个自由度都可表示成转动自由度 $\boldsymbol{R}$ 的形式。其中 $\boldsymbol{R}_1$ 表示物体的 θ_Z 自由度，$\boldsymbol{R}_2$（在无穷远处）表示物体的移动自由度。

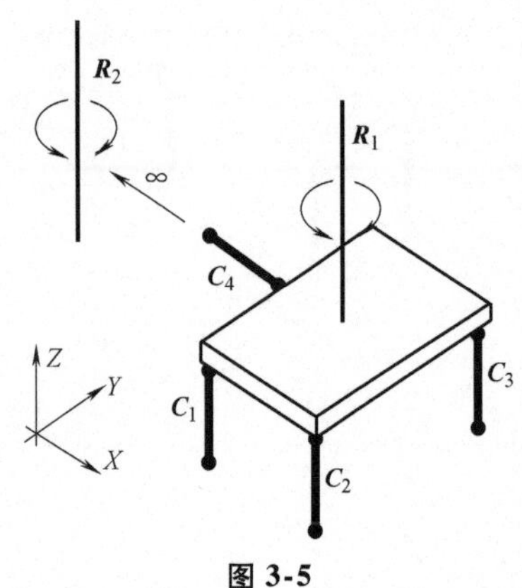

图 3-5

观察得到 $\boldsymbol{R}_1$ 和 $\boldsymbol{R}_2$ 都与约束线 $\boldsymbol{C}_4$ 相交。并且我们知道，这肯定是正确的。回顾约束的定义：约束阻止沿着约束线的运动，并允许垂直于约束线的运动。该定义要求任何未被约束的转动自由度线必须与约束线相交。这一结论对于每个约束都是成立的。考察一下图3-5，可以验证它的确成立。$\boldsymbol{R}_1$ 和 $\boldsymbol{R}_2$ 都与 $\boldsymbol{C}_4$ 相交，同时也与 $\boldsymbol{C}_1$、$\boldsymbol{C}_2$ 和 $\boldsymbol{C}_3$ 相交在无穷远处，因为它们都是平行线。

代表物体自由度的自由度线图与代表作用在物体上约束的约束线图之间的关系是很重要的。它使我们能够很快找到当某种机械连接对物体施加特定约束时该物体的自由度情况。任何时候我们只要知道施加在物体上的约束线图，就可以通过如下规则找到自由度线图：

当物体与机架（没有过约束）之间受到 n 个约束时，该物体将具有 $6-n$ 个转动自由度，并且每条自由度线 $\boldsymbol{R}$ 都与作用在物体上的所有约束线 $\boldsymbol{C}$ 相交。

从某种意义上讲，约束线 $\boldsymbol{C}$ 与自由度线 $\boldsymbol{R}$ 之间的这种"相交"是一种相互的映射。也就是说，如果 $\boldsymbol{C}$ 与 $\boldsymbol{R}$ 相交，同样意味着 $\boldsymbol{R}$ 与 $\boldsymbol{C}$ 也相交。将这一概念稍作扩展，即如果已知约束线图，我们可以找到自由度线图；同样，当给定自由度线图时我们也可以找到对应的约束线图。给定某一种线图，我们可以找到唯一的与其"对偶"的线图，即给定 $\boldsymbol{C}$ 可以找到 $\boldsymbol{R}$，给定 $\boldsymbol{R}$ 也可以找到 $\boldsymbol{C}$。

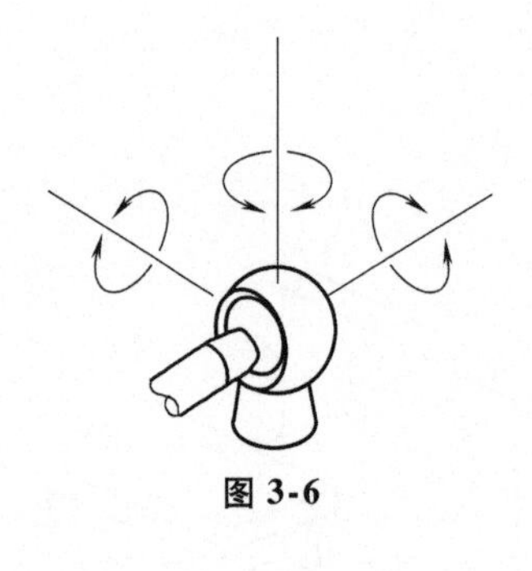

图 3-6

让我们来看下面一个例子。考虑如图3-6所示的球铰连接。众所周知，球铰连接限制了 X、Y 和 Z 方向的移动但允许绕 θ_X、θ_Y 和 θ_Z 方向的转动。

表示这一连接的约束线图显示该物体具有3个相交于球心的转动自由度，其对偶线图的3条约束线也相交于该球心。线图的每一条线都应与其对偶线图的各条线相交。

现在考虑图 3-7 所示物体 A 与 B 之间的连接，它由两端为球铰连接的刚性连杆组成，相当于物体 A 与 B 之间串联，连杆为中间体。正是因为 A 与 B 之间的串联关系，在自由度计算时应为两个物体自由度相加。每个球铰的自由度为 3 个转动自由度，这时系统的自由度总数为 6。如果我们试图求得与其对偶的约束线图，我们会发现存在矛盾。因为这里已经有 6 条 $\boldsymbol{R}$ 线，对偶法则告诉我们这时对应的 $\boldsymbol{C}$ 线应是 0 条。另一方面，我们发现存在着 1 条与每条自由度线都相交的直线——连接两球铰中心的直线与每条自由度线都相交。直观上，我们也能确定出这条线确实代表着对该连接所施加的单一约束线。事实上，6 条 $\boldsymbol{R}$ 线中有一条是冗余的，沿着连杆轴线（连接两球铰中心）的 $\boldsymbol{R}$ 被计算了两次，每个球铰各一次。这样，我们就可以消除掉一个冗余约束，从而得到一个自由度。因此，有一个自由度欠约束，这导致连杆可以绕着其轴线转动。

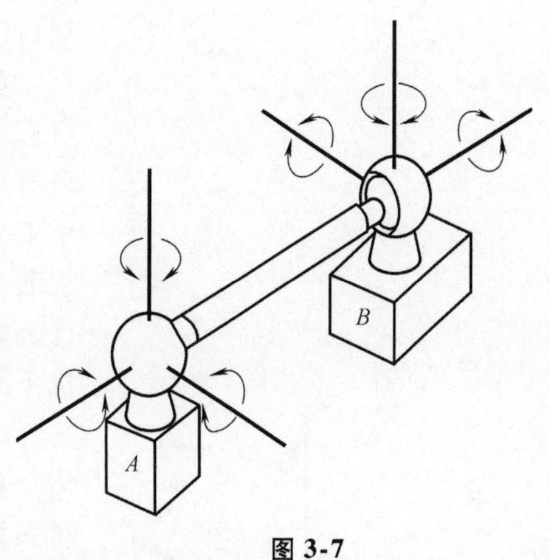

图 3-7

现在再回到由约束线图寻找自由度的法则上来。回顾从约束线图出发的时候，我们要求此线图不能为过约束。换句话说，约束线图中一定不能含有任何冗余线。当应用这一法则的逆命题时（从自由度线图出发），我们再一次发现：为了使等式成立（约束数 + 自由度数 =6），一定不能存在任何冗余线。

因此，我们可以用一种更通用的方式来重述这一法则，这样使我们可以在约束线图与自由度线图之间双向推理/辨识。该法被称为**对偶线图法则**。

当在两物体间施加约束线图 $\boldsymbol{C}$ 时，总能够找到与约束线图对偶的自由度线图 $\boldsymbol{R}$ 存在于两物体间。这时，给定其中任一种包含 n 条互不冗余线的线图，与其对偶的线图中都将包含 $6-n$ 条线，并且一个线图中的每条线一定都与其对偶线图中的所有线相交。

对于任意给定的约束线图，我们可以使用**对偶线图法则**来确定由此所产生的自由度线图。下面详细讨论几个例子。

如图3-8所示，在我们的模型中再增加一个约束 $\boldsymbol{C}_5$。根据**对偶线图法则**我们知道：5个 $\boldsymbol{C}$ 会导致只有一个 $\boldsymbol{R}$ 存在。另外，我们知道 $\boldsymbol{R}$ 必须与所有5个 $\boldsymbol{C}$ 相交。这种情况下，$\boldsymbol{R}$ 只有一个可能的位置，它通过 $\boldsymbol{C}_4$ 和 $\boldsymbol{C}_5$ 的交点，并且与 $\boldsymbol{C}_1$、$\boldsymbol{C}_2$ 以及 $\boldsymbol{C}_3$ 平行，即相交在无穷远处。除此之外，在空间中再也找不到与所有5个 $\boldsymbol{C}$ 同时相交的其他直线。

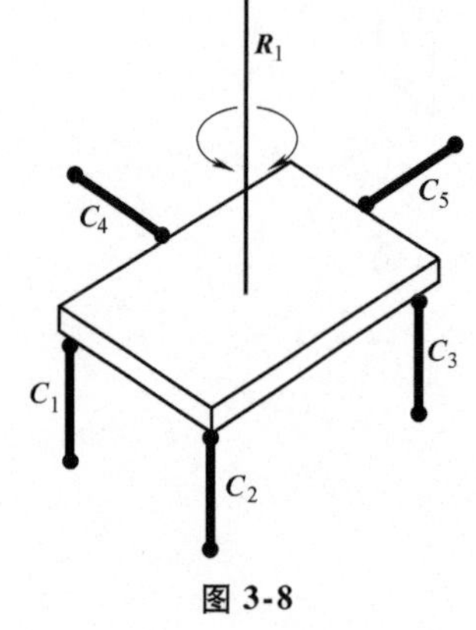

图 3-8

图3-9所示为另一个有5个约束限制的物体。$\boldsymbol{C}_1$、$\boldsymbol{C}_2$ 和 $\boldsymbol{C}_3$ 相交于 A 点，$\boldsymbol{C}_4$ 和 $\boldsymbol{C}_5$ 相交于 B 点。**对偶线图法则**告诉我们：物体将会有1个（6－5）自由度 $\boldsymbol{R}$。为了使该自由度 $\boldsymbol{R}$ 和5个约束 $\boldsymbol{C}$ 都相交，它必须是通过 A 和 B 的连线。

前面两个例子中，我们考察的都是作用有5个约束 $\boldsymbol{C}$ 的情况，并且其中3个相交在一点，剩余的2个相交在另外一点。由此所产生的自由度 $\boldsymbol{R}$ 必为通过两交点的连线，而且这是能与所有5条约束线 $\boldsymbol{C}$ 都相交的唯一直线。

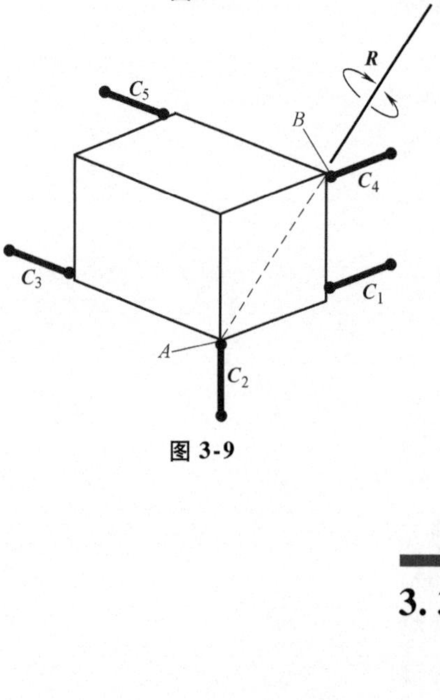

图 3-9

注意到图3-9中所有约束都在两个平面内，由此我们还可以找到另一种确定自由度位置的方法。由于 $\boldsymbol{C}_1$、$\boldsymbol{C}_2$ 和 $\boldsymbol{C}_4$ 在同一垂直平面内，因此我们要找的自由度线必须在该平面内（因为它必须与 $\boldsymbol{C}_1$、$\boldsymbol{C}_2$ 和 $\boldsymbol{C}_4$ 相交）。$\boldsymbol{C}_3$ 和 $\boldsymbol{C}_5$ 确定了另一平面（它通过方块的斜对角线）。任何位于第二个平面内的自由度线也都会与 $\boldsymbol{C}_3$、$\boldsymbol{C}_5$ 相交，则两平面的交线是该自由度 $\boldsymbol{R}$ 的唯一可能位置，它也是空间中同时通过两个平面的唯一一条直线。由于该交线位于两个平面中，它将与所有5条约束线 $\boldsymbol{C}$ 相交。

3.3　移动自由度 $\boldsymbol{T}$ 等价于无穷远处的转动自由度 $\boldsymbol{R}$

图3-10所示为一个物体受到位于两个平行水平

面内的 5 个约束 C 的情形。为了找到物体唯一的自由度 R，我们需找出两个平面的交线。具体可以采用 1.10 节中寻找两线交点那样的方法，来寻找两平面的交线。结果发现：两平面的交线是直径为无穷大的水平圆的切线，如图 3-11 所示，物体则位于圆心处。

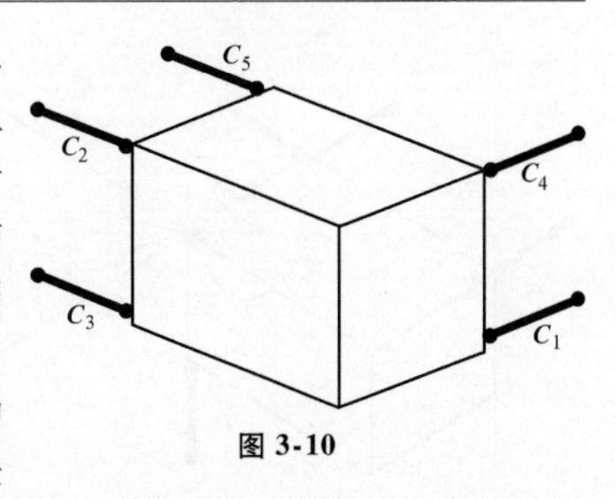

图 3-10

物体只有一个自由度，即在铅垂方向上的移动自由度 T。它与绕无穷大直径水平圆上任意位置切线的转动自由度 R 等价。

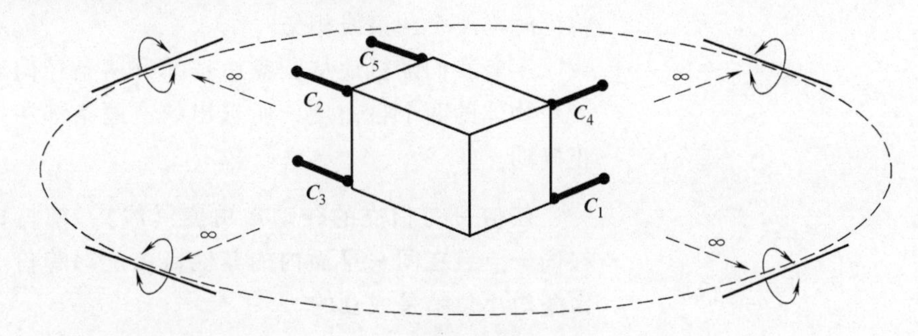

图 3-11

一些读者可能从直觉上得出图 3-10 所示物体的自由度是垂直移动。毕竟，物体没有受到垂直方向的杆约束，只有水平方向的杆约束，很显然也就没有约束来限制垂直方向的运动。对于这样的读者而言，通过“首先确定出约束位于两个平行平面内，然后找到自由度 R 位于两平面在无穷远处的交线，最后用垂直移动等价替代无穷远处转动自由度 R”的做法似乎有些乏味和抽象。

笔者也同意在这种情况下通过约束线图分析来引导我们得到正确结果并不直截了当。然而，可以确信一点：我们时不时地会遇到某些复杂的问题，靠直觉无法得到正确的结果，对于这类问题通过约束线图分析方法将会较容易地得到正确答案。

3.4　一对相交自由度 R：圆盘上的径向线

考虑图 3-12 所示的约束装置，这里物体受到 4

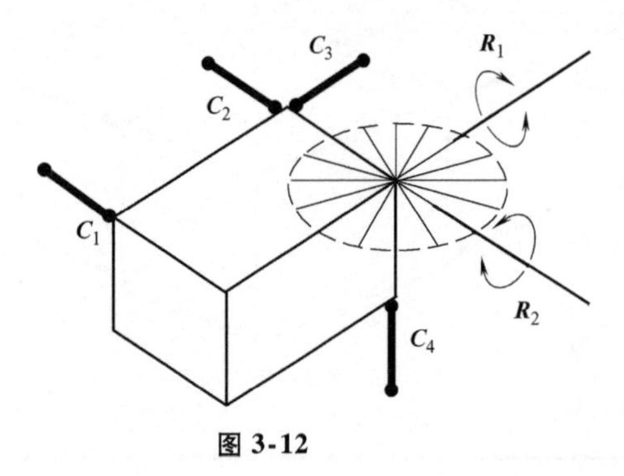

图 3-12

个约束限制，其中 3 个约束共面且位于物体的上表面。物体的第 4 个约束作用在其右下角。**对偶线图法则**告诉我们物体将会剩余 2 个自由度，并且每条自由度线都与 4 条约束线相交。这两条自由度线将会是图示圆盘中的两条径向线；该圆盘的中心在约束线 C_4 上，并且位于 C_1、C_2 和 C_3 所在的平面内。物体的两条自由度线并不是唯一确定的。圆盘中的任意两条径向线将同时与 4 个约束线相交。

不管我们随机地从圆盘中选择哪两条径向线来表示物体的两个自由度，所选出的这两条都一定是正确的。

任何一对相交的转动自由度（线），都与相交在同一点且在同一平面内的其他自由度对等价。该命题对小位移是成立的。

这与我们在 1.8 节中所得到的相交约束线等价法则是类似的。在那里我们得到：任何一对相交的约束线可以确定一个平面圆盘，该圆盘上的任意两条径向线能够等价替换先前的一对，只需保证两条径向线之间的夹角不要太小。当夹角太小时，我们会发现两约束线将接近过约束的情况。

在现在的例子中，我们在平面径向线圆盘上有两条相交的自由度线，同样，我们可能会问：在选择这两条相交的自由度线时，是否也因两条线所成角度很小而必须谨慎？不妨来观察一个包含 2 个相交自由度的实例。这里将用平面圆盘上等价径向线的知识来解决问题。

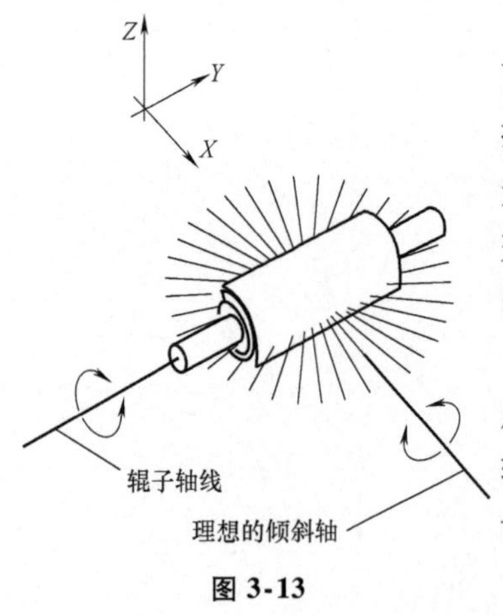

图 3-13

考虑图 3-13 所示的辊子，它要求有 2 个自由度。除了可以自由滚动外（θ_Y），它还需要绕着 X 轴（θ_X）小范围地倾斜转动。由于空间限制，不允许将结构放置在沿 X 轴方向的空间。

由于所需的 2 个自由度相交在辊子中心，两条线定义一平面径向线圆盘（XY 平面），其中任意两条都可以代替 θ_Y 和 θ_X。如果不允许设计可提供 θ_X

自由度的转轴，我们可以从圆盘中选择其他更方便的直线达到同样的目的。

回顾 1.21 节，如果设计成串联连接，则将各个连接的自由度相加。通过设计串联机构，可使辊子轴与机架相连，从而辊子轴绕倾斜轴 $\boldsymbol{R}_2$ 转动。支撑辊子的轴承在辊子轴上确定了自由度 $\boldsymbol{R}_1$。这两个自由度相交在辊子的中心并位于 XY 平面内。因此，辊子有 2 个相交的自由度。对于绕倾斜轴的小范围转动，这一设计产生的效果和为辊子安装绕 X 轴的转轴是完全相同的（见图 3-14）。

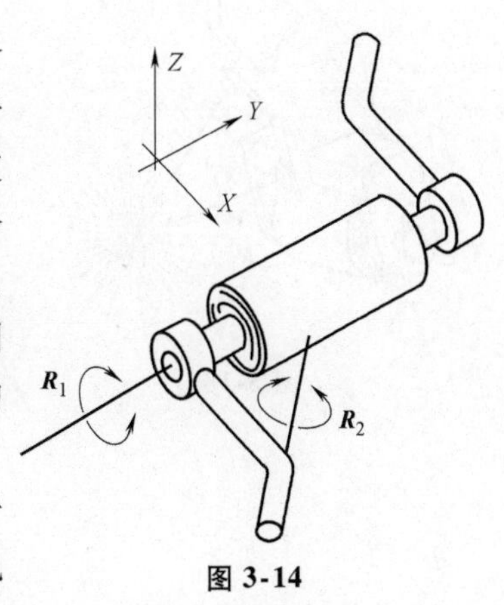

图 3-14

现在考虑 $\boldsymbol{R}_1$ 和 $\boldsymbol{R}_2$ 之间夹角的大小。由于辊子只需倾斜转动（θ_X）很小的角度（也许只是相对机器其他部分的自定位），我们认为它是“小位移”。即使 $\boldsymbol{R}_2$ 与 $\boldsymbol{R}_1$ 的夹角达 45°，我们也可以很轻松地获得“相当精准的” θ_X转动。事实上，我们可以把 $\boldsymbol{R}_1$ 与 $\boldsymbol{R}_2$ 之间的夹角控制在远小于 45°。

但是，我们想一想当 $\boldsymbol{R}_1$ 与 $\boldsymbol{R}_2$之间的夹角接近 0°时会有什么结果，显然辊子轴在 θ_Y上将会出现欠约束，同时 θ_X自由度也会消失。

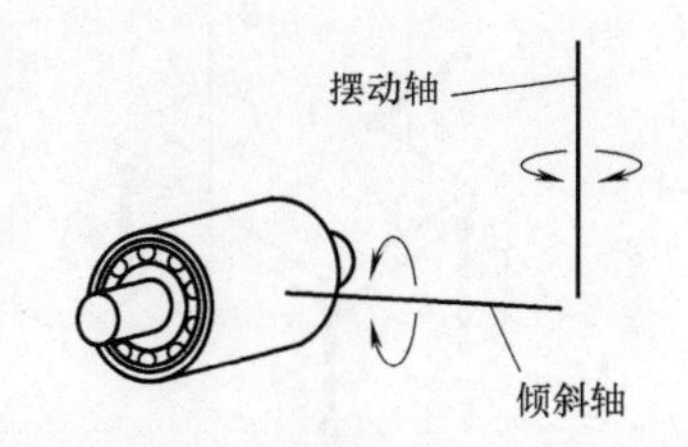

图 3-15

因此我们得知：2 条自由度线相交的情况和 2 条约束线相交的情况非常相似。

一对相交的约束线或自由度线确定了一簇径向线，从中选出任意两条径向线（它们之间角度不能太小）可以等价替换先前的一对（对于小位移运动）。

另一个例子可以解释这一原理。要求物体在安装好后能够绕摆动轴自由转动，并绕倾斜轴小范围地转动，如图 3-15 所示。

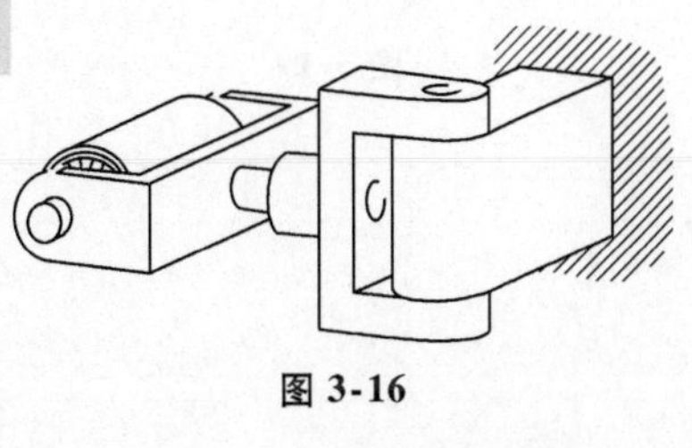
图 3-16

一种显而易见的设计方案如图 3-16 所示，但它无法付诸实施，因为机器中的其他部件也需要使用图中所示连接部件所需的空间。

要解决此问题，首先画出由摆动轴与倾斜轴共同确定的径向线圆盘，然后设计一个能够同时提供 $\boldsymbol{R}_1$与 $\boldsymbol{R}_2$ 的串联机构，$\boldsymbol{R}_1$ 与 $\boldsymbol{R}_2$ 都是径向线簇中的一条。

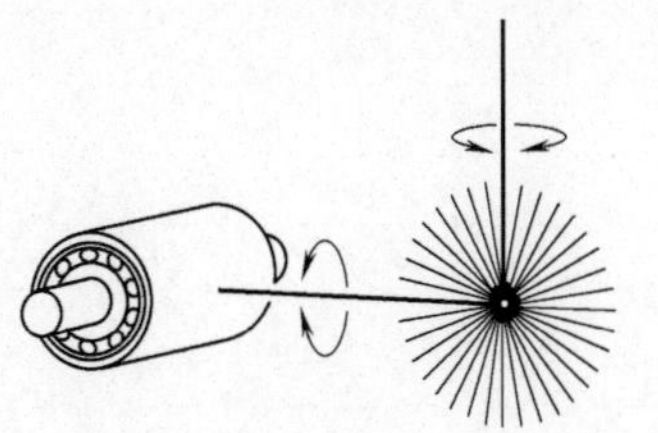
图 3-17

具体径向线簇如图 3-17 所示，它位于由摆动轴

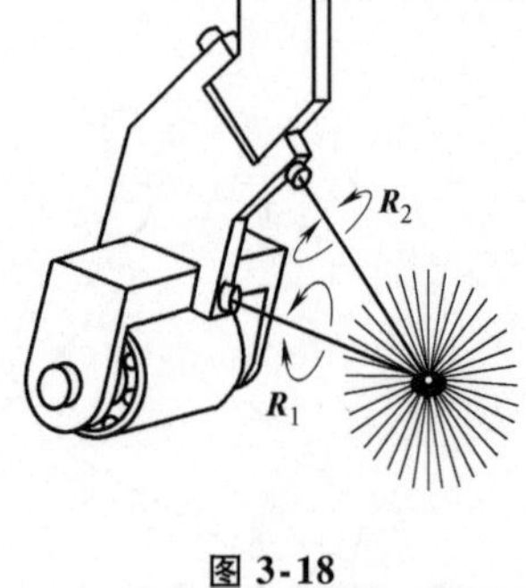
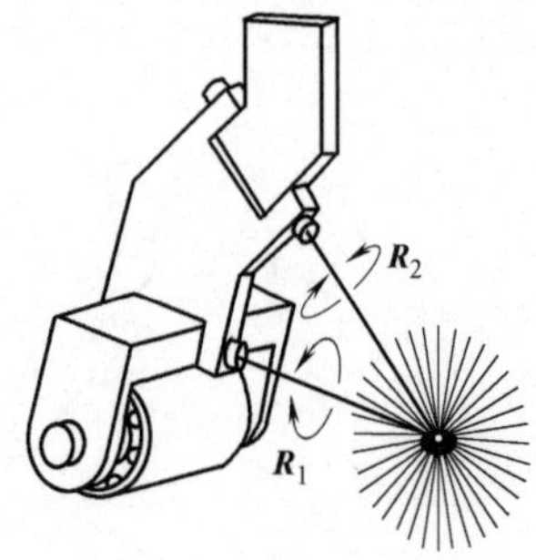

图 3-18

与倾斜轴确定的垂直平面内，其中心为两轴线的交点。

在小位移情况下，图 3-18 所示的机构完全可以完成图 3-15 中的摆动和倾斜运动，尽管它们的旋转轴不是摆动轴和倾斜轴，而是径向线圆盘上的另外两条线。

3.5　两平行自由度 $\boldsymbol{R}$：平行线构成的平面

让我们再回到 3.2 节中所讨论的二维情况下的 2 自由度物体三维模型。回顾图 3-4 中的模型，所给出的 $\boldsymbol{C}_1$、$\boldsymbol{C}_2$ 和 $\boldsymbol{C}_3$ 均相互平行（相交于无穷远处），另外还有水平约束 $\boldsymbol{C}_4$。前面我们得知该物体有 2 个自由度：$\boldsymbol{R}_1$ 与 $\boldsymbol{R}_2$，其中 $\boldsymbol{R}_2$ 在无穷远处，代表物体的移动自由度。注意到 $\boldsymbol{R}_1$ 和 $\boldsymbol{R}_2$ 是同一平面内的无数条平行线中的两条，该平面与 $\boldsymbol{C}_4$ 相交，且平行于 $\boldsymbol{C}_1$、$\boldsymbol{C}_2$ 和 $\boldsymbol{C}_3$。**对偶线图法则**告诉我们：已知这 4 个约束的约束线图，其对偶自由度线图可以是该无穷大的平行线平面中的任意两条。这里，我们并不要求特别指定哪两条。例如，不要求专门指出物体具有一个沿水平方向 Y 移动的自由度。

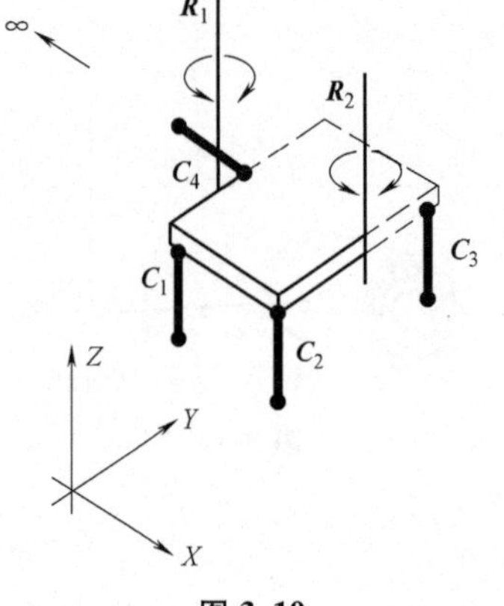

图 3-19

我们可以完全准确地说：物体的 2 个自由度是 $\boldsymbol{R}_1$ 和 $\boldsymbol{R}_2$，它们都作用在物体上或物体附近，如图3-19所示。图中的 $\boldsymbol{R}_1$ 和 $\boldsymbol{R}_2$ 是在由约束线 $\boldsymbol{C}_1 \sim \boldsymbol{C}_4$ 所确定的平行线簇中任意选择的。

为了证明这一结论，假设为物体 A 建立一个连接，该连接包含两个串联的平行铰链，具体如图3-20所示。显然，物体 A 将有两个转动自由度：$\boldsymbol{R}_1$ 和 $\boldsymbol{R}_2$。这里，假设我们将这一串联连接隐藏到一个“黑匣子”中，只允许物体 A 露在匣子外面，然后邀请某人进行试验并找出这一物体在小位移情况下的自由度。试验者很可能告诉我们物体具有 2 个自由度：θ_Z 转动和 Y 向移动。

通过小位移的运动试验，试验者很难发现物体事实上是被 2 个平行铰链约束，更难以确定它们的确切位置。

当物体的 2 个自由度同时起作用时，合起来的效果是物体具有绕由 $\boldsymbol{R}_1$ 与 $\boldsymbol{R}_2$ 所确定平面内无数条平行线中的任意一条转动的自由度。例如，如果物体相对 $\boldsymbol{R}_1$ 顺时针转过某一小角度，同时相对 $\boldsymbol{R}_2$ 反向转过同样大小的角度，物体将会实现一个纯移动而不附带任何转动。我们知道这和在无穷远处的转动 $\boldsymbol{R}$ 是等价的。通过同时变化物体相对 $\boldsymbol{R}_1$ 与 $\boldsymbol{R}_2$ 转过角度的比例，物体可以实现绕由 $\boldsymbol{R}_1$ 与 $\boldsymbol{R}_2$ 所确定的无穷大平行线平面上无数条平行线中的任意一条的有效转动。

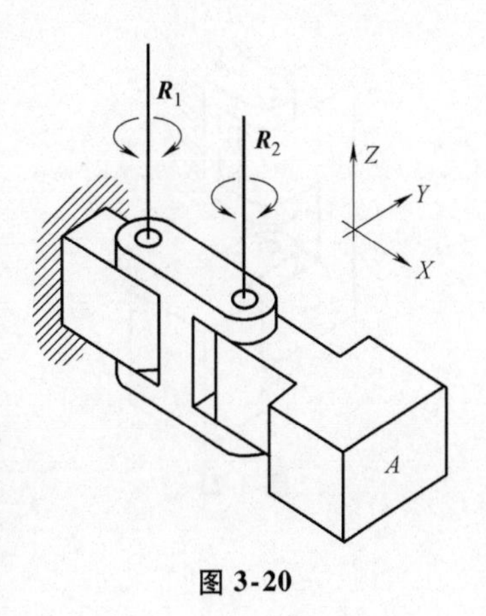

图 3-20

由此，我们可以得到如下结论：

如果一个无穷大的平行线平面中有两条平行线可代表物体的两个转动自由度，那么该平面中的任意两条平行线都可以等价代替物体这两个转动自由度。

当然，这一结论仅仅是 3.4 节中所观察情况的一个推论，即一对相交的自由度线 $\boldsymbol{R}$ 确定了一个等价线圆盘。唯一不同之处在于此处的交点位于无穷远处。同样可以回忆一下我们在 1.11 节中曾得到了有关平行约束线的相同结论。

3.6　冗余线：过约束和欠约束

当线图中含有冗余线时，能够正确地识别是很重要的。含有冗余线的约束线图为**过约束**。含有冗余线的自由度线图为**欠约束**。当我们使用**对偶线图法则**寻找对偶线图时，必须注意在原线图中是否有冗余线存在。

现在我们所具备的知识已经足以在各种线图中找到“冗余”线。最简单的冗余是两条直线共线。在 1.5 节中学过两个共线的约束 $\boldsymbol{C}$ 会导致过约束。类似地，两个共线的自由度 $\boldsymbol{R}$ 会导致欠约束。图

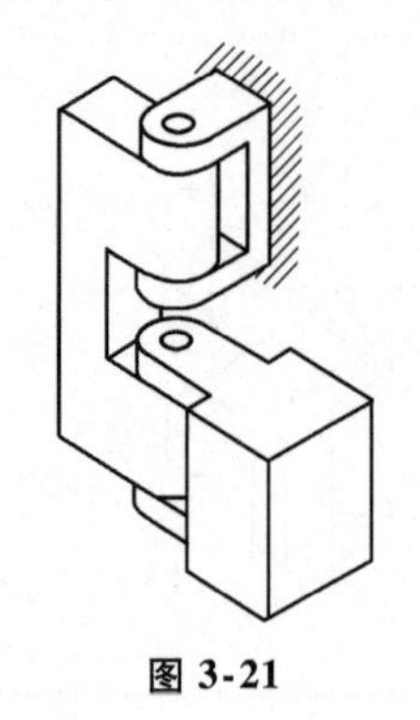

图 3-21

3-21所示的串联连接就包含了两个共线的转轴。物体看上去有两个自由度，但事实上有一个 ***R*** 是冗余的，物体仅有一个自由度。第二个自由度造成中间体有一独立的自由度。

可以看到，无论是约束线还是自由度线，两条线共线就可判定为冗余。

接下来，考虑位于同一平面的两条直线（约束线或自由度线）。由于共面，它们必然相交（如果平行，则相交在无穷远处）。这对相交的直线确定了一个径向线圆盘，圆盘中的任意两条径向线都与原来的两条等价。这时，如果加入同一平面内且与前两条相交于同一点的第三条线（同一类型的线——约束线或自由度线），则第三条线必然是冗余的（一旦原有的这对直线确定了径向线圆盘，则径向线圆盘中的任意第三条线便是冗余的）。

进一步推断可知：三条共面但不冗余的线图可以被等价表示为该平面中任意一点处的径向线圆盘再加上不属于该径向线圆盘的第三条直线。这样，该平面中的每一条直线可以用这三条共面直线构成的线图表示。如果在该线图中加入与这三条直线共面的第四条直线，它将为冗余线。

类似地，如果我们从不共面但汇交于一点的三条直线开始推理，会发现相交于该点的每条直线都是由这三条直线所确定的径向线圆球的一员。因此，如果将相交在同一点的第四条直线加到该线图中，则它也是冗余的。当然，对于平行线，由于交点在无穷远处，上述结论也是成立的。

这些结论是由麦克斯韦（J. C. Maxwell）在100多年前得出的。当时他在一篇关于科学仪器的合理设计的科学论文中总结了上述所有的过约束形式。谈到物体的约束，他说：“**两个约束不能重合；三个约束不能共面并且相交于同一点或者相互平行；四个约束不能在同一个平面，也不能相交在空间中同一点或者相互平行，或者更一般的，不能同在双曲面的一叶；五个约束和六个约束的情况则更为复杂。**”

当然，事实上知道这些约束线图的人并不多。随着时间的推移，它们变得愈发不为人知。这里我们重新演绎，并进一步将自由度线图扩展到其定义中。

鉴于此，我们将麦克斯韦所列举的表示过约束的各种线图称为**冗余线图**。如果这些线代表约束线，则它们将导致过约束；如果这些线表示自由度线，则它们将产生欠约束。

一旦我们能够确定一组线图不是冗余的，就可以使用对偶线图法则来寻找与之对应的对偶线图。

3.7　复合连接

机器中常常见到部件间通过直联与串联组合的方式进行连接。这类连接称为**复合连接（混联）**。分析复合连接的过程和简化包含并联及串联的电阻网络有些相似。例如，假设给出图 3-22 所示的电阻网络，在节点 A、B 和 C 之间，就包含着串联（级联连接）和并联（直接连接）。

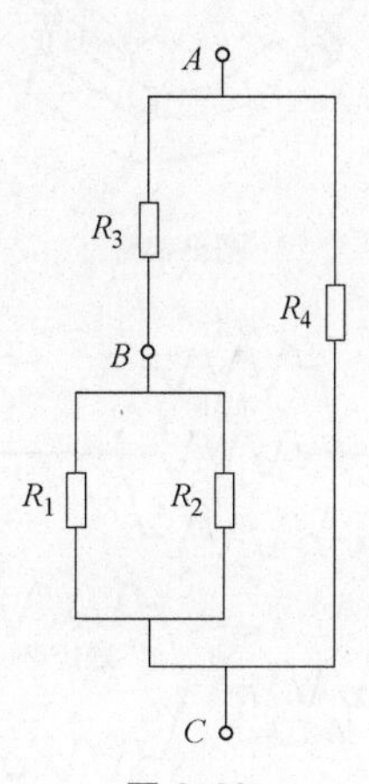

图 3-22

假设我们想要得到 A 和 C 之间的等效连接 R_{AC}。在 A 和 C 之间存在两个并联支路，左边支路有 R_3、R_2 和 R_1，右边支路有 R_4。为求解 R_{AC} 我们可以简化这一电路，不妨从“里面”开始向外运算。

首先通过 R_1 和 R_2 的并联组合求得 R_{BC}（见图 3-23）。由于 R_1 与 R_2 并联，因此符合电导（电阻的倒数）相加原理：

$$\frac{1}{R_{BC}}=\frac{1}{R_1}+\frac{1}{R_2}$$

接下来，通过 R_3 与 R_{BC} 的串联组合求得左端支路的电阻 R_L。

$$R_L=R_3+R_{BC}$$

最后，通过 R_L 与 R_4 的并联组合求得 R_{AC}（图 3-24）。

$$\frac{1}{R_{AC}}=\frac{1}{R_L}+\frac{1}{R_4}$$

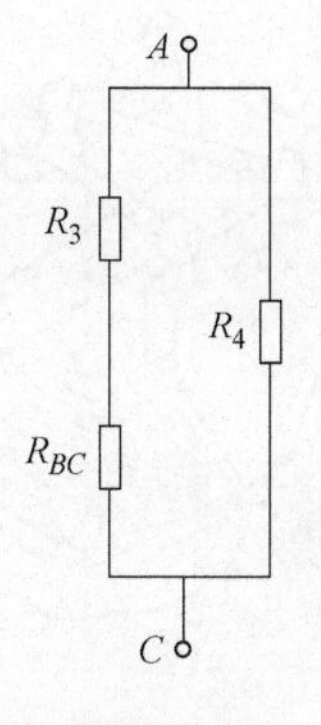

图 3-23

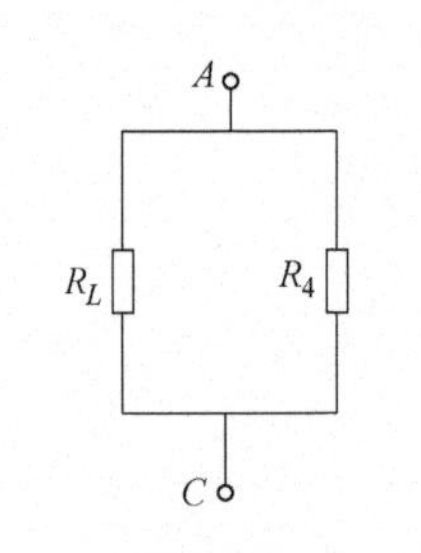

图 3-24

总之，我们可以通过识别串并联连接并根据情况对电导或电阻进行相加的方式来简化电阻网络的分析。

同样，当我们试图求解一个复杂的机械连接时，我们需要做的事情与分析电路很相似。对于机械连接，我们必须识别出是直接连接还是串联连接，然后才能恰当地进行 ***C*** 或 ***R*** 的加法运算。

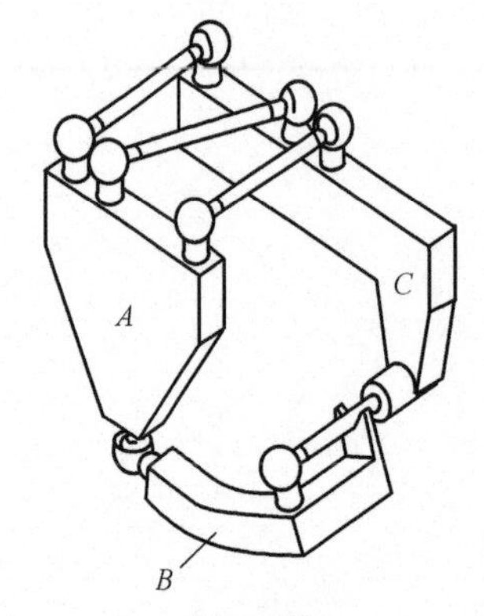

图 3-25

假设给定图 3-25 所示的机械装置，并要求找出物体 *A* 和 *C* 之间的约束线图（或者对偶的自由度线图）。

这里可以借用电路分析中所采用的示意图模式来描述机械连接。与该机械对应的示意图如图 3-26 所示。

首先，通过观察我们知道 *A* 和 *C* 之间有两条连接支路：上面的支路包含三个直接约束；下面的支路则通过连杆 *B* 串联。像电路分析那样，我们必须由内而外进行分析。

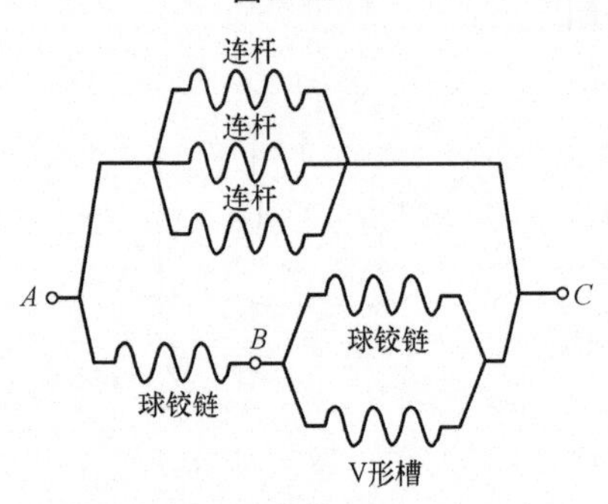

图 3-26

我们从 *BC* 之间的连接开始，此处包括一个球铰连接（提供 3 个约束）和一个杆定位在 V 形槽上（提供 2 个约束），两者之间是直接（并联）连接。这一组合产生 5 个约束。其对偶线图是一个转动自由度，它通过球铰的球心和 V 形槽所提供的两条约束线的交点。现在我们可以完成下面支路的计算了。由于是串联，各部分的自由度相加。*AB* 连接有 3 个通过球心的自由度，将其与 *BC* 连接之后得到的自由度数为 4。下面支路的对偶约束线图应是 *BC* 连接的转动自由度所在平面上的径向线圆盘中的两条径向线，且该圆盘通过 *AB* 之间球铰中心。下面支路的 2 个约束与上面支路的 3 个共面约束组合得到总共 5 个约束。其对偶线图为 1 个转动自由度，作用在两平面的交线处，而这两个平面分别是上面支路中三个约束所在的平面和下面支路中两个约束所在的平面（见图 3-27）。

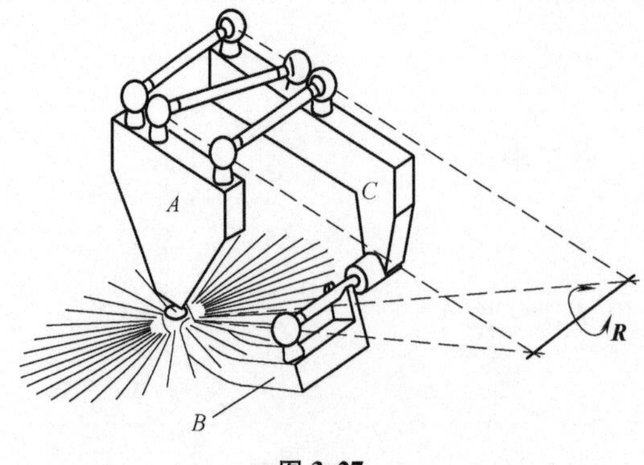

图 3-27

3.8　耦合自由度 R 的矢量和

考虑图3-28所示的物体 A，它通过铰链与中间体相连，而中间体的另一端又通过第二个铰链与“机架”相连。这是一个包含两个5约束（1自由度）的串联连接。其效果是将每个连接允许的自由度相加。对于这个例子，单个连接允许的自由度就是由铰链轴确定的自由度，因此物体 A 有2个自由度：$\boldsymbol{R}_1$ 和 $\boldsymbol{R}_2$。

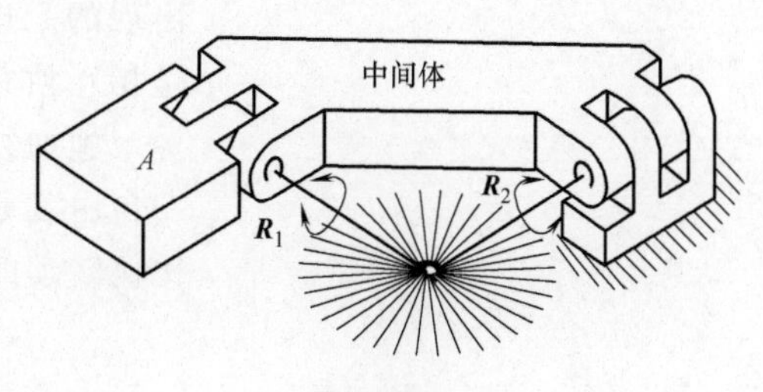

图3-28

因为 $\boldsymbol{R}_1$ 与 $\boldsymbol{R}_2$ 相交，它们确定了一个径向线圆盘，圆盘上任何两条径向线都可以表示物体 A 的2个自由度。如图3-29所示，如果在物体 A 上施加约束 $\boldsymbol{C}$，我们马上可以知道物体 A 现在只有1个自由度，对应的自由度线 $\boldsymbol{R}$ 由与 $\boldsymbol{C}$ 相交的那条径向线表示。

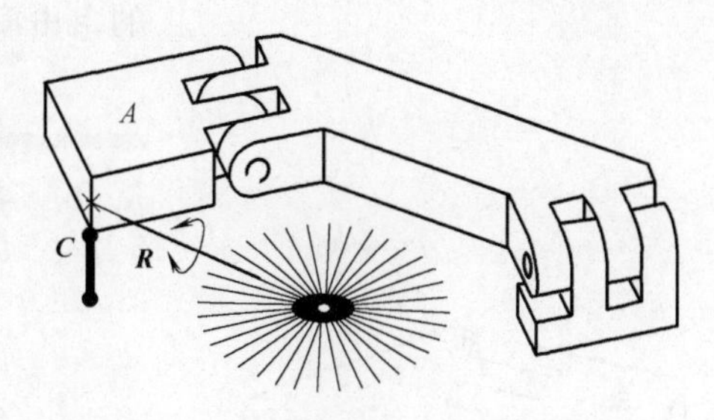

图3-29

进一步来研究当物体 A 关于该倾斜轴 $\boldsymbol{R}$ 旋转一个小角度时两个铰链会怎样。为了清晰地表示转动的方向（顺时针或逆时针），我们将每个自由度 $\boldsymbol{R}$ 表示为一个用箭头代表方向（+）的矢量。

使用标准的右手定则，转动方向由右手四个手指来表示，而拇指的指向为该矢量的正方向。

现在，让物体 A 绕 $\boldsymbol{R}$ 的正方向转过一个微小的角度，我们发现两铰链同时绕各自的轴线 $\boldsymbol{R}_1$ 与 $\boldsymbol{R}_2$ 发生转动。事实上，如果我们仔细测量绕 $\boldsymbol{R}_1$ 与 $\boldsymbol{R}_2$ 转过的角度，会发现它们成一个特定的比例，结果是没有沿着约束 $\boldsymbol{C}$ 方向的移动。

$$a \times \boldsymbol{R}_1 = b \times \boldsymbol{R}_2$$

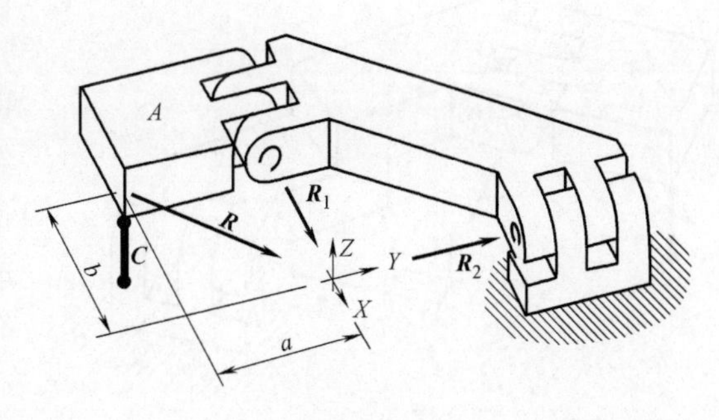

图3-30

从图3-30中，我们可以看到这是由约束 $\boldsymbol{C}$ 所引入的物理条件。为

使物体 A 上的所有点沿着约束 $\boldsymbol{C}$ 的位移为零，任何绕 $\boldsymbol{R}_1$ 的转动必须伴随着绕 $\boldsymbol{R}_2$ 成比例地转动，这样才能使这两个转动在约束 $\boldsymbol{C}$ 处互相抵消，约束 $\boldsymbol{C}$ 距离 $\boldsymbol{R}_1$ 为 a，距离 $\boldsymbol{R}_2$ 为 b。绕 $\boldsymbol{R}_1$ 与 $\boldsymbol{R}_2$ 的转动是成对出现的。这是由于在约束 $\boldsymbol{C}$ 施加后，$\boldsymbol{R}_1$ 与 $\boldsymbol{R}_2$ 不再是相互独立的自由度。

施加约束 $\boldsymbol{C}$ 后，物体 A 只有 1 个自由度 $\boldsymbol{R}$。这一自由度是在小范围转动情况下 $\boldsymbol{R}_1$ 与 $\boldsymbol{R}_2$ 按照精确比例转动的同步叠加：

$$\frac{\boldsymbol{R}_1}{\boldsymbol{R}_2}=\frac{b}{a}$$

这两个转动是矢量 $\boldsymbol{R}$ 沿着 $\boldsymbol{R}_1$ 与 $\boldsymbol{R}_2$ 方向的分量。

绕 $\boldsymbol{R}_1$ 与 $\boldsymbol{R}_2$ 的耦合转动通过矢量叠加得到最终的自由度 $\boldsymbol{R}$。

3.9 螺旋自由度

现在考虑图 3-31 所示的情况，这里物体 A 又通过串联连接产生了 2 个自由度，但这一次，两条自由度线并没有像前一个例子那样汇交于一点。由于 $\boldsymbol{R}_X$ 和 $\boldsymbol{R}_Y$ 没有相交，因此它们不能确定出一个径向线圆盘。

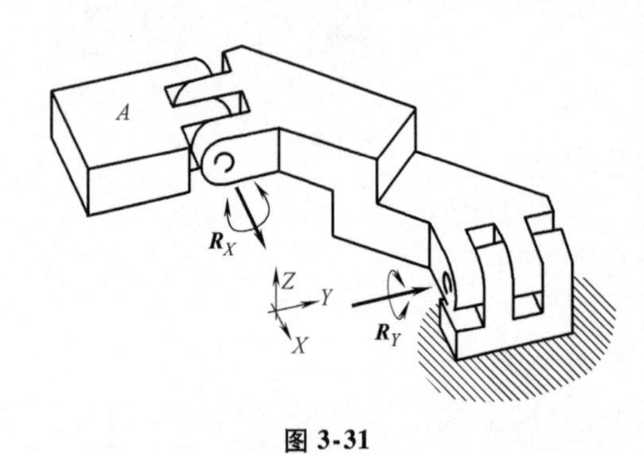

图 3-31

因此，当我们向物体 A 施加约束 $\boldsymbol{C}$ 时，并不能快速而容易地确定出物体所具有的唯一自由度来。具体如图3-32所示。

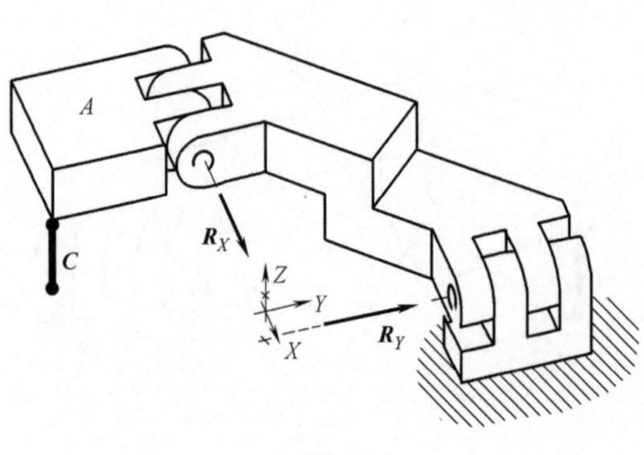

图 3-32

为了找到物体所剩的唯一自由度，我们需要找到使得沿着约束 $\boldsymbol{C}$ 零位移的这对耦合矢量 $\boldsymbol{R}_X$ 与 $\boldsymbol{R}_Y$ 的比值，然后将两矢量叠加来确定它们的合成矢量。合成矢量将是物体没有被约束的唯一的自由度。

在施加约束 $\boldsymbol{C}$ 之前，物体 A 有 2 个自由度 $\boldsymbol{R}_X$ 和 $\boldsymbol{R}_Y$，它们并不相交但

是分别与 X 轴和 Y 轴平行。所施加的约束 $\boldsymbol{C}$ 平行于 Z 轴（见图 3-33）。

$\boldsymbol{R}_X$与 $\boldsymbol{C}$ 之间的垂直距离为 a，$\boldsymbol{R}_Y$和 $\boldsymbol{C}$ 之间的垂直距离为 b。当施加约束 $\boldsymbol{C}$ 后，物体 A 将不能沿着 $\boldsymbol{C}$ 的方向（Z 方向）运动。物体 A 只有 1 个自由度，它是耦合矢量 $\boldsymbol{R}_X$和 $\boldsymbol{R}_Y$按特定比例的合成：$a \times \boldsymbol{R}_X = b \times \boldsymbol{R}_Y$。当物体 A 按这种特定的比例绕 $\boldsymbol{R}_X$和 $\boldsymbol{R}_Y$小位移转动时，将不会产生沿着 $\boldsymbol{C}$ 方向的运动。

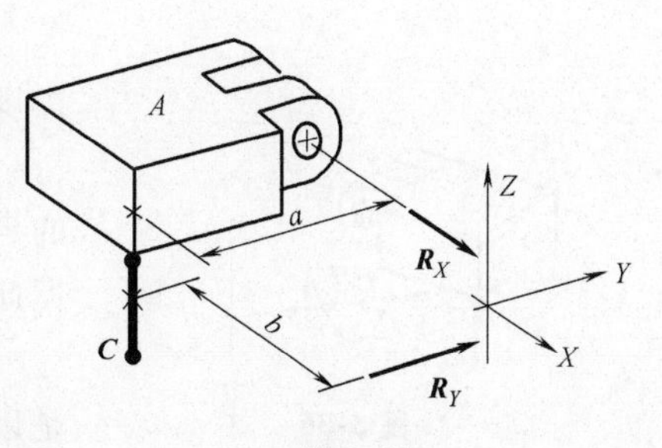

图 3-33

现在，我们通过叠加这对耦合矢量 $\boldsymbol{R}_X$和 $\boldsymbol{R}_Y$来求出其合成矢量（见图 3-34）。为了进行矢量叠加，我们首先将它们平移到同一个平面，两矢量相交于一点。这样，我们在某一中间位置 Z 处的平面内找到它们的等价矢量。矢量 $\boldsymbol{R}_X$可以用位于沿着 Z 轴距离为 d 的矢量 $\boldsymbol{R}_{X'}$代替，附带有正交移动矢量 $\boldsymbol{T}_Y = d \times \boldsymbol{R}_X$；矢量 $\boldsymbol{R}_{X'}$在数值上与 $\boldsymbol{R}_X$相等且与 $\boldsymbol{R}_X$平行。同样，矢量 $\boldsymbol{R}_Y$可以用位于沿着 Z 轴距离为 e 的矢量 $\boldsymbol{R}_{Y'}$代替，附带有正交移动矢量 $\boldsymbol{T}_X = d \times \boldsymbol{R}_Y$。矢量 $\boldsymbol{R}_{Y'}$在数值上与 $\boldsymbol{R}_Y$相等且平行于 $\boldsymbol{R}_Y$。

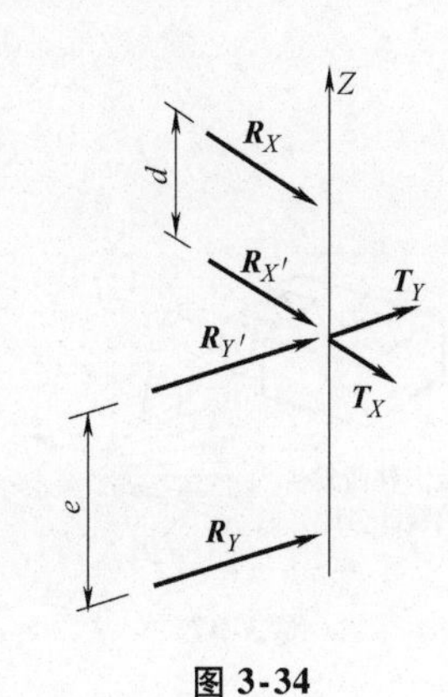

图 3-34

在这个新的中间平面上，矢量 $\boldsymbol{R}_{X'}$与 $\boldsymbol{R}_{Y'}$合成一个新的矢量 $\boldsymbol{R}$（见图 3-35）。矢量 $\boldsymbol{T}_X$和 $\boldsymbol{T}_Y$合成一个矢量 $\boldsymbol{T}$。$\boldsymbol{T}$ 和 $\boldsymbol{R}$ 总是成对出现的，如同 $\boldsymbol{R}_X$和 $\boldsymbol{R}_Y$一样。沿着 Z 轴选择适当位置的中间平面，最终可以使矢量 $\boldsymbol{R}$ 和 $\boldsymbol{T}$ 共线。当矢量 $\boldsymbol{R}$ 和 $\boldsymbol{T}$ 共线时，它们组合将产生 1 个螺旋自由度 $\boldsymbol{H}$。

图 3-35

当满足下面条件时，合成矢量 $\boldsymbol{R}$ 和 $\boldsymbol{T}$ 将会共线：

$$\frac{\boldsymbol{T}_Y}{\boldsymbol{T}_X} = \frac{\boldsymbol{R}_Y}{\boldsymbol{R}_X}$$

其中

$$\frac{\boldsymbol{R}_Y}{\boldsymbol{R}_X} = \frac{a}{b}$$

以及

$$\frac{\boldsymbol{T}_Y}{\boldsymbol{T}_X} = \frac{d \times \boldsymbol{R}_X}{e \times \boldsymbol{R}_Y}$$

由此可导出

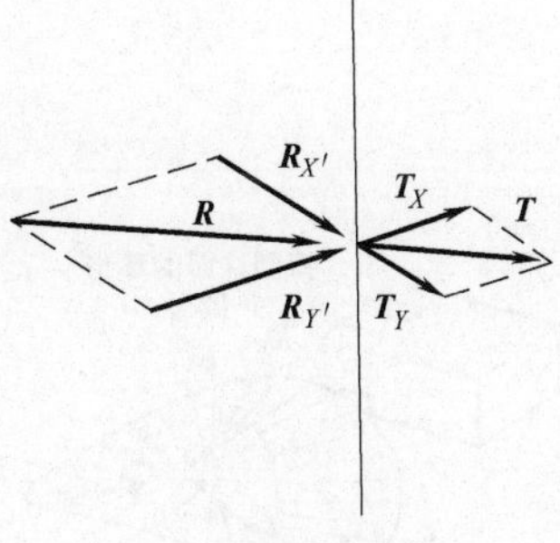

$$\frac{d}{e}=\frac{a^2}{b^2}$$

由此，物体 A 所具有的唯一自由度将是螺旋自由度 $\boldsymbol{H}$，其位置如图 3-36 所示。

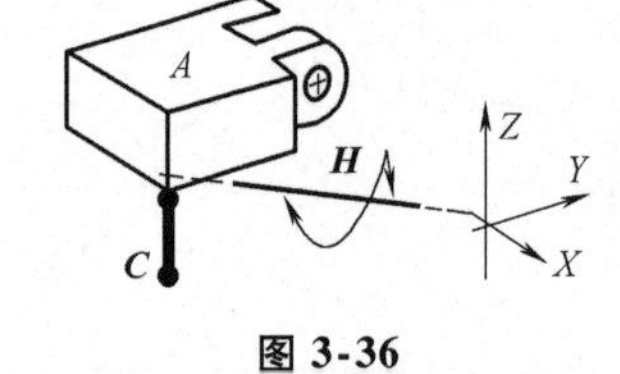

图 3-36

如果你制作了这个模型并且尝试找到这个唯一的自由度，你将会发现可以使物体绕着 $\boldsymbol{H}$ 轴转动，但此转动将会伴随着沿着 $\boldsymbol{H}$ 轴的移动。

这时，不可能只有转动而不发生移动，它们总是以耦合的形式出现，因此只代表 1 个自由度。

3.10 拟圆柱面

由 3.9 节的分析可知，我们现在可以确定出物体 A 的单个螺旋自由度的位置。这个螺旋自由度是由于在 XY 平面的任意位置上作用一个 Z 方向约束所导致的。下面，我们试着将约束 $\boldsymbol{C}$ 作用在圆

$$x^2+y^2=r^2$$

的不同点上来确定得到 $\boldsymbol{H}$ 的所有位置。这一簇直线如图 3-37 所示，它们都与 Z 轴相交。而这些线是被称为“拟圆柱面”直纹曲面的发生线（或称为“母线”，下同）。

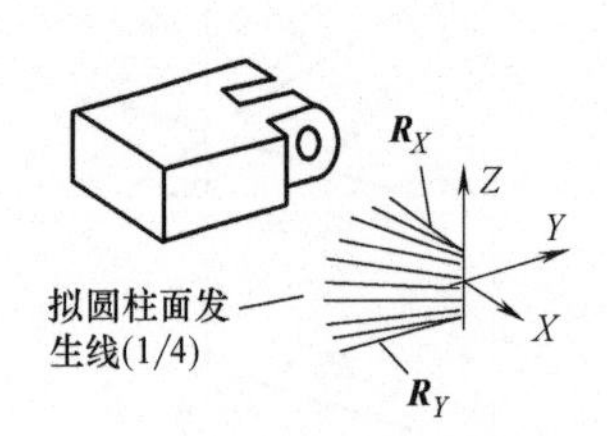

图 3-37

理解拟圆柱面形状的最好方法是想象它与轴线为 Z 轴的圆柱面 $x^2+y^2=r^2$ 的交线（该圆柱是由约束 $\boldsymbol{C}$ 张成的曲面）。

如果我们在圆柱体表面沿着与拟圆柱面的交线上作标记，然后沿着它的一条发生线将圆柱面切开并且把它展开成平面，标记的曲线将成为两个周期的正弦波。正弦波的峰峰幅值是一样的，与我们所选圆柱的直径无关。这一幅值代表了拟圆柱面的长度。

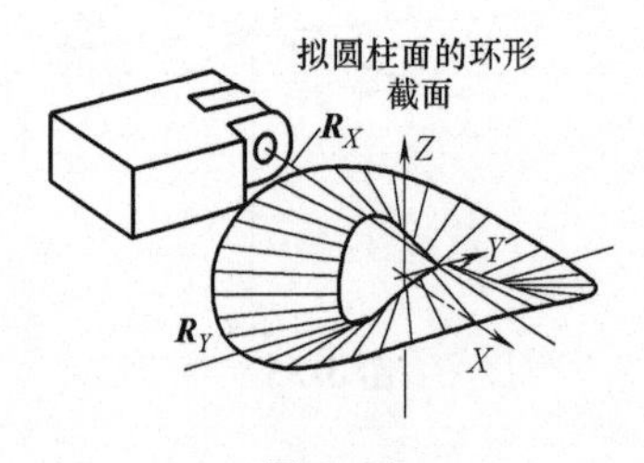

图 3-38

注意这两个装置的相似之处：图 3-31 所示的装置被用于确定拟圆柱面；图 3-28 所示的装置则定义了一簇径向线圆盘。

现在来考察径向线圆盘与拟圆柱面的相似之处。首先它们都是由辐射线（垂直于曲面轴线）组

成的直纹曲面。拟圆柱面与径向线圆盘的相似之处还在于前者被扭曲得好像是用橡胶制成的一样，且自由度线 $\boldsymbol{R}_X$ 和 $\boldsymbol{R}_Y$ 沿着 Z 轴被拉开了，如图 3-38 所示。径向线圆盘表示了无穷多条线，在约束 $\boldsymbol{C}$（见图 3-29）**没有**作用的情况下，其中任意两条都可以等价代替 $\boldsymbol{R}_1$ 和 $\boldsymbol{R}_2$；拟圆柱面表示的无穷多条等价线也是如此。不同之处在于拟圆柱面的发生线是螺旋自由度 $\boldsymbol{H}$，而不是转动自由度 $\boldsymbol{R}$，$\boldsymbol{H}$ 的节距大小（耦合平移量的大小）取决于拟圆柱面上直线的位置。

空间中任何 2 个自由度 $\boldsymbol{R}_1$ 和 $\boldsymbol{R}_2$，总会唯一确定并位于拟圆柱面上。拟圆柱面中总会存在一个与 2 个自由度互相垂直的轴，并且有一个处于两个 $\boldsymbol{R}$ 正中间的中心平面，此中心平面与该轴垂直。此外，拟圆柱面中总会存在 2 个相互正交且相交、位于中心平面内的发生线，称为**主发生线**（principal generators），如图 3-39 所示。当沿着它的轴线进行观察时，拟圆柱面的主发生线总是平分两条**定义发生线**（defining generators）（即 $\boldsymbol{R}_1$ 和 $\boldsymbol{R}_2$）之间的角度。距离中心平面距离最大的两条发生线称为**极发生线**（extreme generators）。这两条发生线交于正弦波形的波峰和波谷，它们之间的距离就是拟圆柱面的长度。当沿其轴线进行观察时，拟圆柱面的极发生线也是一对正交直线，且与主发生线之间的夹角是 45°。

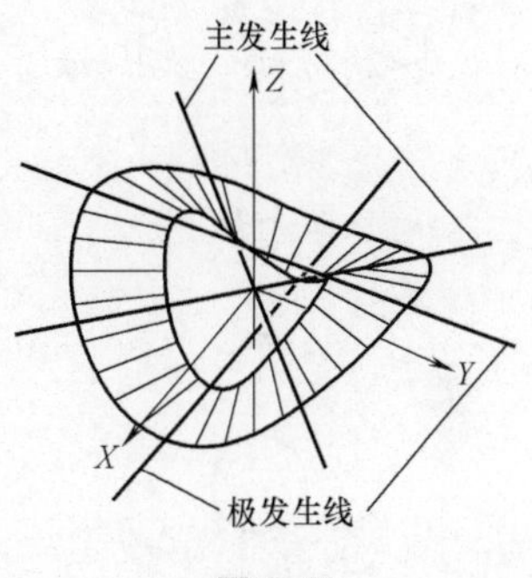

图 3-39

在这个例子中，$\boldsymbol{R}_X$ 和 $\boldsymbol{R}_Y$ 是拟圆柱面的极发生线，因为当沿着它们共同的垂线——拟圆柱面轴线（亦即 Z 轴）进行观察时，它们之间的角度是 90°。其他所有拟圆柱面的发生线都是螺旋自由度 $\boldsymbol{H}$。拟圆柱面中的任意两条直线都可以等价表示物体 A 的两个自由度 $\boldsymbol{R}_X$ 和 $\boldsymbol{R}_Y$。

3.11　实例分析

让我们再回到图 3-1 中所示的机构，确定物体

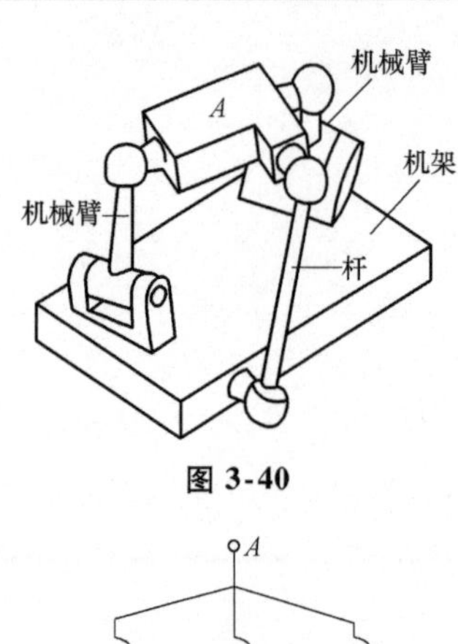

图 3-40

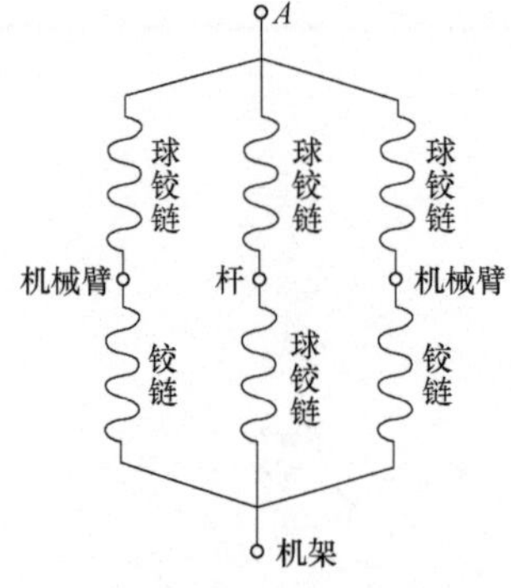

图 3-41

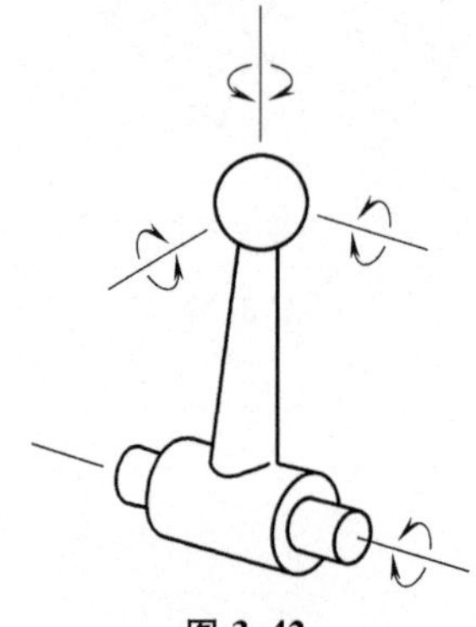

图 3-42

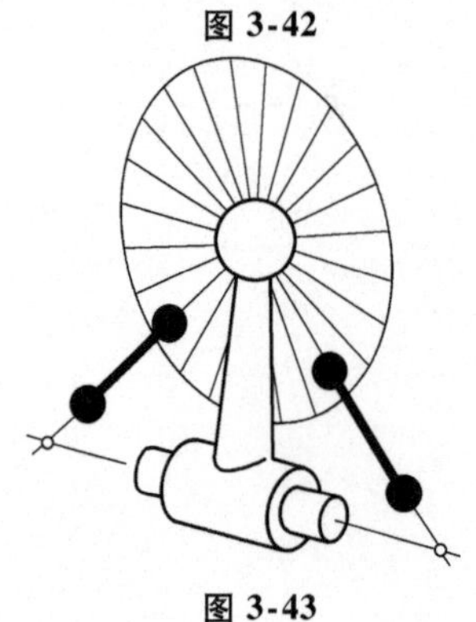

图 3-43

A 相对机架的自由度。图 3-40 绘出了与图 3-1 相同的机构，只是视角略有不同。

物体 *A* 通过两个机械臂和一个细杆与机架相连。组合起来看，这是一种典型的“复合连接”，因此我们采用 3.7 节的方法对其进行图解分析。图 3-41 为该机构的机械示意图。

我们从内向外逐一分析。首先通过其中一个机械臂来考察串联连接。每个机械臂都是一端为转动副，另一端为球铰连接。将球铰连接的 3 个自由度和转动副的 1 个自由度相加，总共得到 4 个自由度，如图 3-42 所示。

下面使用**对偶线图法则**来确定与这 4 个自由度对偶的约束。我们知道这时会存在 2 个约束，并且每条约束线都与 4 个自由度线相交。该对偶约束线图应为圆心在球铰中心且其所在平面包含铰链转轴的径向线圆盘。如图 3-43 所示，径向线圆盘中的任意两条都可表示对机械臂所施加的 2 个约束。

现在我们可以在整个机构中画出每个机械臂的径向线圆盘，如图 3-44 所示。在机架和物体 *A* 之间共有 5 个约束：每个机械臂各提供 2 个约束，两端为球铰的细杆则提供 1 个约束。

为了便于分析，我们暂时先忽略掉细杆上的单独约束 $\boldsymbol{C}$，只考虑在物体 *A* 与机架之间由两个机械臂连接的情形，后面再重新加上细杆。图 3-45 所示为没有细杆的机构。

对于图 3-45 所示的机构，我们可以使用**对偶线图法则**来确定出两个圆盘所表示的 4 个约束的对偶线图（2 条自由度线）。一条自由度线是连接两个圆盘中心的直线；另一条则是两平面的交线，具体如图 3-46 所示。

$\boldsymbol{R}_1$ 和 $\boldsymbol{R}_2$ 确定了一个拟圆柱面，该拟圆柱面上任意两条发生线（母线）都可以等价代表物体的两个自由度。我们现在将通过两条定义发生线 $\boldsymbol{R}_1$ 和 $\boldsymbol{R}_2$ 来构造该拟圆柱面。

首先，找出同时垂直于 $\boldsymbol{R}_1$ 和 $\boldsymbol{R}_2$ 的直线（公法线），这条线是拟圆柱面的轴线。为了可视化表示

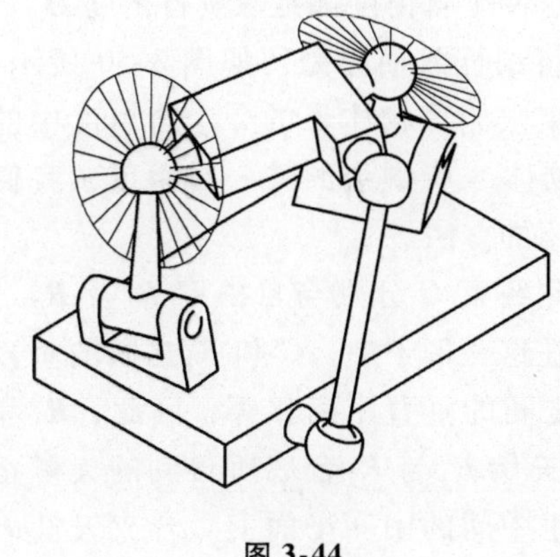

图 3-44

图 3-45

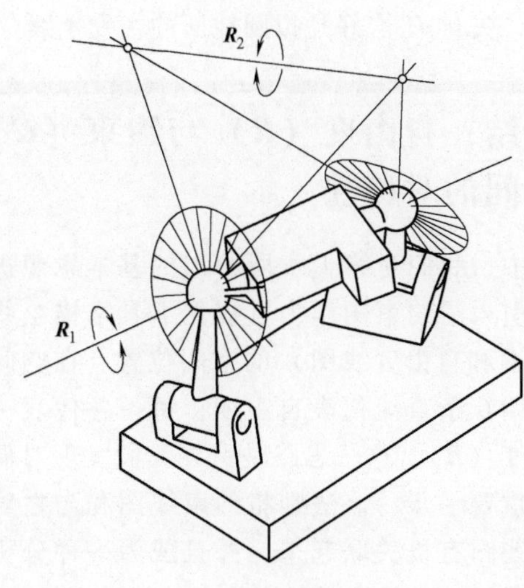

图 3-46

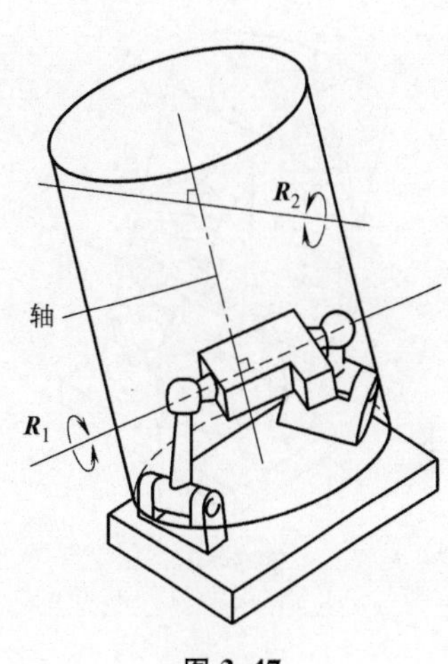

图 3-47

出该拟圆柱面的形状，假想一个任意半径的圆柱面，其轴线与拟圆柱面的轴线重合，如图 3-47 所示。

现在想象沿圆柱面的周长方向画出两个周期的正弦曲线，该正弦曲线与 $\boldsymbol{R}_1$ 及 $\boldsymbol{R}_2$ 都相交，且零位在 $\boldsymbol{R}_1$ 和 $\boldsymbol{R}_2$ 之间的中点处，如图 3-48 所示。

拟圆柱面就是由垂直于该曲面轴线的径向线绕正弦曲线一周得到的。这一曲面如图 3-49 所示（事实上，所示曲面只是拟圆柱面的环形断面）。

当沿着轴线看时，拟圆柱面像一个圆盘，拟圆柱面上的规则线则是该圆盘的径向线。对于我们的分析，物体 A 的 2 个自由度可以用拟圆柱面中的两

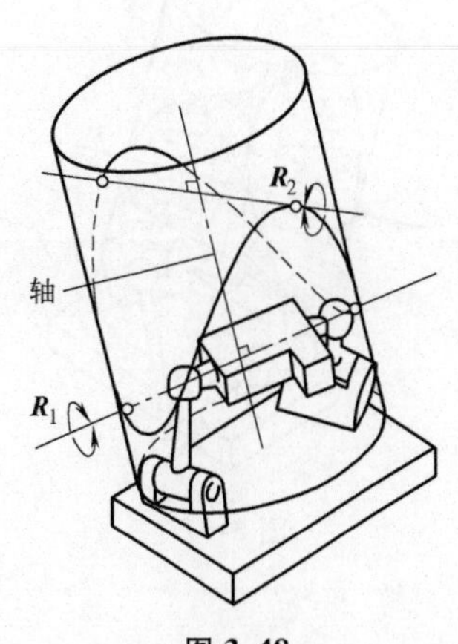

图 3-48

条直线来表示。这两个自由度都是螺旋自由度 $\boldsymbol{H}$。

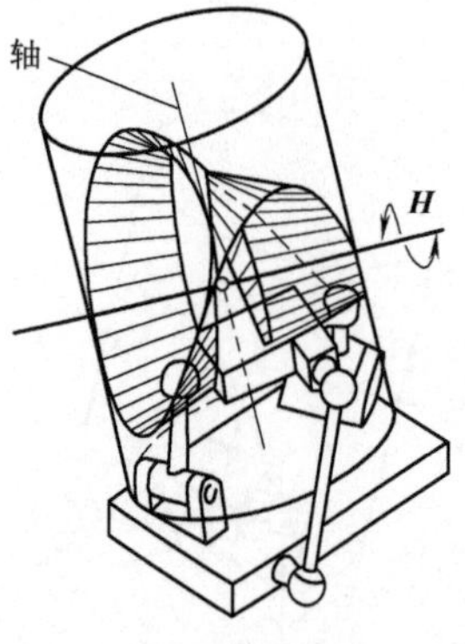

现在我们再将细杆放回原处，如图 3-50 所示。细杆所施加的约束限制掉物体 A 的 2 个自由度中的 1 个。为了找出物体 A 所剩余的唯一自由度，我们采用 3.8 节中介绍的方法。

我们必须找到约束 $\boldsymbol{C}$ 分别与自由度 $\boldsymbol{R}_1$ 及 $\boldsymbol{R}_2$ 之间的垂直距离。在这一例子中，$\boldsymbol{C}$ 和 $\boldsymbol{R}_1$ 之间的垂直距离与 $\boldsymbol{C}$ 和 $\boldsymbol{R}_2$ 之间的垂直距离相等，因此，$\boldsymbol{R}_1$ 和 $\boldsymbol{R}_2$ 等比例耦合。矢量 $\boldsymbol{R}_1$ 与 $\boldsymbol{R}_2$ 合成所得到的矢量正好位于 $\boldsymbol{R}_1$ 与 $\boldsymbol{R}_2$ 正中间的中间平面上。合成矢量 $\boldsymbol{H}$ 就是中间平面与拟圆柱面的交线，如图 3-51 所示。很巧合的是，矢量 $\boldsymbol{H}$ 恰好是拟圆柱面的主发生线。

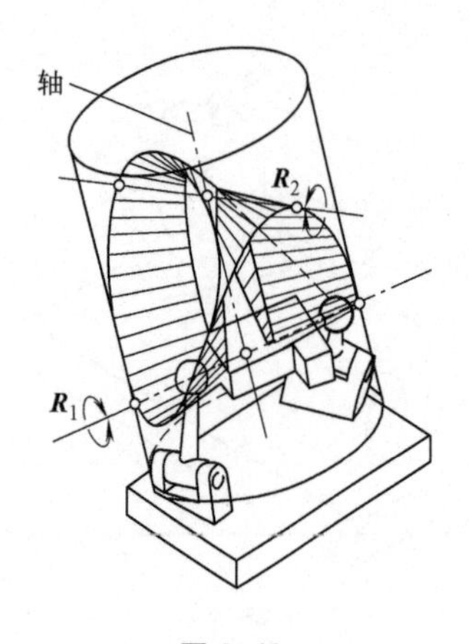

图 3-49

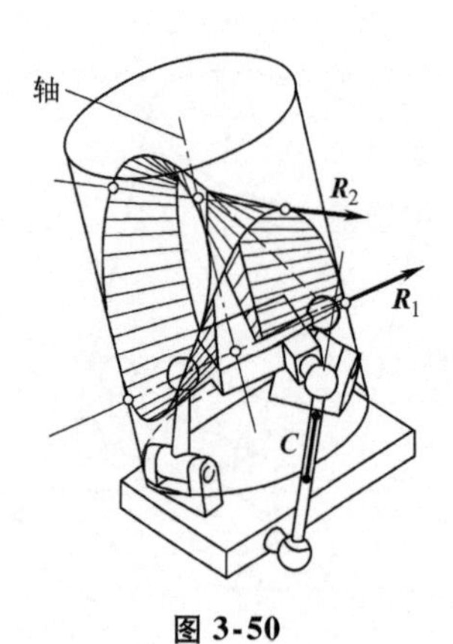

图 3-50

图 3-51

3.12　小结：自由度（$\boldsymbol{R}$）与约束（$\boldsymbol{C}$）之间的对称性

在本章中，我们对第 1 章所给出的基本思想进行了扩展，引入了约束图作为可视化工具来描绘线图（约束线图和自由度线图）的空间位置。在空间中，我们采用 6 条直线代表自由度，每条各代表一个转动自由度（$\boldsymbol{R}$），这一思路是引导我们发现对偶线图法则的重要一步。该法则将约束线图和与之对偶的自由度线图有机关联起来，并且成为一种分析现有机械或者设计新机械时相当强大的辅助工具。

我们已经了解了空间中的 6 条或者少于 6 条的直线可以用来表示两物体间的机械连接。这些线图可以反映一个物体的自由度或者所受约束的情况。如果给出了施加在物体上的约束线图，我们便可以确定出其自由度；另一方面，如果从物体想要得到的自由度线图出发，我们同样可以确定出产生预期运动所需要对物体施加的约束线图。表示物体自由度的线图和表示物体约束的线图总是对偶的。即已知一种线图，我们总可以得出另一种线图。不管代表的是物体所受的约束还是它的自由度，其对偶线图总可以用完全相同的方法得到。

我们发现了一个存在于约束 $\boldsymbol{C}$ 与自由度 $\boldsymbol{R}$ 之间

非常基本的对偶性法则：

假设线图中有 n 条非冗余线，那么与其对偶的线图中将包含有 $6-n$ 条（非冗余）线，其中一种线图中的每条线都会与其对偶线图中的所有线相交。

我们还发现在某些特殊线图中，不管这些线代表自由度 ***R*** 还是约束 ***C***，总可以实现某种转换：

如果一种线图（自由度 *R* 或约束 *C*）中包含两条相交直线，那么相交的一对直线确定了一个径向线圆盘，圆盘中的任何两条都可以等价代替之前的一对。

这里，我们定义的“相交”也包含平行直线的情形，只是其交点位于无穷远处。由此，可以得到如下的推论：

如果一种线图（自由度 *R* 或约束 *C*）中包含两条平行直线，这对平行线确定了一个平行线平面，平面内任何两条都可以等价代替之前的一对。

不过，所有这些转换（径向线圆盘和平行线平面）都有如下限制：选择线的时候必须保证它们不要接近冗余的情形（否则对于约束 ***C*** 是过约束，对于自由度 ***R*** 是欠约束）。因此我们必须小心，避免选择距离太近的线。

在平行线平面的情形下，我们可以指定无穷远处的某一直线。如果这一直线表示自由度，我们知道它和一个移动自由度是等价的。在下一章中，我们将遇到约束处于无穷远处的情形。

对于一般情况下的空间两直线（约束 ***C*** 或自由度 ***R***），其等效线图是拟圆柱面。由此会产生螺旋自由度 ***H***。这两条直线位于拟圆柱面上，而拟圆柱面可通过异面的 2 条 ***R*** 线来生成。

在对复合连接（在多于两个物体之间）的分析中，我们探索了一种简化多个部件之间的复杂约束线图的方法。同时发现两物体间的机械连接可以看成由一个或多个中间体并联或串联而成。

（机械的）复合连接的计算方法为：如果是并联，则将约束相加；如果是串联，则将自由度相加。

本章最后，可以回顾一下到现在为止我们已经学到的知识，并观察一下约束与自由度之间存在的深刻的对称性法则。有关**约束线图法则**对**自由度线图法则**也是适用的，反过来也是一样。对我们而言，这一结论在一开始的时候并不是显而易见的。这将提供给我们关于机器设计的一些深入认识，而这些认识仅靠直觉很难得到。

至此，有关精确约束设计的大部分基本规则已经讨论完了。这些规则让我们能够用代表约束 $\boldsymbol{C}$ 和自由度 $\boldsymbol{R}$ 的线图模型来分析机械连接。这种分析方法称为**约束线图分析法**。该方法主要基于两种基本类型线图模型（自由度 $\boldsymbol{R}$ 和约束 $\boldsymbol{C}$）的相互转换。而这种转换是建立在一系列简单法则基础之上的，从而允许一种类型（自由度 $\boldsymbol{R}$ 或约束 $\boldsymbol{C}$）的线图向相同类型的等价线图或者不同类型的对偶线图转换。同时，转换法则又是优雅简单、完美对称的。事实上，笔者认为这种对称是最值得关注的。随着我们学完接下来的章节，会发现关于约束线图和自由度线图在更多方面的对称表现。我相信到时你也会和我一样感受到它的神奇之处。

第4章

柔性元件

博学而笃志，切问而近思

柔性元件是一种约束装置。过去通常的做法是将柔性元件与在2.6节中列举的约束装置放在一起进行研究。但由于与其他类型的约束装置相比，柔性元件总会受到更多的误用或者被设计者误解，因此有必要采用更详尽的方式对其进行分析。当然，我们会发现用来分析柔性连接的方法也是学习本书第7章的基础。正是基于此种原因，有关柔性元件的主题将在此详尽阐述。

在机器设计过程中，与设计者使用的其他连接相比，将柔性元件用于机械连接，设计者通常能找到低成本、高性能的解决方案。柔性元件的优点包括：无摩擦、零间隙、低成本等。不过，柔性元件在应用上最大的局限性在于它只允许小位移运动。另外，还有一个“缺点”：相比其他约束装置它们需要更加细致的“工程”考虑。例如，它们需要设计得很薄以提供所需要的自由度，但又不能太薄，这样会导致在遭到突发最坏工况载荷时造成损坏。很多设计者考虑在机器中使用柔性元件是因为它们可以实现微小、精密的运动。但是这并非在这类机器中使用柔性元件的唯一理由。还有很多应用实例是用于其他目的，如物体必须被某种可提供特定运动的连接所约束。通常情况下，柔性装置可以方便地提供这种所需要的约束。

4.1 理想柔性薄板

文献中频繁出现的有关“柔性弹簧”的说法事实上是很不合适的，因为弹簧和柔性薄板并不具有完全相同的含义。弹簧是一种具有适度刚度的装置，处于“刚”和“柔”之间的某一状态；而柔性元件，要求在某些方向上能够表现出尽可能大的刚性而在其他方向上却表现出尽可能大的柔性。当我们设计柔性元件时，将它们考虑成理想柔性元件是有帮助的，呈现出“0-1 型的双向刚度特性”。在某些方向认为它们具有绝对刚性，而在另外的方向认为它们具有绝对柔性（即零刚度）。

细长杆（称为线簧）和薄板（称为板簧），尽管在其功能方向上具有相当大的柔性，在拉伸和压缩时却具有相当大的刚性。这些元件的抗弯刚度与抗拉刚度可能会相差几个数量级。

为了解释这一问题，我们不妨做个试验。将一个小木块粘到边长为 3mm × 5mm 的木板的一端，将木板的另一端固定在虎钳中，如图 4-1 所示。现在，让我们来观察木块 6 个运动自由度中的哪几个被边长为 3mm × 5mm 的木板所限制。观察发现木块可以沿着 Z 轴方向前后偏移。现在，用同样大小的力，试着让木块沿 X 轴或者 Y 轴偏移，发现并没有明显的偏移发生。如果我们计算出木块 Z 向的刚度并且将其与 X 轴或者 Y 轴的刚度进行比较，可以发现它们之间存在着几个数量级的差别。这一巨大的比值表明：与其沿 X 轴和 Y 轴的刚度相比，我们可以忽略掉这个 3mm × 5mm 木板 Z 轴的刚度。换句话说，对薄板沿 X 轴和 Y 轴施加了约束，但沿着 Z 轴方向没有施加约束。木块在小偏移的情况下可以自由沿着 Z 轴移动。很容易解释其中的原因：X 轴和 Y 轴方向的力总是位于薄板平面内，意味着试图去拉伸或者压缩该薄板，而 Z 轴方向的力则试图使之弯曲。事实上，薄板很薄，很容易产生弯曲。

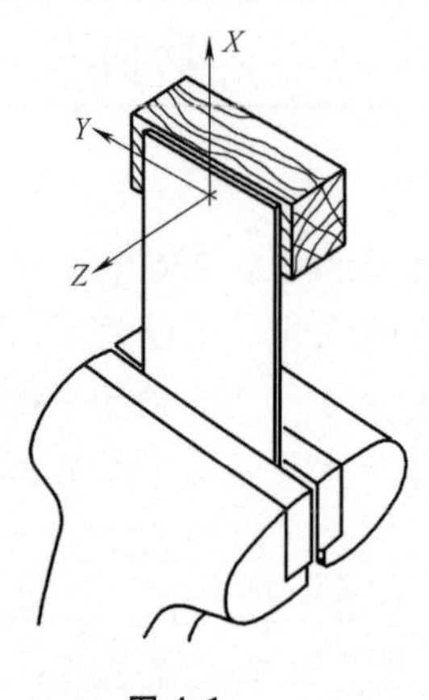

图 4-1

我们可以做一个快速计算来比较柔性薄板在 X 和 Z 方向的刚度（见图 4-2）。

X 方向的刚度

$$k_X = \frac{AE}{l} = \frac{wtE}{l}$$

Z 方向的刚度

$$k_Z = \frac{3\left(\frac{wt^3}{12}\right)E}{l^3} = \frac{wt^3 E}{4l^3}$$

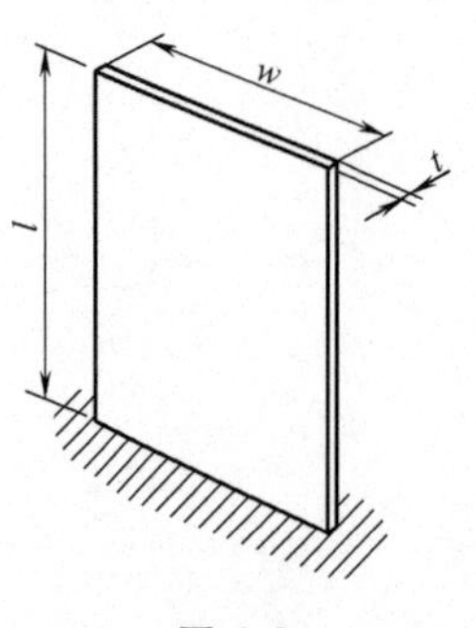

图 4-2

两者的比值为

$$\frac{k_X}{k_Z}=\frac{\frac{t}{l}}{\frac{l}{4}\left(\frac{t}{l}\right)^3}=4\left(\frac{l}{t}\right)^2$$

对于 3mm × 5mm 的薄板，假设

$$\frac{l}{t}=300$$

则有

$$\frac{k_X}{k_Z}=360000$$

可见两者相差超过了 5 个数量级。同时也可以看出刚度比与材料的弹性模量 E 无关，因此，薄板材料无论选取木板还是钢材对结果并没有影响。

现在我们再来考察一下木块的转动自由度。通过做一个与前面相似的试验，可以得到如下结论：薄板约束掉木块绕 Z 轴方向的转动自由度，但不能约束其绕 X 轴和 Y 轴的转动自由度。

	刚性	柔性
X	✓	
Y	✓	
Z		✓
θ_X		✓
θ_Y		✓
θ_Z	✓	

图 4-3

将薄板模型的观察结果进行总结，可以得到图 4-3 所示的表格。由此得到：柔性薄板在 X、Y 和 θ_Z 方向上的刚度相对较大，它们对应的力位于薄板平面内。另一方面，我们注意到当所施加的力位于薄板平面外时，薄板将沿着 Z、θ_X 和 θ_Y 方向偏移，说明薄板在这 3 个方向上相对较柔。

总之，我们可以说该柔性薄板在性能上接近**理想柔性薄板**。为此定义如下：

理想柔性薄板对其所在平面（X、Y 和 θ_Z）施加绝对的刚性约束，但允许存在其他三个自由度：Z、θ_X 和 θ_Y。

图 4-4 给出了一种与理想柔性薄板等价的杆模型。它施加与柔性薄板同样的约束，得到与之同样的自由度。每根杆通过理想球铰（即假定这些球铰没有摩擦力也无间隙，它们也不能传递任何转矩）与其端部相连接。很显然这是柔性薄板的“等价杆模型”。

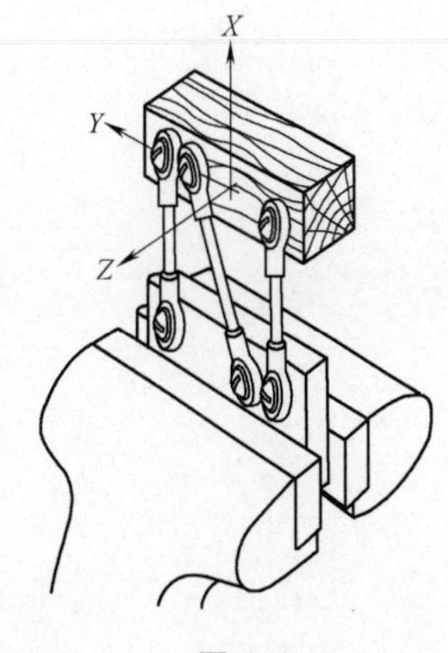

图 4-4

由于薄板与杆结构具有相同的运动学特性，因此它们在功能上可以互换（一种模型与另一种模型

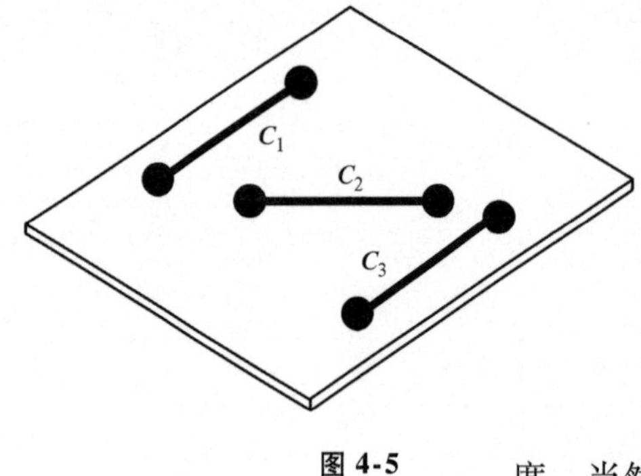

图 4-5

功能等价）。

图 4-5 给出了柔性薄板的约束线图，即由 3 条无冗余的共面约束线 **C** 组成。事实上，我们可以想象出这 3 个约束 **C** 正好沿着图 4-4 所示各杆的轴线方向。

三个共面约束的对偶线图则是 3 条与约束平面共面的自由度线 **R**。因此，柔性薄板连接正好提供图 4-6 所示的 3 个自由度。当然，这是毫无疑问的，因为在我们测试柔性薄板模型时，也恰好得到了这些自由度。

利用图 4-6 的自由度线图可以设计得到图 4-7 所示的机构。该机构包括 3 个串联并且共面的铰链。此连接和理想柔性薄板等价，同时也和图 4-4 所示的三杆连接等价。

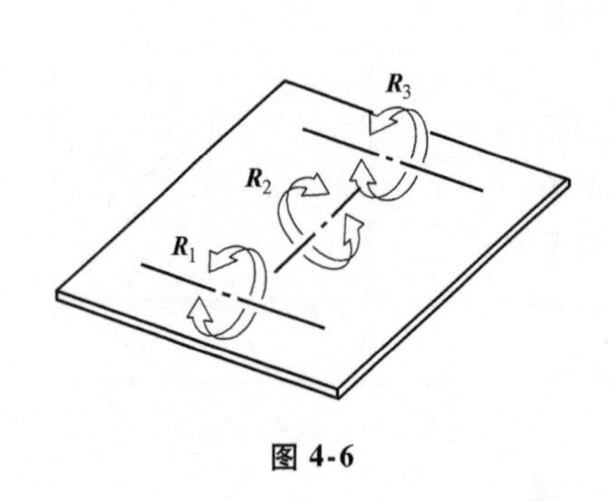

图 4-6

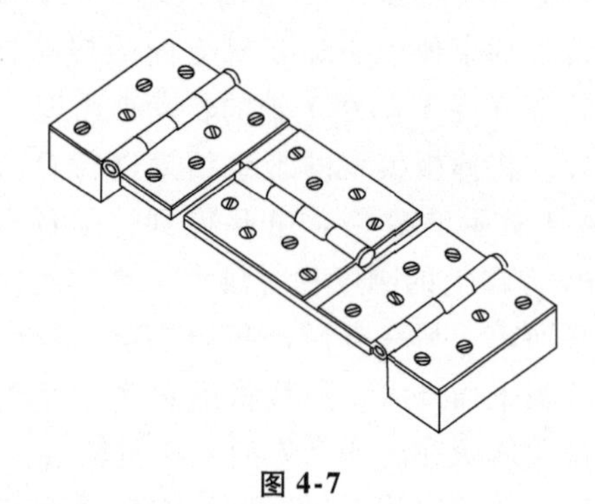

图 4-7

4.2　硬纸板模型

使用硬纸板模型不仅仅是为了介绍柔性薄板的“0-1 型约束本质”而采取的“形象思维”技术，它更可作为一种实用的设计工具来帮助设计者探索新思路。硬纸板柔性元件的优点在于：简单、便宜、制造快捷。为了试验各式各样的设计方案，该方法既功能强大又可将事情变得非常简单，只需要在办公室准备一个热熔型喷枪和一把剪刀作为辅助工具即可。接下来，当对你设计的结构和形状都满意时(可以满足应用需要)，再做一些工程计算，这样设计就完成了。之后，你便可以使用金属材料去制作加工了。

4.3 理想柔性细长杆

现在我们来做另一个试验，与前面所做的将木板固定在虎钳上那个试验类似，但这次我们使用细长杆来代替薄板（见图4-8）。试验过程中，如果对每个自由度下木块位置的刚度进行测试，我们发现除了 X 方向之外的任一自由度都可以自由移动。如果试图将木块向上拉（使得细长杆承受拉力），我们观察不到任何变形。对木块施加一个向下的力（使得细长杆承受压力）也是如此，只要我们不对细长杆加载过大导致它屈曲。

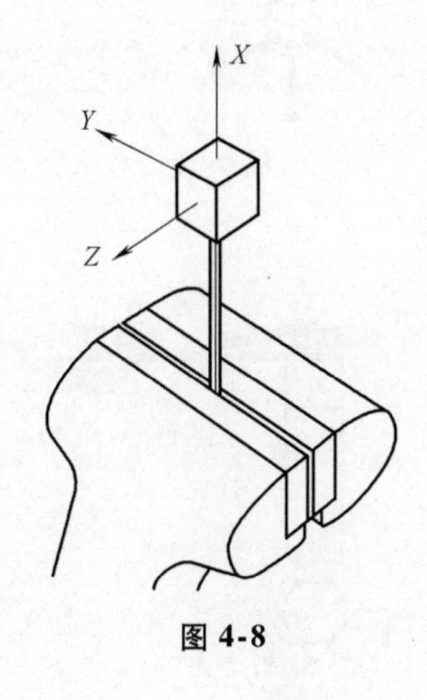

图 4-8

完成试验后，我们可以观察到与其他方向相比，细长杆沿其轴线的刚度高于其他方向的刚度几个数量级。由此可以得出这一细长杆接近"理想柔性细长杆"。

理想柔性细长杆沿其轴线（X 轴）施加绝对刚性约束，同时允许存在其他 5 个自由度：Y、Z、θ_X、θ_Y、θ_Z。

一个理想柔性细长杆和一个两端与球铰相连接的杆在运动学上是等效的。当设计细长杆时，设计者就应知道这一结论。

4.4 实际柔性连接中需要注意的问题

1. 使用压板连接柔性薄板

压板既可以消除掉螺栓紧固过程中旋转螺栓头造成柔性薄板变形的可能性，也可以保证平板受到均匀一致的水平紧固力作用（见图4-9）。另外，压板还可以减小在螺栓孔处造成应力集中的可能性，所施加外力产生的应力沿着薄板整个宽度上均匀

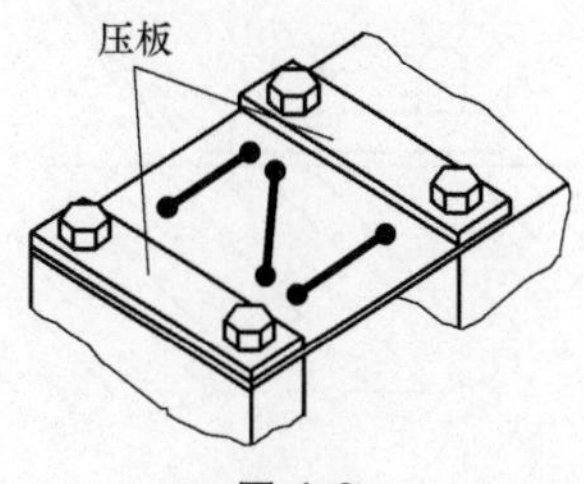

图 4-9

分布。

2. 使用没有弯曲、平直的柔性元件

让我们再回到在4.1节中做的试验。在薄板处于“平”或者细长杆处于“直”的情况下，我们观察到“平面内”和“平面外”之间具有相当大的刚度比。如果薄板或者细长杆实际上存在较大的弯曲，我们就不大可能观察到它们的这种“0-1型约束”特性。

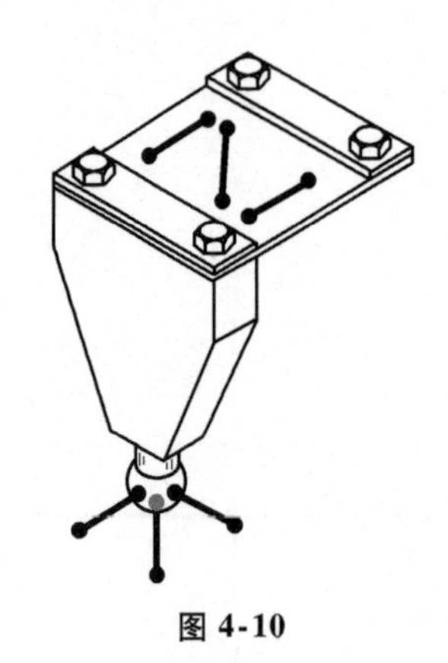

图 4-10

图4-10所示为一个一端为球铰链约束、另一端为柔性薄板约束的物体。假设我们确信这两个约束装置所提供的约束线图是合理的，物体受到精确的约束。

观察这个球铰链，为使球定位在锥形孔中，必须施加垂直向下的卡紧力作用。

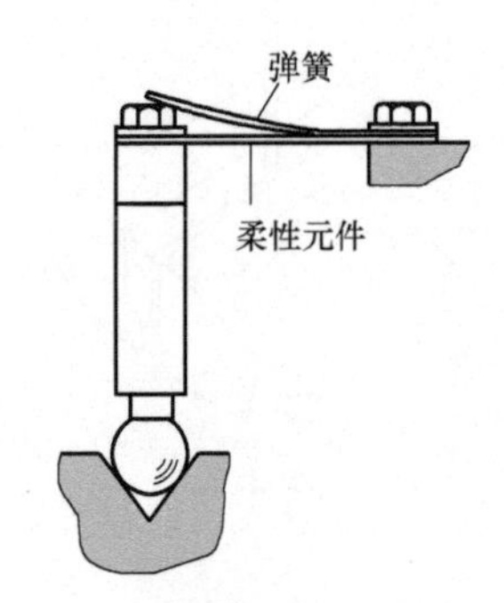

图 4-11

当设计一个类似的连接时，使用类似板簧的柔性薄板来提供球铰连接中的约束卡紧力很有诱惑力。但一定要避开这种诱惑。作为一种有效的约束装置，柔性元件必须在名义上保持绝对平直，由此得到的等效杆才能保证是直杆。另一方面，一个平直的板簧必须弯成曲线后才能提供约束卡紧力。而这两个目标是相互矛盾的。因此，当精度要求极高时，不应当要求薄板身兼两职——同时表现出卡紧弹簧的特性，应当使用一个单独的弹簧（见图4-11）。

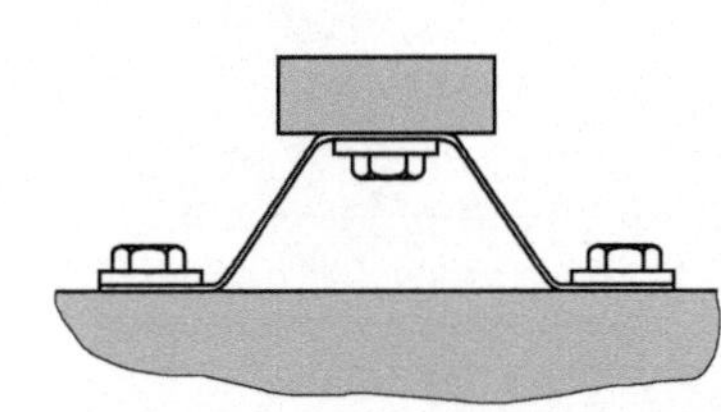

图 4-12

3. 无弯曲连接

为使用更少的零件达到简化设计的目的，设计者可以尝试将两个薄板设计成一体，具体如图4-12所示。但一定要注意由此可能造成性能上的折衷。在预弯曲部位，当载荷发生变化时，会发生一个小的（在某些情况下也可能很大）变形（见图4-13）。同图4-14所示的“直薄板”结构相比，预弯曲结构会大幅度降低连接刚度。预弯曲薄板设计的第二点不足是不能使用硬质材料，因为它可能导致在弯曲时发生断裂。

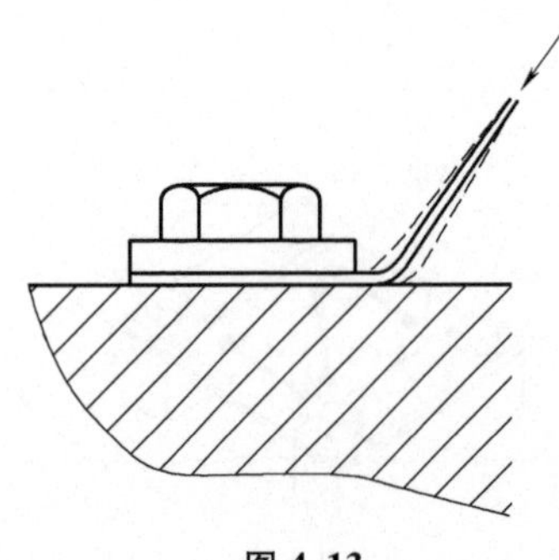

图 4-13

4. 细长杆连接

使用细长杆所面临的最大挑战在于如何实现简单、有效的连接。下面是笔者曾经遇到过的一些连接方式。

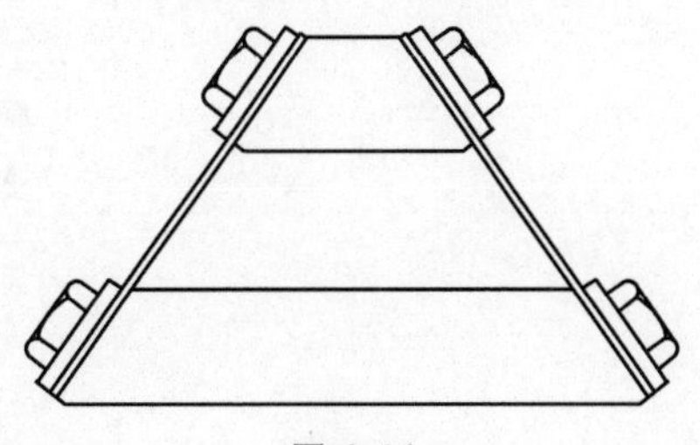
图 4-14

图 4-15 所示为在细长杆端部使用简单的圆环。

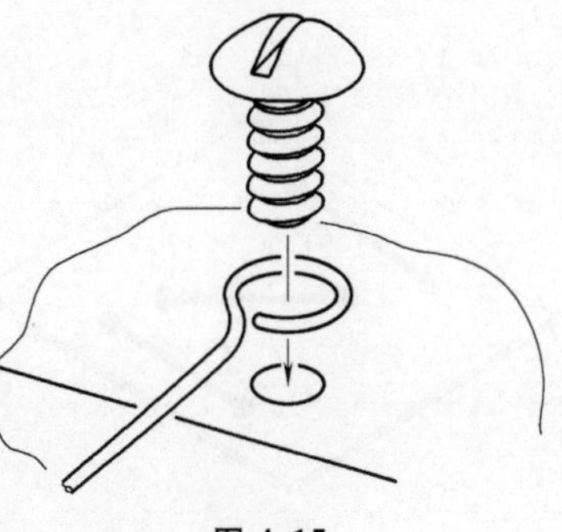
图 4-15

如图 4-16 所示，将细长杆置于一个浅 V 形槽中，然后将其夹住固定。夹板下端面（用于压住细长杆的面）有锋利的尖脊，可以紧紧咬住并固定细长杆。

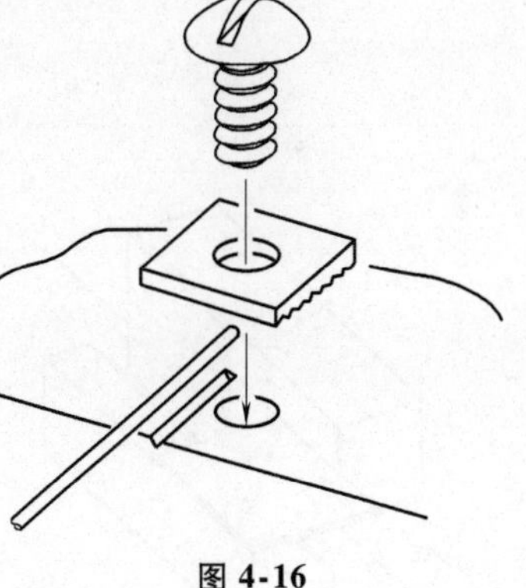
图 4-16

如图 4-17 所示，将耳轴与细长杆的端部固焊（或电子束焊接）在一起。每个耳轴都通过锥顶定位螺栓固定在孔中。

5. 提供急停限位以防止意外超程

要成功地设计出一个柔性元件，必须小心确保该柔性元件中的应力不超过某一会引起破坏的数值（极限）。通过反复的“正常”变形产生的应力数值必须保持在某一应力值之下，这一数值取决于材料的特性、工作装置总的运行周期（使用寿命）以及安全系数等。除了所谓的“正常载荷”之外，设计者必须意识到柔性元件在运输、误操作或者机器故障的情况下可能遭受意外的“最差工况”载荷。显然，必须进行全面大量的应力分析才能保证柔性设计是“稳健的”。然而，这一分析已经超出了**约束线图分析法**的范围。

我们在设计一个采用柔性元件的物体连接时，通常在保证正常操作时两物体各部分不互相接触的情况下，而有意使它们在超程的情况下发生接触。一旦两物体接触，就可以阻止柔性元件的进一步变形，从而避免损坏。这种特征称为“急停限位”，它们可以设计成固定式或可调式（见图 4-18）。

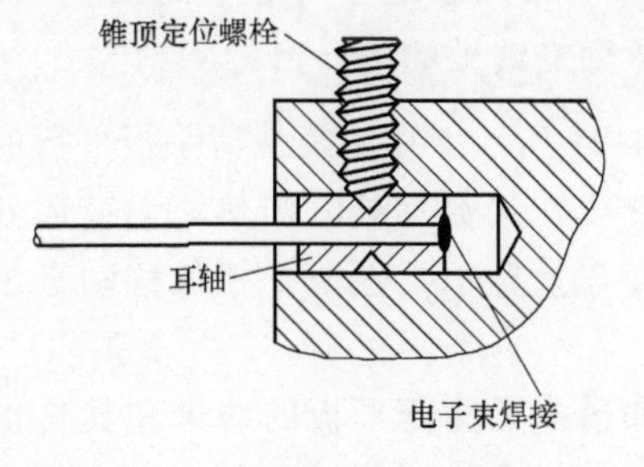

图 4-17

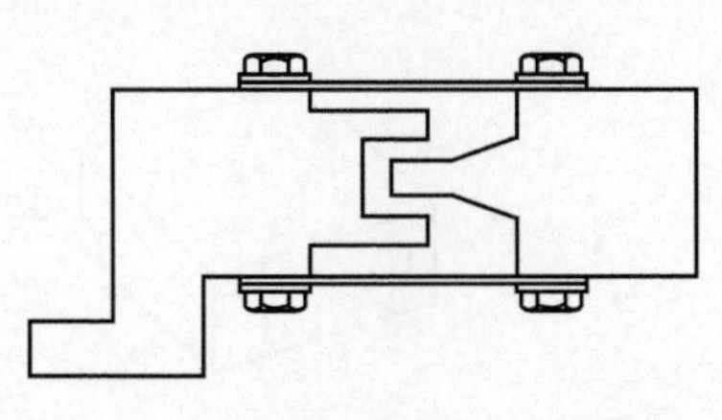
图 4-18

4.5　柔性连接中的约束与自由度线图

两种最基本的柔性元件是薄板和细长杆。细长杆的约束线图是沿着此杆轴线方向的单一约束。

一个柔性细长直杆提供1个沿轴线方向的单一约束。

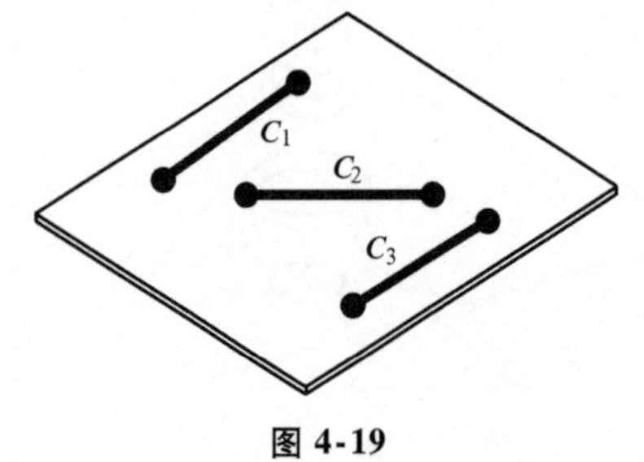

图4-19

薄板的约束线图是位于此薄板平面内的3个约束（见图4-19）。3个约束可以作用在任意位置，只要它们不接近过约束（即3个约束相交于一点）即可。

一个柔性平板在该板平面内提供3个约束。

在图4-20和图4-21所示的例子中，用两个柔性平板直接将物体 A 和 B 相连。这与3.7节中描述的电阻并联很相似。请注意，从几何角度来看，图4-20所示的两个柔性平板彼此并不平行。

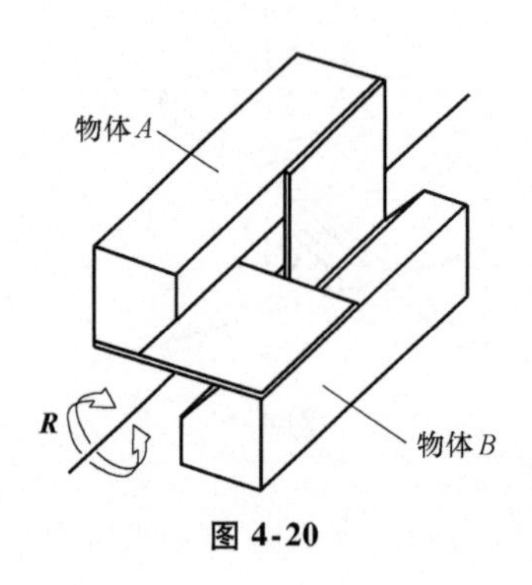

图4-20

当两物体间的两个柔性平板是直接连接（并联）时（见图4-20），它们合起来的约束效果相当于每个平板对应的约束之和。每个平板提供3个约束，加起来为6个，但有1个是冗余的，因为不可能在两个平面内有6个约束而不存在过约束的情况（见3.6节）。因此，这一连接提供了5个约束，其对偶线图为位于两平板所在平面交线处的单一直线（表示转动自由度）。

两个柔性薄平板并联连接（直接连接），确定一个作用在两平面交线处的唯一自由度。

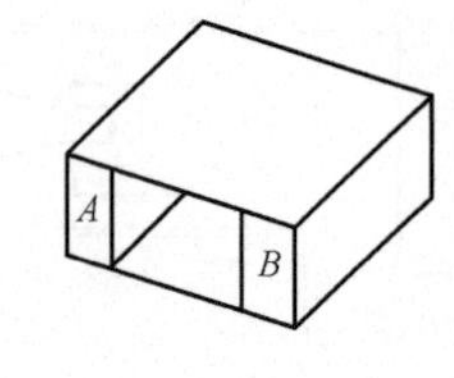

图4-21

如图4-21所示，在两柔性薄平板平行的情况下，其交线在无穷远处。当然，无穷远处的转动自由度与垂直于柔性薄平板的移动自由度是等价的。

我们知道，柔性薄平板的约束和其自由度之间存在一种对称性。柔性薄板中，表示位于薄板平面内的 3 个约束同时可以等价表示该平板所具有的 3 个自由度（见图 4-22）。与约束一样，这 3 个自由度的位置可以是板平面内的任意位置，只要不产生冗余即可。

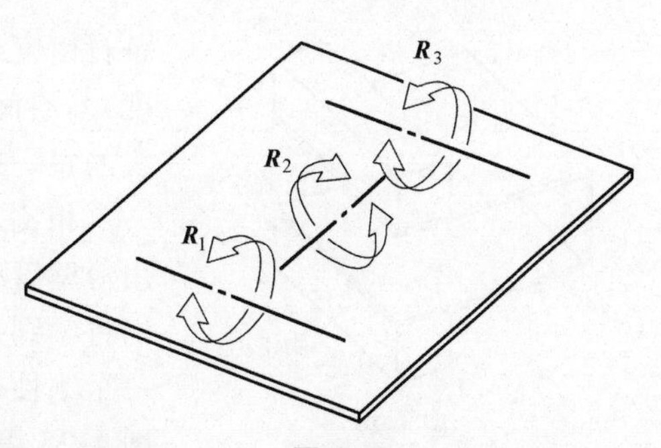

图 4-22

柔性薄平板可以等价表示为该薄板平面内的 3 个自由度。

如果将两个柔性板级联（串联连接），如图 4-23所示，每个板的自由度满足叠加的关系。其结果是在两平面交线处产生单一约束。我们同样发现它与两薄板并联连接情形存在某种对称性。并联连接的两薄板在其交线处产生 1 个自由度；串联连接的两薄板在其交线处则产生 1 个约束。

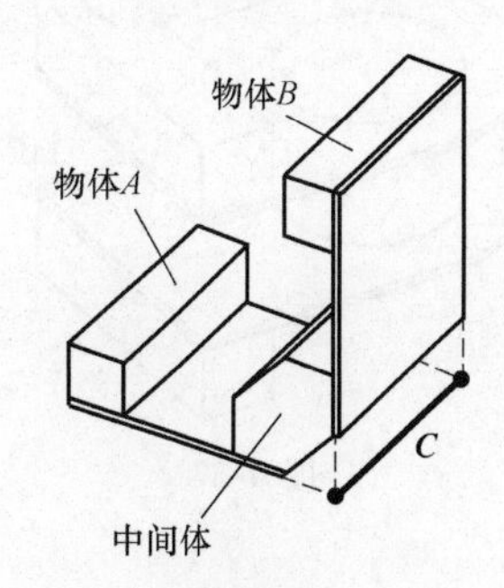

图 4-23

两个串联连接的柔性薄平板在其所在平面的交线处产生单一约束。

考虑图 4-24 所示的机构，前面例子中的中间体被一折角所代替，结果是折角上的每一点都与折角上其他各点之间都有着固定的刚性连接关系。这是因为每个相邻薄片上的材料都在各自平面内阻碍这些点间的相对运动（这将在第 7 章中重新进行分析）。结果，折角部分本身表现为一个刚性的中间体。因此，折叠的柔性薄板将提供沿着折叠线的单一约束。

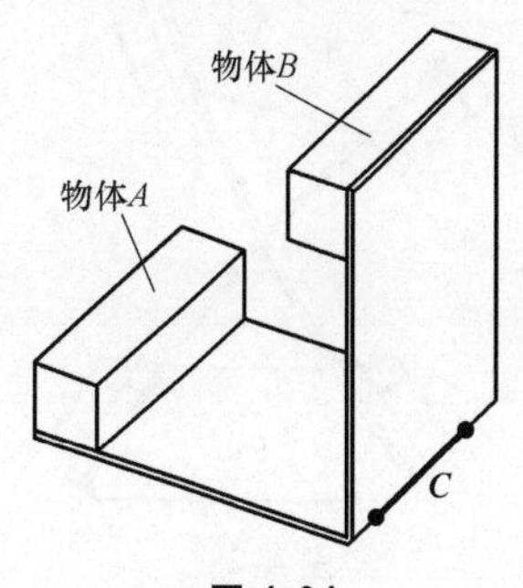

图 4-24

下面是两个平行薄板串联的例子。我们期望会产生一个位于两薄板交线处的约束，但薄板相交在无穷远处。这一在无穷远处的约束和垂直于薄板平面的纯转动约束是等价的。正如我们前面得到的——一个无穷远处的转动自由度等价于一个纯平动，现在我们发现一个无穷远处的约束等价于一个纯转动约束。我们用图 4-25 所示的符号来表示转动约束。

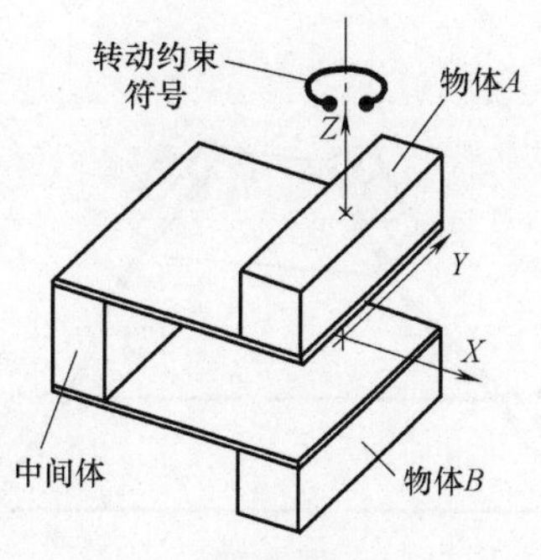

图 4-25

但一定要保证图 4-25 所示的中间体是刚体，而不是柔性体。例如，带有两个折角的方括号形薄板不能提供前述的转动约束，如图 4-26 所示。分析表明此为 3 段柔性薄板的串联结构，它提供的是由 9

条自由度线组成的线图（每个平面内存在3个自由度）。空间中找不到一条这样的线，可以和这9条线的每一条都相交，因此，这一连接不产生约束。

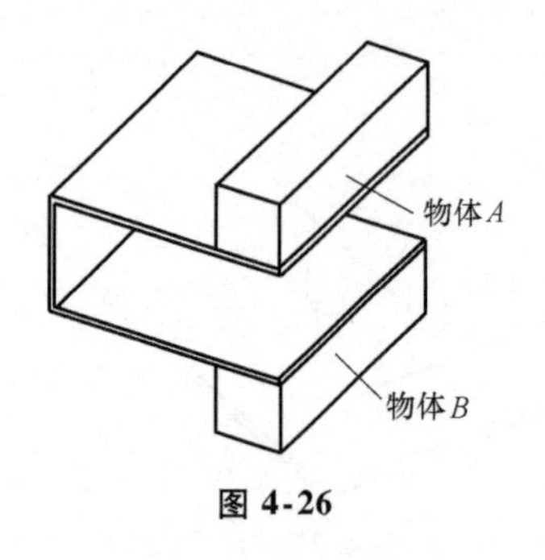

图 4-26

相比之下，考虑图4-27所示的机构，它包含有用薄壁管相连的两个平行薄平板。在第7章中，我们将学到这种管是三维刚性结构。这两个薄板通过一个刚性的中间体相连，因此图4-27所示的连接与图4-25等价。

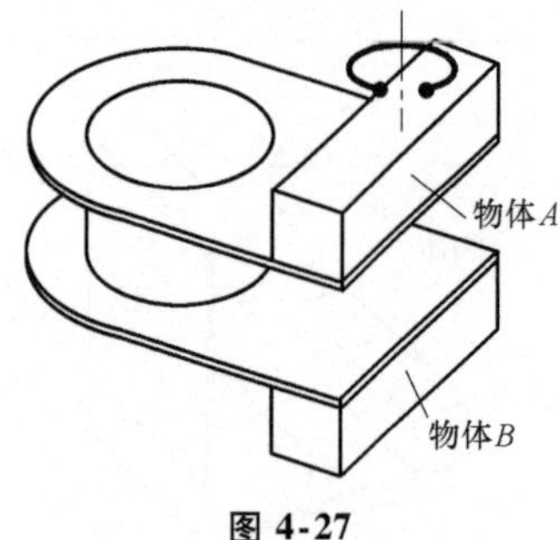

图 4-27

4.6　柔性薄板的挠曲形状

正如我们已经讨论过的，当使用柔性薄平板时，最好在其保持平直的情况下使用，因为这样可以较好地利用它在平板平面内的高刚度特性。然而，有很多例子（例如在机构中）要求柔性元件能够承受一定的变形。对于柔性薄平板，变形具有三种模式，每种模式对应薄板中3个自由度中的一个。第一种模式是“简单弯曲”。这是很著名的基于柔性薄板型“交叉簧片”铰链连接的偏转模式，如图4-28所示。两个相互连接的物体通过由两个薄板平面交线确定的直线“铰接”。通常，很容易实现两物体间10°～20°的偏转角。

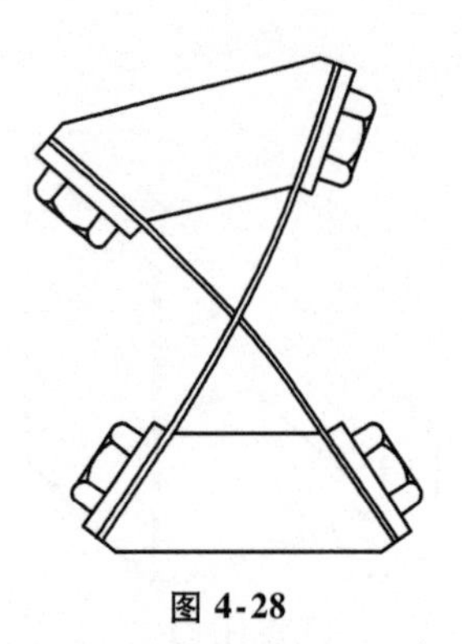
图 4-28

图4-29所示的柔性元件挠曲形状是S形弯曲。这是柔性薄板的第二种变形模式。当这种装置中的柔性薄板具有与图4-28同样大小的最大许用应力时，图4-29所示的物体之间只能实现比第一种变形模式小很多的偏转角。

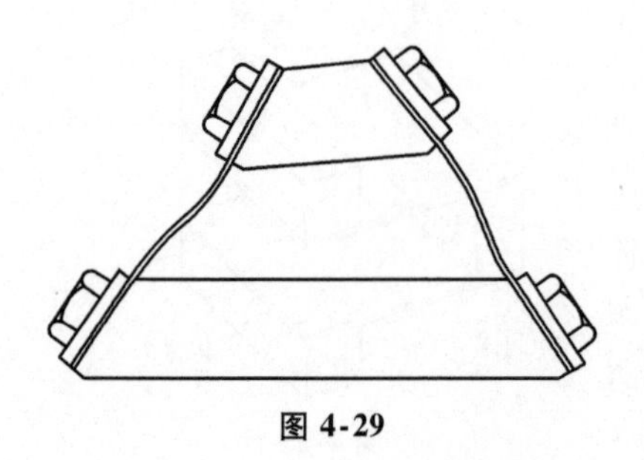
图 4-29

柔性薄板的第三种变形模式是扭转。图4-30所示为一个发生扭转变形的柔性薄板。这两个物体之间所允许的偏转角可能只有2°～3°。

为了增加用柔性薄板相连的物体之间所允许的最大偏移，设计者通常需要改变柔性元件的尺寸使其更长或者更薄，但这会导致柔性元件更容易发生弹性屈曲。另一方面，在只需要小偏移量的机械中，我们可以考虑“增强”柔性元件使得它们更短更厚。

图 4-31 所示的一体化“柔性元件”表示了制作柔性薄板使其更短更薄的极限形式。当然这种结构也不容易产生弹性屈曲，它只有一种变形模式——简单弯曲。它只能产生一个很小范围的变形，可能只有零点几度，具体大小则由结构的材料来决定。

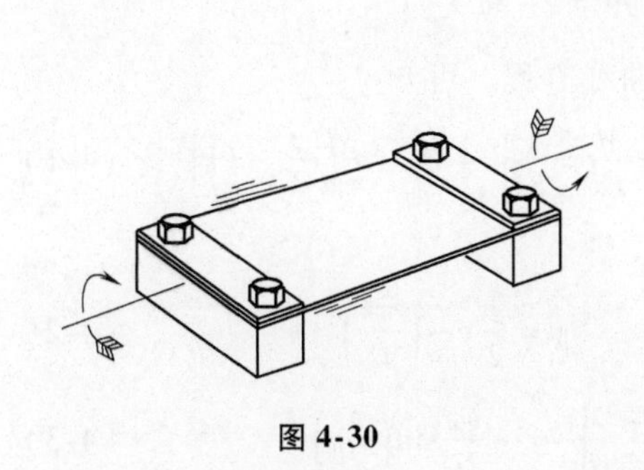

图 4-30

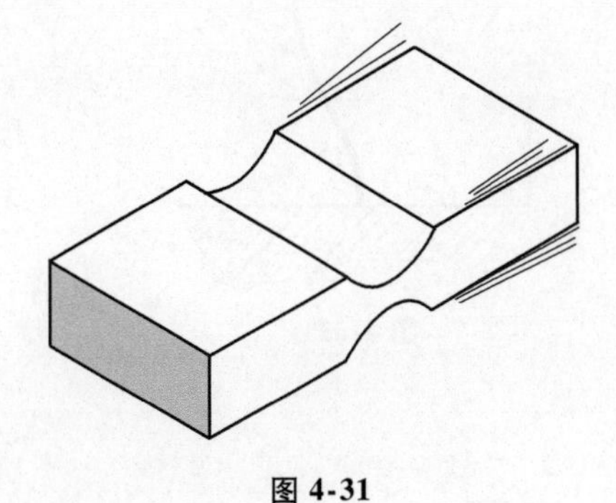

图 4-31

4.7　弹性屈曲

图 4-32 所示为柔性薄平板或者柔性细长杆在压力载荷 $\boldsymbol{P}$ 作用下的侧视图。逐渐增大载荷 $\boldsymbol{P}$，柔性元件可以一直承载 $\boldsymbol{P}$ 而不产生显著的变形，直到 $\boldsymbol{P}$ 的大小达到 $\boldsymbol{P}_{cr}$（发生弹性屈曲的阈值）。

一旦超过 $\boldsymbol{P}_{cr}$，柔性元件将发生屈曲。屈曲后的柔性元件将会显示图 4-33 所示的形状。此形状是一个周期的波长为 λ 的余弦波形。随着载荷继续增加，余弦波形的幅值变得更大，而柔性元件的刚度急剧下降。因此，为了保证该柔性元件具有较高的刚度，必须保证所施加的载荷不超过 $\boldsymbol{P}_{cr}$。

许多工程方面的教科书尽管都给出了发生弹性屈曲的方程式，但是都没有从柔性元件挠曲线形状的角度来描述这一现象。这是一件很不完美的事情，因为它留给工程人员的只是一个接近于解决屈曲问题的“菜谱”。而通过挠曲线来理解这一现象，将会更彻底地领会屈曲的本质。

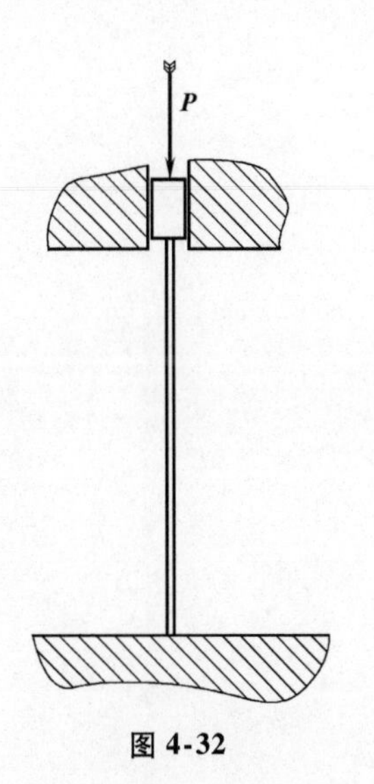

图 4-32

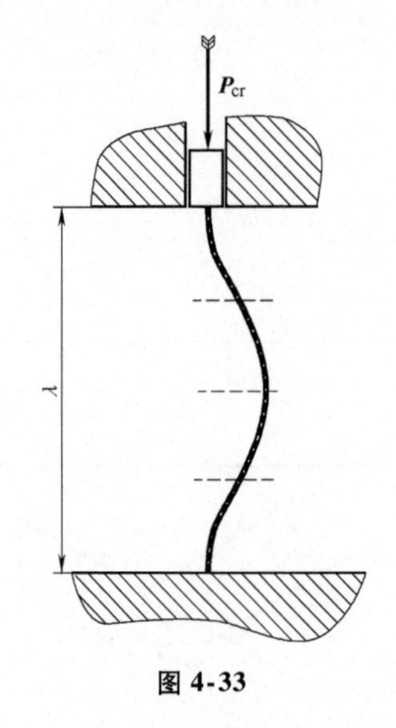

图 4-33

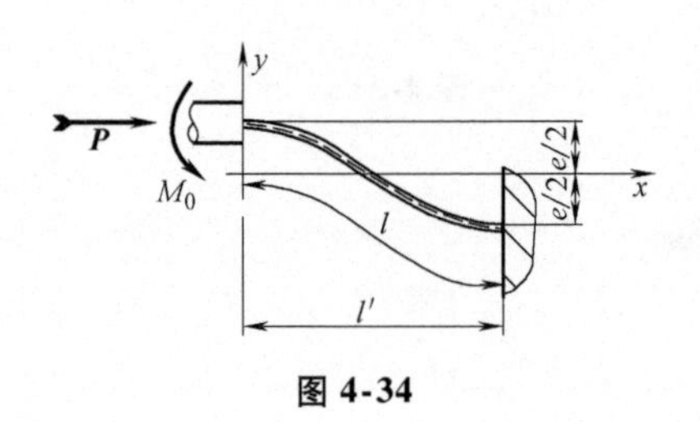

图 4-34

下面我们来分析一下在大于阈值 P_{cr} 的压力载荷 **P** 作用下，柔性元件的挠曲线形状。为此考察图 4-34所示的柔性元件，其长度只有图 4-33 所示元件长度的一半。M_0 是伴随载荷 **P** 的转矩，以保证左端零偏转。图 4-34 中，l 为柔性元件的长度；l' 为与载荷 **P** 平行的投影长度；e 为偏移，垂直于载荷 **P**。

沿着柔性元件上任意点 x 处的转矩可以表示成

$$M = -M_0 + P\left(\frac{e}{2} - y\right)$$

由梁的挠曲线方程，可知

$$\frac{d^2 y}{dx^2} = \frac{M}{EI} = \frac{1}{EI}\left[-M_0 + P\left(\frac{e}{2} - y\right)\right] \tag{4-1}$$

式中

$$y = \frac{e}{2}\cos\left(\frac{\pi x}{l'}\right) \tag{4-2}$$

$$\frac{dy}{dx} = -\frac{e\pi}{2l'}\sin\left(\frac{\pi x}{l'}\right) \tag{4-3}$$

$$\frac{d^2 y}{dx^2} = -\frac{e}{2}\left(\frac{\pi}{l'}\right)^2\cos\left(\frac{\pi x}{l'}\right)$$

$$\frac{d^2 y}{dx^2} = -\left(\frac{\pi}{l'}\right)^2 y$$

将以上各式带入式（4-1）中，得到

$$-\left(\frac{\pi}{l'}\right)^2 y = \frac{1}{EI}\left[-M_0 + P\left(\frac{e}{2} - y\right)\right]$$

$$y\left[\left(\frac{\pi}{l'}\right)^2 - \frac{P}{EI}\right] = \frac{1}{EI}\left(M_0 - P\frac{e}{2}\right)$$

由于等式左边的 y 是一个余弦函数，而等式的右侧显然不是，因此等式成立的唯一条件就是等式两边均为 0，即

$$\left(\frac{\pi}{l'}\right)^2 - \frac{P}{EI} = 0$$

$$M_0 - P\frac{e}{2} = 0$$

因此有

$$l' = \pi\sqrt{\frac{EI}{P}} \tag{4-4}$$

$$M_0 = P\frac{e}{2} \tag{4-5}$$

至此，我们可以得到当 $\boldsymbol{P} > \boldsymbol{P}_{cr}$ 时，柔性元件在受压载荷作用下一些有意义的结论：

1）挠曲线的形状是余弦曲线的半个波，其波长为 $2l'$，幅值为 $\frac{e}{2}$［式（4-2）］。

2）当柔性元件是直杆时（$e = 0$），$l' = l$，式（4-4）恰好是表示压杆屈曲的欧拉公式。

3）柔性元件可以承受大于 $\boldsymbol{P}_{cr}$ 的载荷。这时，大于临界力 $\boldsymbol{P}_{cr}$ 的载荷由柔性元件弹性支撑，其形状是 1/2 周期的余弦曲线。随着载荷的增加，余弦曲线的波长 $2l'$ 减小，余弦曲线的幅值 $\frac{e}{2}$ 增加。

4）在变形曲线（柔性元件）的中点处弯矩为 0，弯矩的最大值在两个端部［式（4-1）和式（4-5）］。

由于柔性元件在中点处弯矩为零，可以画出其等价载荷来，具体如图 4-35 所示。这是 1/4 波长的基本余弦曲线，由此可引出一个有趣的试验。

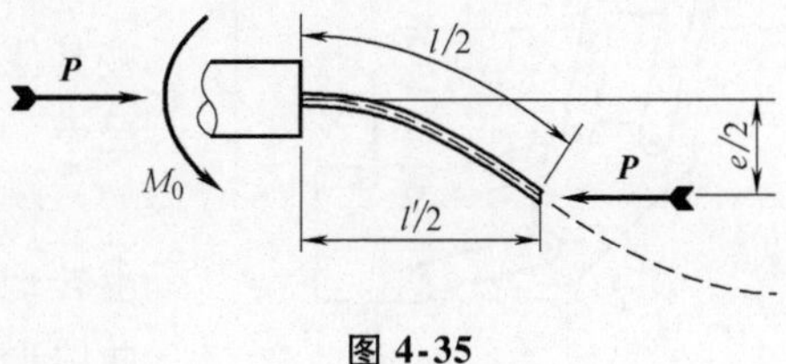

图 4-35

假设将一个重量为 $\boldsymbol{P}$ 的铅球竖直地放在细长杆的一端，该细长杆的另一端固定在地面上（距离地面有一段距离），如图 4-36 所示。现在想象地面下有一个机构驱动细长杆向上移动，使得杆在重物与地面之间的长度不断增加。

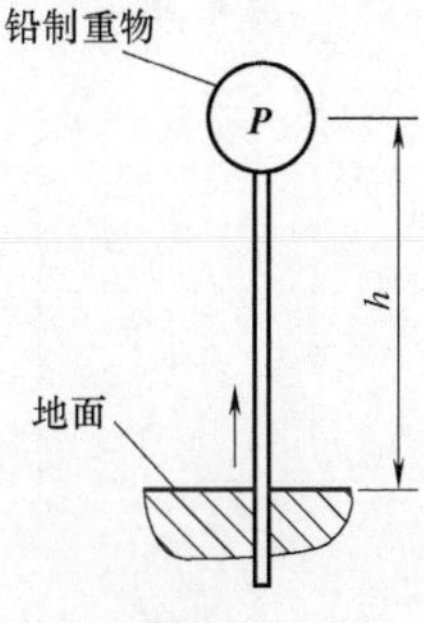

我们观察到：在杆长度发生变化的很大一段范围内，重物离地面的高度保持不变。这一高度是

$$h = \frac{l'}{2} = \frac{\pi}{2}\sqrt{\frac{EI}{P}}$$

这一高度仅仅与下面的因素有关：

1）材料的弹性模量 E；

2）杆的惯性矩 I；

3）顶部重物的质量大小。

铅制重物

P

h

地面

图 4-36

如果杆的长度小于 $\frac{\pi}{2}\sqrt{\frac{EI}{P}}$，杆将一直维持原来直的状态。而一旦杆的长度超过 $\frac{\pi}{2}\sqrt{\frac{EI}{P}}$，杆受到的载荷超过了“临界载荷”，呈现出 1/4 波长的余弦

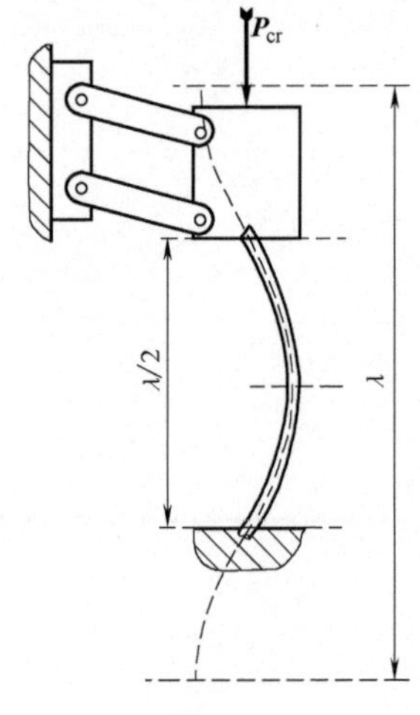

图 4-37

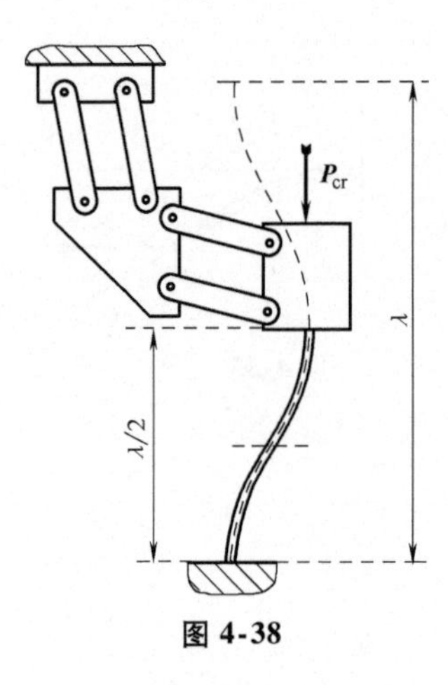

图 4-38

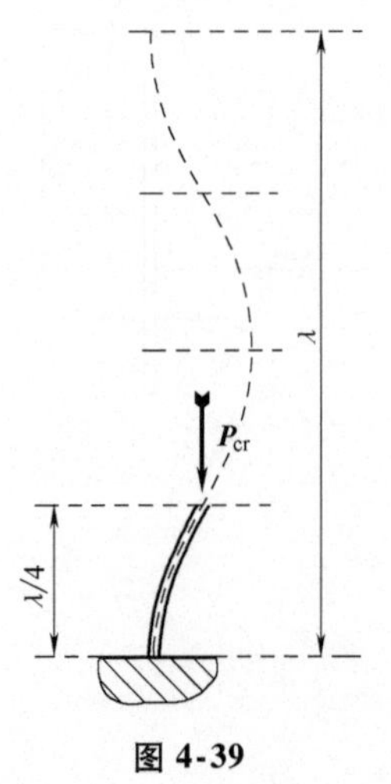

图 4-39

波形。

随着伸出地面的杆继续上移，重物的高度 h 仍然保持常数并且余弦函数的幅值增加，在某一恒定高度上重物横向移动。

最终，杆中纤维的应力极限将超过材料的弹性极限。当杆件失效时，重物将会急速坠落。

这一试验很有趣，它展示了欧拉杆屈曲的弹性本质。屈曲并不属于灾难性失效。通过使用急停限位，可以在不损坏柔性元件的前提下偶尔承受过载而发生屈曲。从这一试验中，我们还发现，通过改变柔性元件端部的约束条件，柔性元件的挠曲线形状对应余弦曲线的不同部位。如果知道了施加在柔性元件端部的约束类型，设计者可将柔性元件的长度和欧拉公式中的长度 l 关联，正确求得临界力 $\boldsymbol{P}_{cr}$ 的值。下面是一些其他类型的端部约束及其对应的挠曲线。每种情况下，挠曲线都是图 4-33 所示余弦曲线的一段。

例如，图 4-37 所示为两端受到横向约束但可自由转动的柔性元件的屈曲形状。这一柔性元件的挠曲线形状将会是余弦函数的中间段。

图 4-38 所示的柔性元件尽管也是余弦函数的一半，但与前一种情况所对应的部位不同。这种情况下的约束条件是柔性元件的两端均被约束转动但一端可自由移动。

图 4-39 所示为一端横向和转动都自由的柔性元件。其柔性元件的挠曲线形状是 1/4 个余弦函数（加载情况与图 4-35 所示的情况一致）。

比较图 4-39 所示柔性元件的挠曲线形状和图 4-40所示变形后的悬臂梁。尽管两者的挠曲线看起来一样，它们之间却有着微妙的差别。悬臂梁在载荷 $\boldsymbol{F}$ 作用下得到的形状是多项式拟合曲线。

图 4-40

现在来考察图4-41所示的挠曲线。当$P=0$时，挠曲线的形状和两条变形后的悬臂梁通过自由端接合起来一样。当载荷$\boldsymbol{P}$增加时，柔性元件的形状产生微小变化，在顶端会产生很小的垂直偏移。当载荷$\boldsymbol{P}$达到

$$P_{\mathrm{cr}}=\frac{4\pi^2 EI}{h^2}$$

时，这时的挠曲线形状将是一个周期的余弦曲线。试观察它像不像图4-41所示的挠曲线。

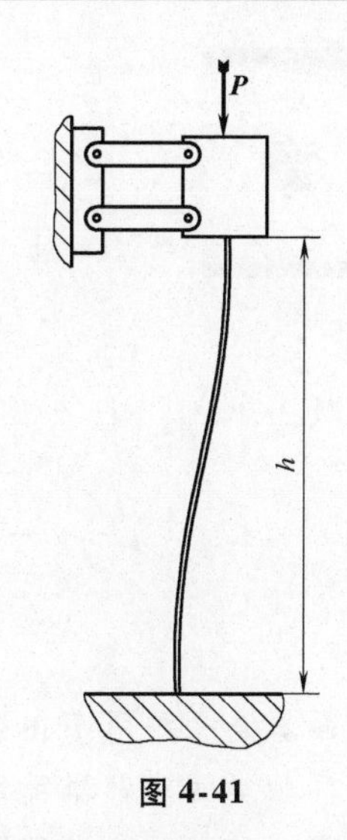

图4-41

结果是否定的，该挠曲线的形状并不明显。事实上，通过观察的方法假定其形状是不可靠的，因为它看上去像是半个周期的余弦曲线，但是施加在柔性元件上的约束条件要求其挠曲线是整个周期的余弦曲线，如图4-42所示。

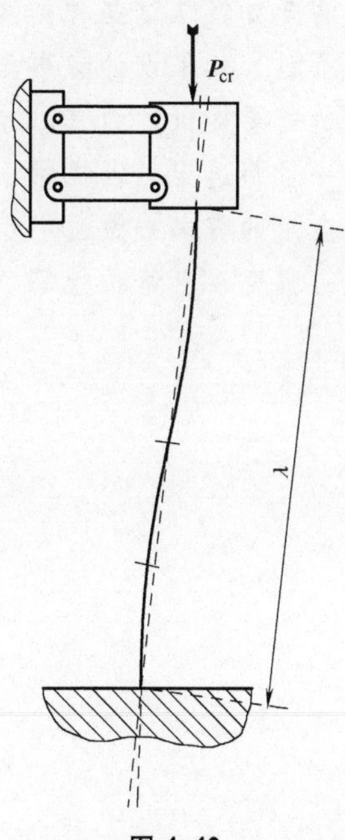

图4-42

本章小结

通过使用**约束线图分析法**，我们分析了物体间的两种典型柔性连接形式——柔性板连接与柔性细长杆连接。通过分析我们所熟悉的结构（例如“交叉簧片”柔性铰链），得到了我们预想的结果。接下来，应用这种方法又分析了其他几种不为我们所熟悉的，并且直觉也不会直接给我们答案的结构。结果表明，**约束线图分析法**确实是一种异常快速、简洁的求解约束或自由度的分析方法。

第5章

联轴器

博观而约取，厚积而薄发

联轴器是一种用来在接近同轴的两轴之间提供旋转约束的连接装置。市场上有很多不同种类的联轴器可供设计人员选择使用。但事实上，对给定应用，令设计者迷惑的是如何从这些种类繁多的联轴器中选出“最适合”的那一个。

不过，如果设计者事先确定了施加在两轴上的约束线图，他就会清楚地知道联轴器所需要提供的约束（或自由度）线图。

一旦筛选出可以提供正确约束（或自由度）线图的那些联轴器，就可以结合特定应用的需求来做进一步的选择，比如：成本、间隙、最大允许安装误差、扭转刚度、强度、可维护性等。

5.1 四约束联轴器

图5-1所示的万向节（虎克铰）是一种常见的联轴器。它由三个主要部件组成：两个叉架和一个十字轴。这些部件串联连接在一起，产生两个交叉的旋转自由度 $\boldsymbol{R}_1$ 和 $\boldsymbol{R}_2$。相应的对偶线图是四个约束，如本节标题旁边的图例所示。此约束线图表明该联轴器可在两轴之间提供一个类似“球铰链”的连接，再加上一个沿轴方向的旋转约束。

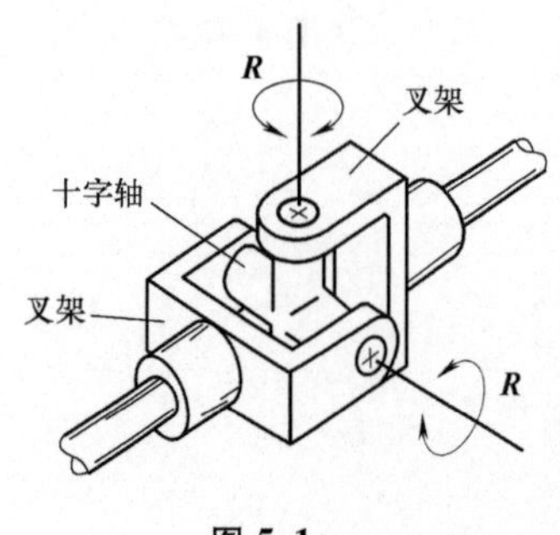

图5-1

这个旋转约束可以提供给联轴器一个很高的扭转刚度，通常这是联轴器所希望具有的特性。

如图5-2所示，轴 A 是电机的驱动轴，其位置是固定的。轴 B 的左端由安装在柔性支撑板上的轴承（简称柔性轴承）支撑。柔性轴承对轴 B 施加两个径向约束，两个约束位于柔性支撑板所在平面内且与轴 B 的轴线相交。

四约束联轴器（如虎克铰）是实现与轴 B 精确约束连接所需要的连接方式。联轴器的 4 个约束与柔性轴承提供的两个约束形成互补，正好可以精确约束轴 B 的所有 6 个自由度。图 5-3 为该连接的约束示意图。

图 5-2

通过设计这样一个精确约束装置来连接轴 B，可使整个装置对于电机与轴承（支撑轴 B）之间的相对位置误差变得不敏感。图 5-4 将轴承安装的位置误差放大画出：安装完成后轴 B 与轴 A 之间存在角度误差，而在联轴器与柔性轴承连接中的自由度 $\boldsymbol{R}$ 可以很容易地补偿这种误差。

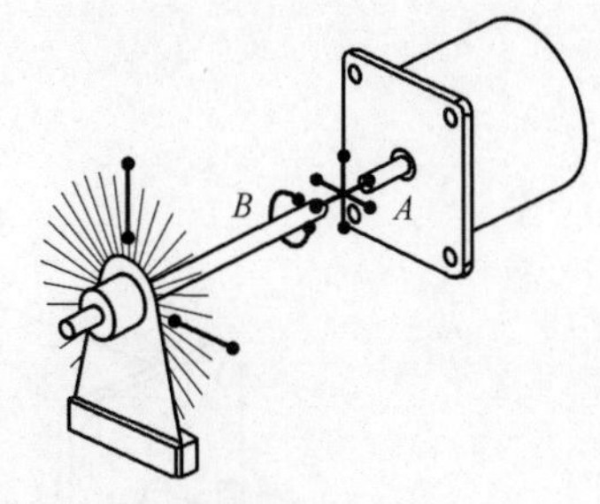

图 5-3

5.2　三约束联轴器

三约束联轴器提供 3 个共面的约束，约束所在的平面与被连接轴的轴线垂直。你可能已经回忆起这与柔性薄板所提供的约束线图一模一样。对应的对偶线图是位于同一个平面内的 3 条转动自由度线 $\boldsymbol{R}$。事实上，许多联轴器构型都对应此约束线图，如图 5-5 所示。

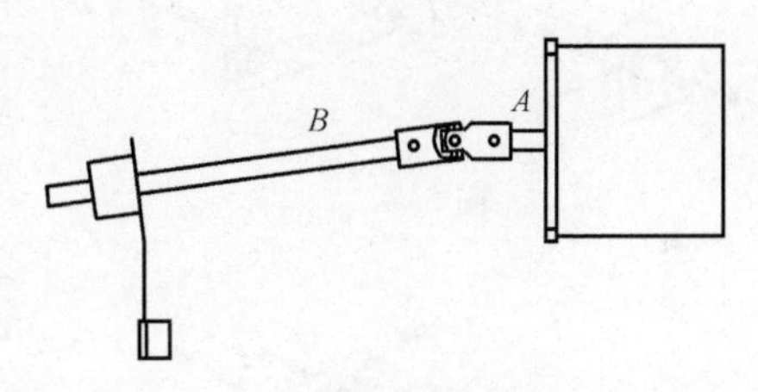

图 5-4

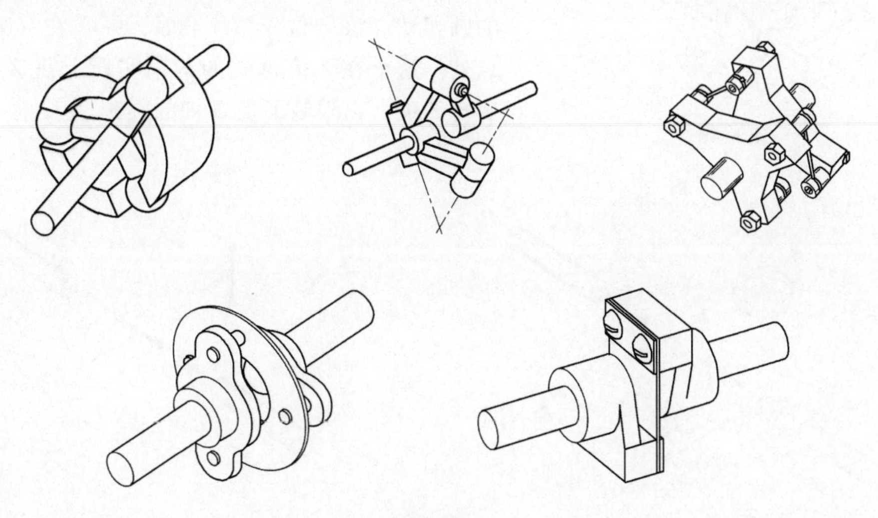

图 5-5

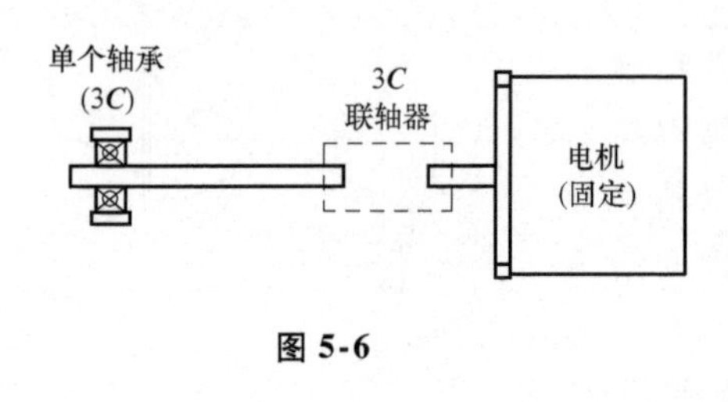

图 5-6

三约束联轴器专门连接图 5-6（考虑在此图中加入轴 A 和轴 B）所示装置的轴。其中，轴 A 是固定的（由两个轴承支撑），而轴 B 由单个轴承支撑。这里的连接必须要容许一定的角度误差。

约束线图分析表明（见图 5-7）：轴承为轴 B 提供了 3 个独立约束；另外 3 个独立约束则通过与轴 A 连接的联轴器来提供。

5.3 二约束联轴器

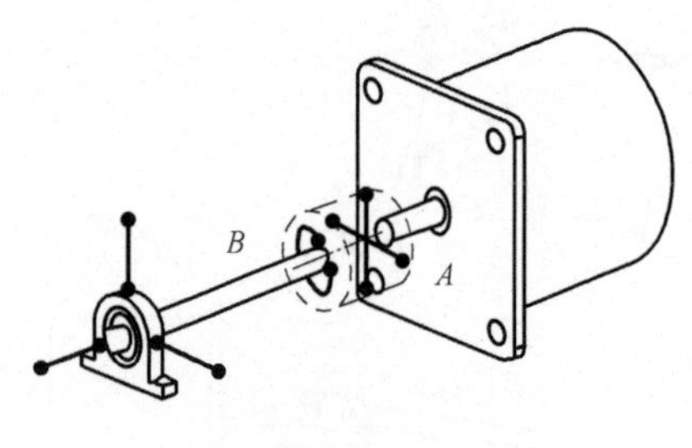

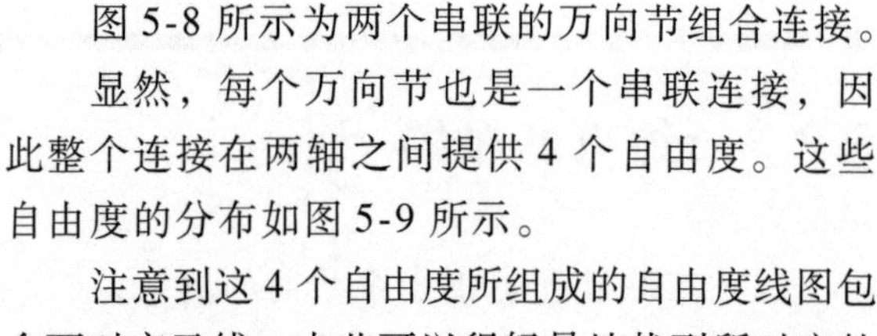

图 5-7

图 5-8 所示为两个串联的万向节组合连接。

显然，每个万向节也是一个串联连接，因此整个连接在两轴之间提供 4 个自由度。这些自由度的分布如图 5-9 所示。

注意到这 4 个自由度所组成的自由度线图包含两对交叉线。由此可以很轻易地找到所对应的对偶二约束线图（见图 5-10）：一个约束是两个交点的连线（沿着轴线方向），另一个约束则是两个（平行）平面的交线。$\boldsymbol{R}_1$、$\boldsymbol{R}_2$ 所在平面与 $\boldsymbol{R}_3$、$\boldsymbol{R}_4$ 所在平面相互平行，因此它们相交在无穷远处。这个无穷远处的约束与一个无穷大直径的圆相切。该圆位于 XY 平面，中心在（0，0）点处。这个在无穷远处的约束实质上是 Z 轴的旋转约束，它限制了绕 Z 轴的旋转。

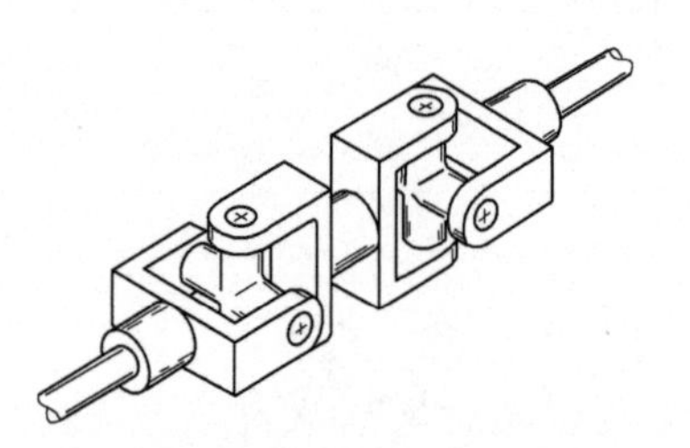

图 5-8

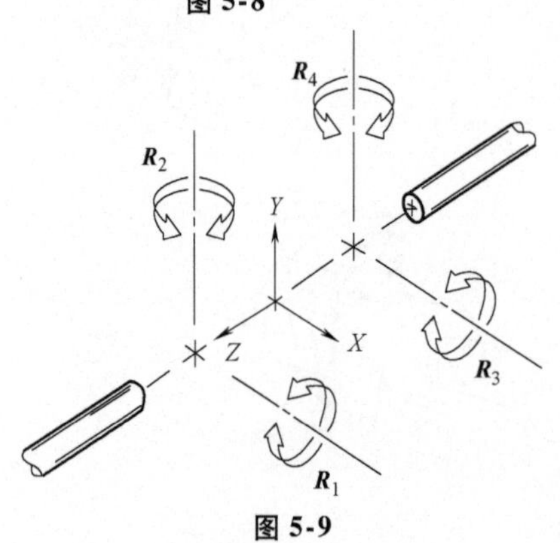

图 5-9

图 5-10

或者，该约束线图也可以表示成图 5-11。

再来回顾一下图 5-9。注意到 $\boldsymbol{R}_1$ 和 $\boldsymbol{R}_3$ 是平行的，因此可以定义一个等价平行线的水平面。另外，$\boldsymbol{R}_2$ 和 $\boldsymbol{R}_4$ 也是平行的，这样再定义第二个等价平行线的平面。我们可以从每个平面中任意取出两条直线，用它们表示图 5-8 结构联轴器的自由度。例如，我们可以说图 5-8 结构的 4 个自由度就是图 5-12 所表示的那样。

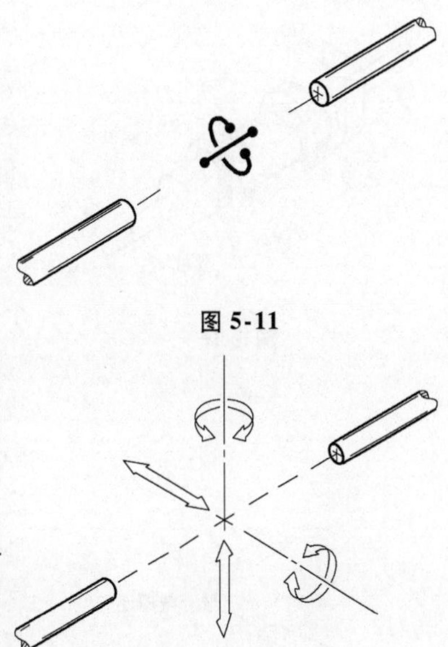

图 5-11

图 5-12

这样，图 5-12 就可以作为二约束联轴器（双虎克铰）的自由度等效表达，其中每个移动自由度相当于无穷远处的旋转自由度。当以这种方式表示联轴器的自由度时，它表示的则是一种万向侧向联轴器，如图 5-13 所示。该联轴器是毂-环-毂的串联连接，每个连接都允许有 2 个自由度（关于各自横轴的平移和转动）。

通过这一简单的约束线图分析，我们可以确信：对于一些微小运动，万向侧向联轴器在运动学上与双虎克铰等效。

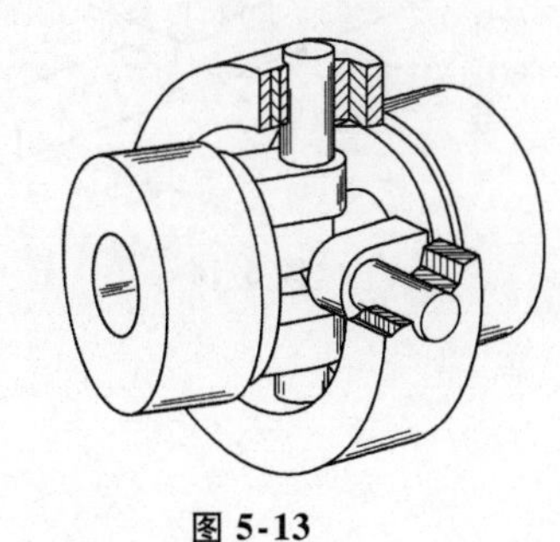

图 5-13

当两轴之间轴线相错时，显然会用到联轴器进行连接，但这并不是联轴器最重要的应用场合。我们将看到二约束联轴器的一个典型应用：在丝杠驱动的平台中为丝杠与滑鞍提供恰当的连接。

图 5-14 是一个非常典型的丝杠驱动移动平台的局部剖视图。在这个装置中，滑鞍由一对轨道支撑，约束了除去 1 个移动之外的所有自由度。滑鞍在 X 方向保持自由（事实上，轨道在 3 个方向上是过约束的，不过这里先忽略它，而将注意力集中到丝杠和螺母上）。由于丝杠通过一对球轴承固定在机架上，它相对于机架的位置在 X、Y、Z、θ_Y、θ_Z 上都是固定的。而且还通过某种驱动方式，比如电机（图中未画出），约束了丝杠沿 θ_X 方向的运动。由于丝杠穿过螺母，如果螺母也刚性连接到滑鞍上，很显然就产生了严重的过约束，即螺母的 Y、Z、θ_Y、θ_Z 同时受到丝杠和滑鞍的约束。

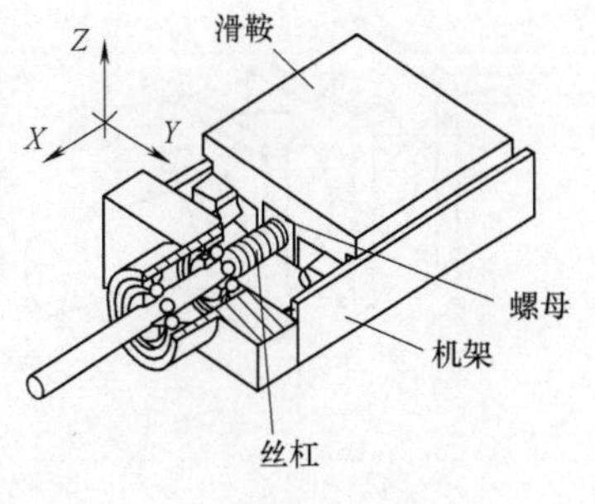

图 5-14

在滑轨与螺母之间最合适的连接应该只提供两个约束。如果考虑到丝杠与螺母都只是用来在机架

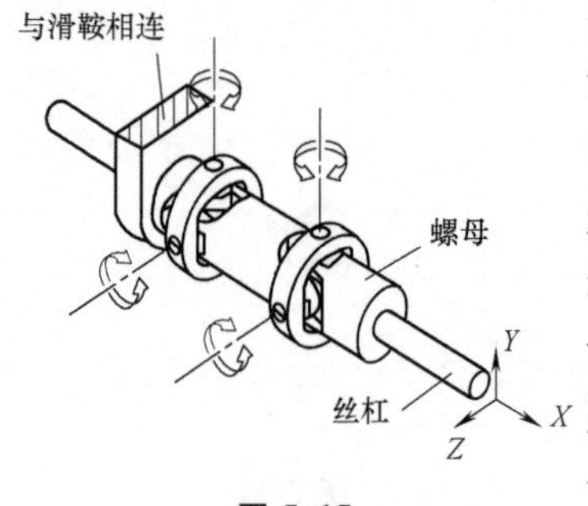

图 5-15

与滑鞍之间提供沿 X 方向可调约束的，对于上述结论就不会感到奇怪了。只要螺母的 θ_X 和丝杠的 X 都固定，螺母在 X 方向的位置就与丝杠的 θ_X 线性相关。因此，螺母与滑鞍之间除了需要有 X 约束外，还需要一个 θ_X 约束。其他四个约束则不需要，即螺母与滑鞍之间的其他 4 个自由度（Y、Z、θ_Y、θ_Z）应该是自由的，因为丝杠已经约束掉了螺母的这 4 个自由度。

我们无法找到可同时提供 X 和 θ_X 约束的自由度线图，这时只好求助于某种串联连接。例如，可以串联两个 2 自由度的连接或者是四个 1 自由度的连接来得到所需的 4 个自由度。有这样一种连接，就是我们所熟悉的联轴器结构，具体如图 5-15 所示。这个装置中包含有两个万向节（一般情况下，每个万向节由一个十字轴和一个枢轴组成；不过在这个装置中，由于丝杠需要通过其中心，就用圆环代替了十字轴）。这一对虎克铰共提供了 4 个旋转自由度。这样，该连接正好提供了我们所需要的两个约束。

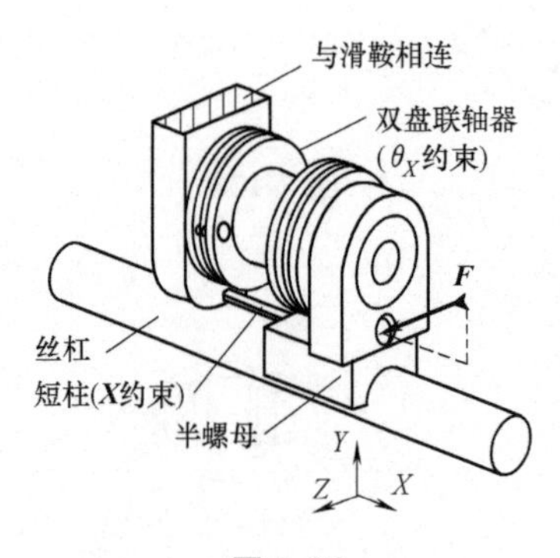

图 5-16

奇怪的是，联轴器经常用于轴间连接，却很少用于螺母与滑鞍的连接。这两种连接的需求实质是一样的。螺母-滑鞍连接需要两个约束：X 和 θ_X 约束，而这正是四约束联轴器可以提供的。

联轴器与螺母-滑鞍连接之间的这种相似性可能会让设计者去考虑：将任何已知的不同种类的联轴器用于螺母-滑鞍连接。图 5-16 展示了一个将双盘联轴器用于这种连接的例子。但该装置只提供 θ_X 约束，因此还必须加上一个 X 约束。另外令人感兴趣的是这里只用了半个螺母。一个倾斜力 $\boldsymbol{F}$ 既提供了半个螺母与丝杠之间的卡紧力，同时也提供了对 X 约束的卡紧力。只使用半个螺母的优点在于提高螺母与丝杠之间的配合精度。随着磨合，螺母的牙型与丝杠配合得更加紧密。

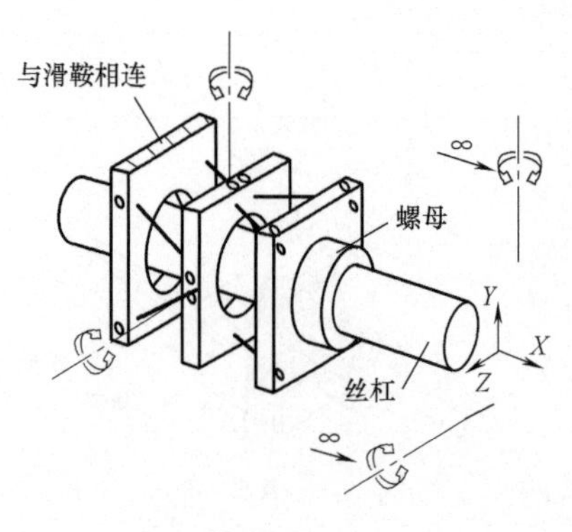

图 5-17

图 5-17 所示的螺母-滑鞍连接中包含两个串联的连接，每个连接提供两个自由度。该装

置由柯达公司的 Brad Jadrich 设计，用于高灵敏度扫描打印设备中。其上的柔性杆用来保证连接中没有松动或间隙（好像那儿有双虎克铰连接一样）。

所有的这些螺母-滑鞍连接在运动学上都是等效的，都提供两个约束：X 和 θ_X。我们所要做的是设计出既能提供所需的约束，且实现起来简单和便宜的连接。基于这个标准，最优美的设计恐怕就是图 5-18 所示的连接。这个结构（美国专利号：#3831460）仅仅是一个开槽的圆管，多个槽口组合形成了四个整体式的柔性铰链（自由度）。圆管的壁厚视为足够大，两槽口间的每一段都可以认为是刚体。

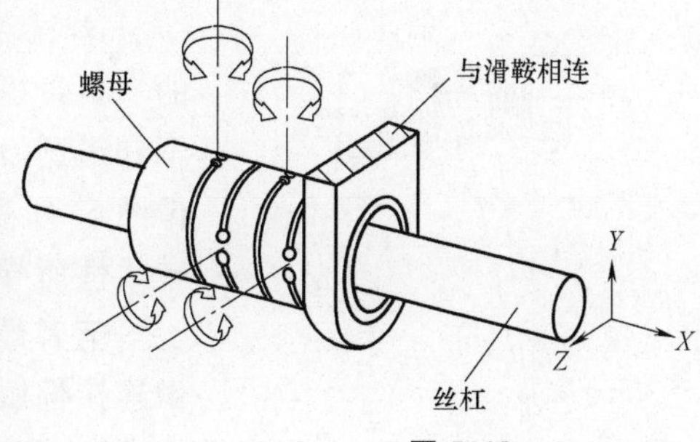

图 5-18

5.4　单约束联轴器

图 5-19（与图 4-27 相同）所示的结构为波纹管的基本元素。波纹管是大家所熟悉的用来提供纯转动约束的柔性结构，它实际上由刚性圆管连接的一些平行平板串联而成。尽管每个平板只能产生很小的变形，但是整体结构却表现出很大的挠度。然而，由于波纹管由一系列弹性平板串联而成，这样每个平板上所具有的 3 个自由度 ***R*** 应该是叠加的关系（每对相邻平板具有 5 个自由度）。因此，若要波纹管具有高的扭转刚度，所有平板平面必须交于一条公共直线。

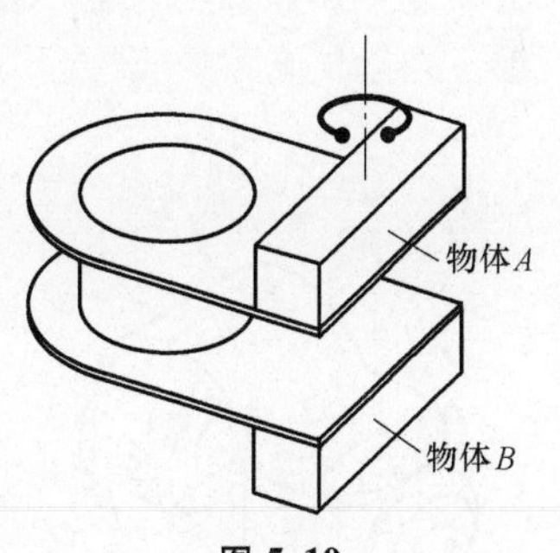

图 5-19

换句话说，波纹管的轴线必须分布在曲率半径为常数的平面弧线上（见图 5-20）。用下面的方法很容易理解这一点。我们已经知道每一对相邻的柔性平板都定义了位于其交线处的单一约束，可以认为该约束是由一柔性细长杆提供的。我们可以想象对于每一对相邻的柔性平板都是如此。现在，如果将很多这样的柔性细长杆串联在一起，那么要保证只具有单一约束的唯一途径是它们共线。

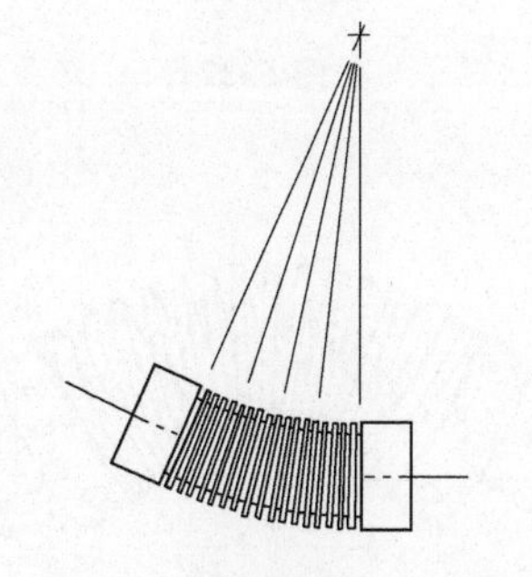
图 5-20

我们必须知道的一点是：我们是否想要在两个

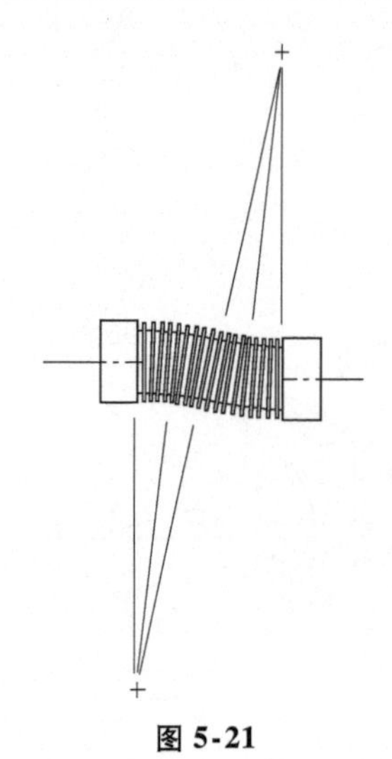

图 5-21

轴线相错的轴间使用波纹管来提供刚性的扭转连接。例如，图 5-21 所示的结构在扭转刚度上表现出较大的柔性，因为波纹管的轴线并不是单个圆弧曲线，而是呈现一个 S 形。

这个结果对大多数机械设计者来说是令人吃惊的。更奇怪的是即便是波纹管联轴器的生产商也并不知道这一点。他们的产品目录中画出的联轴器就像图 5-21 所示的那样，而绝对没有提到任何有关扭转柔性所导致的不利因素。

笔者最近研究的项目中涉及到将一个柔性轴用做连接伺服电机与丝杠的联轴器。柔性轴就像没有护套的速度计量表的管线。尽管它与波纹管在结构上没有相似之处，但是它们却有着相似的运动学行为。只要它变形后的形状是弧形，其扭转刚度就保持得很好。但是如果你将它弯成 S 形，就会失去应有的刚性。起初，该项目的几个工程师不太愿意使用柔性轴，因为以往的经验告诉他们柔性轴不好用。而且像大多数设计者一样，他们并不知道弯曲的形状与扭转刚度之间有着重要的映射关系。在看完我的演示后，他们愿意重新考虑。这是一个很好的应用约束线图进行分析的实例，它可为机械设计人员提供深刻的洞察力。

5.5　零约束联轴器

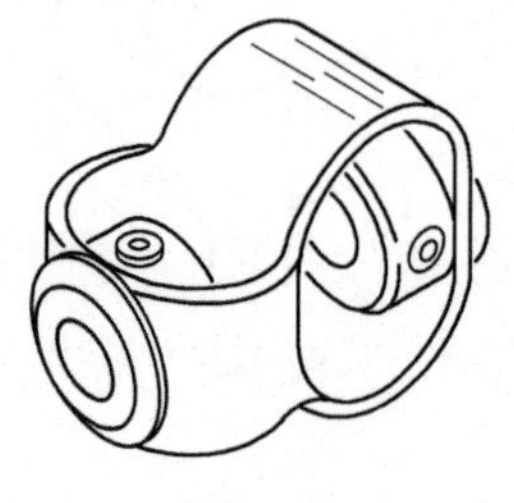

图 5-22

一些联轴器使用橡胶制造，并不提供刚性约束。比如图 5-22 所示的联轴器，任何自由度都是柔性的。这种联轴器不仅允许所连接的两个轴之间存在角度、横向和轴线上的错位，而且还允许绕其自身轴线的扭转。在一些伺服系统中，这通常是不允许的，但是在有些情况下这种特性却是希望得到的。

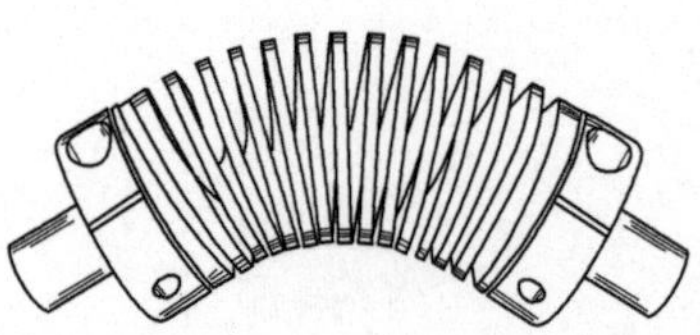

图 5-23

事实上，这样的联轴器并不一定要用橡胶制造。设想用一个螺旋弹簧将两个轴连接起来。显然，这样的连接不提供任何刚性约束。图 5-23 所示的联轴器就是这样一个弹簧，它的簧圈是切出来的而不是绕制成的。不过，对于一个需要扭转刚性约束的场合而言选择它是不合适的。

本章小结

联轴器并不都具有完全一样的性能。在本章中，我们知道可将它们分成完全不同的 5 种类型：从四约束到零约束。对于机械设计者来说，如何从千万个可用的联轴器中为某个特定的应用选出最好的一个，是一个令人迷惑的问题。不过，通过使用**约束线图分析**方法，我们可以识别出隐藏在表象下的真相，进而作出合理的决定。这种方法甚至可以用来设计新型联轴器！

第6章

机械装置的自由度/约束(*R*/*C*)线图

工欲善其事，必先利其器

在这一章中，我们主要探讨存在于各种机械连接中的**自由度与约束线图**。通过审视这些硬件结构（各种约束装置如点接触、连杆、轴承、球铰、柔性元件等）并深入考察表示所施加约束和所获得的自由度的线图，我们可获得一片易于可视化表达机械连接的新天地。随着对约束线图技巧日益谙熟，设计人员定能掌握这一强有力的工具，用于综合和分析机械装置。

6.1 提供刚性精确卡紧定位的可拆连接（6*C*/0*R*）

在这一节中我们将考察各种各样的6约束构型，这类约束可精确地约束掉刚体相对于参考物体的每个自由度。我们尤其对那些易于拆装的，并且当重新装配后可以得到精确的重复位置精度的连接装置感兴趣。这些连接通常由6个合理布置的接触点构成，并通过一个卡紧力为各个接触点提供法向力。我们将这种连接称为**可拆连接**。

图6-1所示的连接是第一个可拆精确约束连接的例子。这是一个被6约束线图精确约束的物体：底面上包含3个互相平行的约束，与底面垂直的其中一个平面上包含2个互相平行的约束，与这两个平面都垂直的第三个平面上包含1个约束。每个约束都由接触点提供。通过矢量加法找到一个卡紧力矢量，它可以在六个接触点处产生完全相等的法向力。这种约束线图被称为“3平面”线图，通常在加工或测量中用于精确固

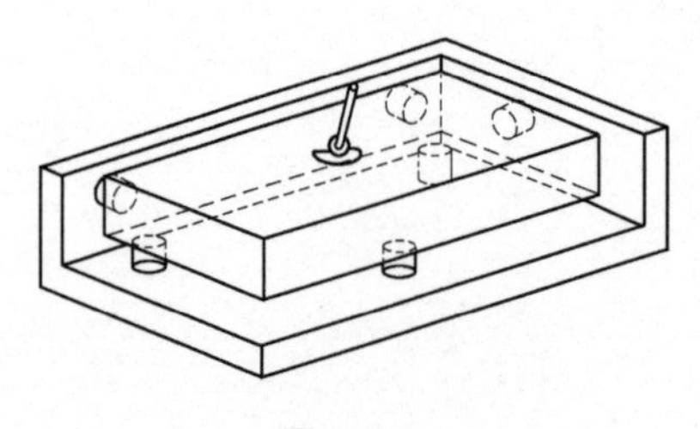

图6-1

定零件。各种特征尺寸都可基于三个互相正交的基准面测量得到。这三个基准面包括：由三个平行约束的接触点确定的**主基准面**，垂直于主基准面并且包含两个平行约束接触点的**第二基准面**，以及与主基准面和第二基准面同时正交且包含最后一个约束接触点的**第三基准面**。

图 6-2 所示的实心玻璃分光棱镜的安装是一个采用“3 平面”约束线图的实际例子。为了便于清洗，这个棱镜可以很方便地取下来，而且不用任何调节和调整就可以准确地将它重新放回最初的位置。两个对称布置的弹簧共同作用产生卡紧力，以使棱镜紧紧靠住主基准面上的三个约束和第二基准面上的两个约束，但不产生对第三基准面上接触点的反力。注意到棱镜沿着 X 轴线并没有精确定位，这是由于棱镜是柱状的，它对轴向位置不敏感。因此，我们决定在 X 方向上对棱镜实施过约束，即在 X 方向上使用两个约束接触点，一端一个。两个接触点间的距离比棱镜的最大长度要稍微长一些。回顾 1.5 节中过约束可能会产生间隙或者干涉，这里我们选择留一定的间隙。

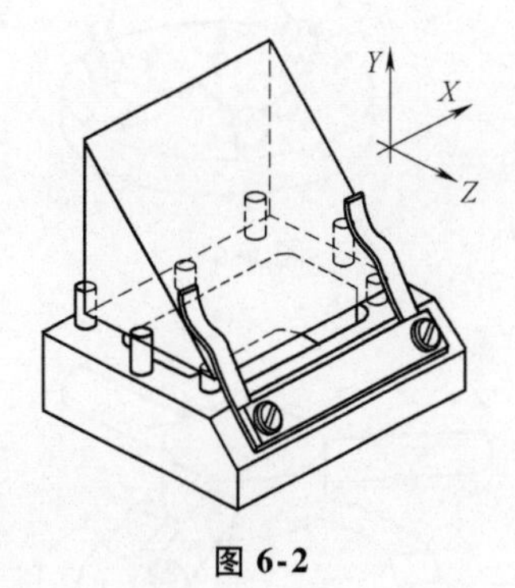

图 6-2

为测试可拆连接的性能，可以每次选择其中一个接触点，将物体从该接触点处推开使之不接触，然后松开，检查卡紧力是否可以克服所有其他接触点处的滑动摩擦力而使物体完全回到卡紧定位的位置（依次对每个接触点进行同样的测试）。如果物体在离开任何一个接触点后不能回到原来的位置，可通过反力分析（参见 1.6 节）寻找原因。

图 6-3 和图 6-4 给出两种在运动学领域非常著名的可拆连接构型。事实上，它们就是我们熟知的“运动学连接”。它们下方的物体都刚性连接有三个球形装置。首先，让我们考察图 6-3 所示的结构。第一个球定位在圆锥形或三棱锥形的球套内，提供通过球心的 3 个约束。第二个球定位在 V 形槽中，槽的轴线与球套相交；它提供另外的 2 个约束，通过第二个球的球心且位于与槽的轴线相垂直的平面内。此时剩余的唯一自由度是绕这两球球心连线的

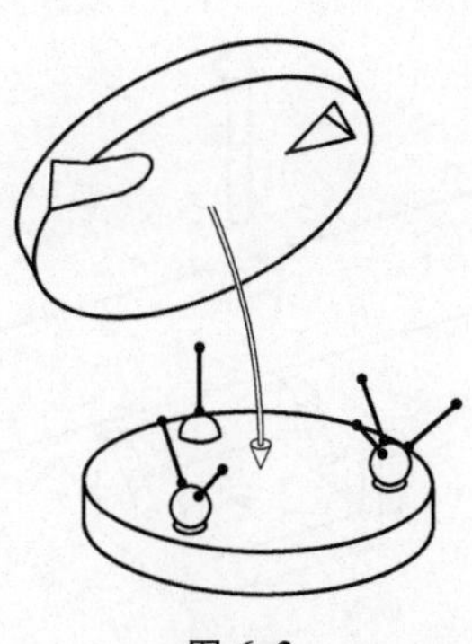

图 6-3

转动自由度，而第三个球通过和上方物体单点接触正好约束掉了这唯一的自由度。一个垂直向下的力可以将上方物体卡紧在准确的位置上。

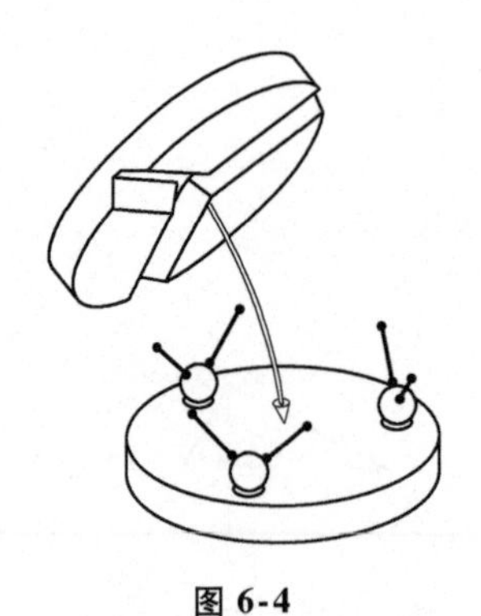

图 6-4

图 6-4 所示的连接呈三角形对称结构。其约束线图包含 3 对相交约束，每对约束的作用面对称分布在物体的圆周上。下方物体的每个球都卡在上方物体的径向槽中。让我们考察当两个球被卡紧但第三个球没有被卡紧的情况下的约束情况。此时，两个球都会受到一对通过其球心且位于垂直于其定位槽的平面内的约束作用，约束总数为 4。我们知道系统还剩有 2 个自由度，这两个自由度都与前面的 4 个约束相交。其中一条自由度线为两球心的连线，另一条自由度线则是两约束平面的交线。现在，如果将第 3 个球卡在槽中，我们发现将会另外增加 2 个约束，正好可以消除掉这 2 个自由度。同样，维持所有点的接触反力垂直向下。

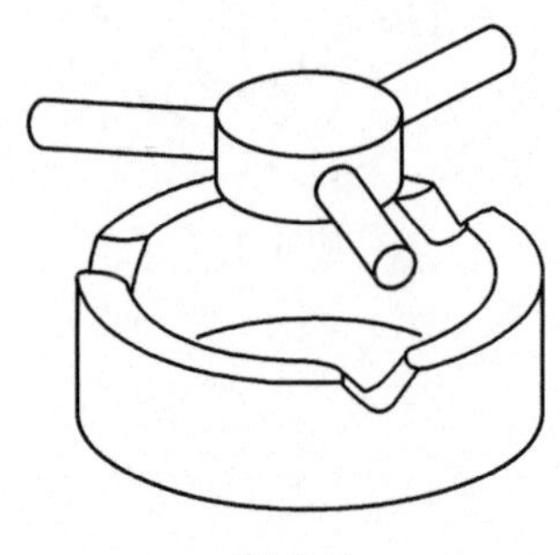

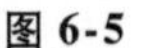

图 6-5

图 6-5 所示结构是图 6-4 所示结构的演化版本，所有球都被径向分布的销轴所代替，下面的物体则是薄壁圆管。注意到下面物体的 V 形表面被加工成圆形以保证销轴和槽表面之间更好地定位。

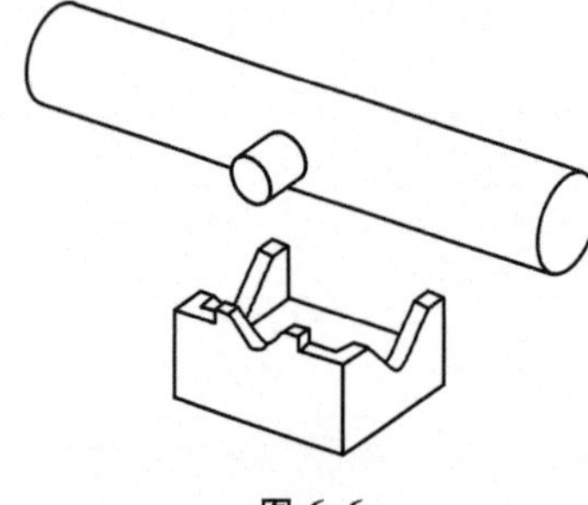

图 6-6

现在考虑改变销轴和与其配合的 V 形槽的位置对连接的影响。这里并不一定要求将它们对称布置。图 6-6 所示为一个使用 3 个销轴-V 形槽连接实现物体和圆杆准确连接的可拆连接。两个 V 形槽与圆杆本身相配合。这些特征接触以后，物体就只能绕着圆杆轴转动以及沿该轴移动。第三个 V 形槽与短圆柱销配合（与圆杆相连），这样可同时提供切向和轴向约束。

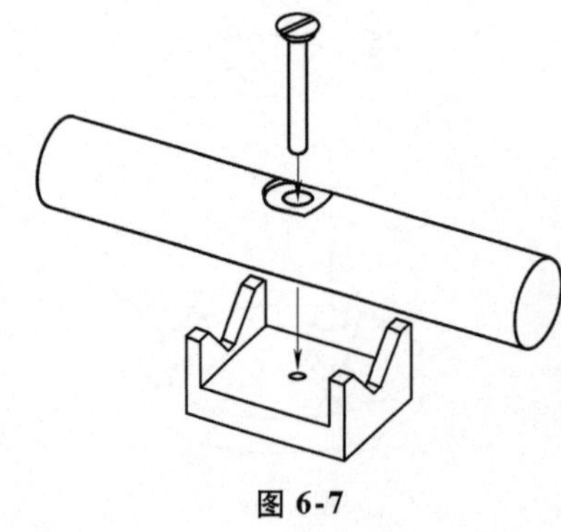

图 6-7

图 6-7 所示为上述结构的变体。这里仍使用两个 V 形槽来固定圆杆，但这一次，使用一个平头螺钉来提供轴向和切向约束。螺钉不仅提供了卡紧力，而且通过其头部下方的圆锥面与物体上孔的边缘相接触提供了切向和轴向约束。然而，我们必须意识到轴向与切向的定位精度可能会因为螺纹的松动而降低，因此，这样的连接并不适合用于精度要求很高的场合。

透镜研磨工具与其安装基体的连接是另一个可拆连接的例子。这里，提供卡紧力的特征同时提供了约束。图 6-8 展示了这一连接方式。基体是一端为圆球形的圆柱体，且在圆柱表面有三个凸出来的斜台。研磨工具中有一个圆锥套孔（用于与基体圆球形的一端相配合）以及三个向内凸出的卡耳（用于与基体上三个斜台相配合）。装配时，首先将基体圆球形的一端与圆锥套孔配合，然后将研磨工具绕基体轴线顺时针转动，将三个卡耳与三个斜台卡紧。

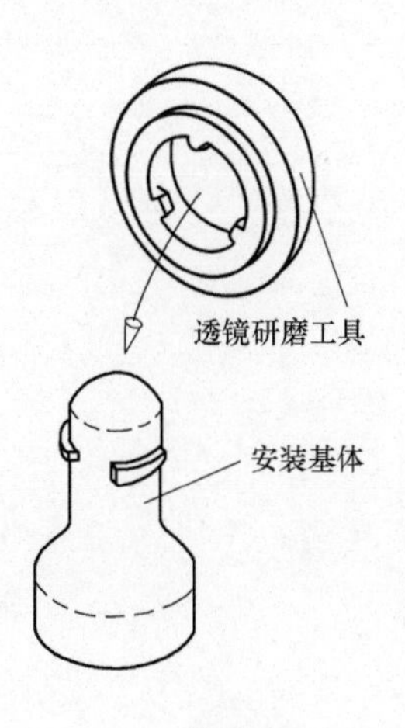

图 6-8

球与球套之间的接触提供通过球心的 3 个约束，各个斜台的接触则提供另外 3 个约束，每个卡耳处一个，方向垂直于相应的斜台表面。由于斜台的倾斜角小于摩擦角，该连接具有“自锁”功能，像一个“楔形门闩”一样。这样，即使去掉锁紧力矩，卡紧力依然存在。图 6-9 给出了这种连接的约束线图。注意到 3 个斜面上的 3 个约束互不相交。

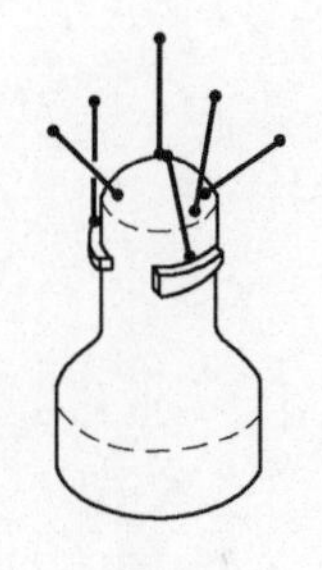

图 6-9

下面来看使用三对约束的刚性连接。

我们现在来进一步讨论由三对相交约束组成的约束线图及其应用。在前面小节中，我们看到利用点接触实现该约束线图的精确可拆连接。现在我们来看是否可以在其他应用场合使用这种线图实现精确的刚性连接。

图 6-10 所示的设备中，使用柔性元件（板簧）作为约束装置实现了三对相交约束。这个例子中，相连接的两个物体分别承载光学系统中的一些部件。物体 A 上的部件需要精确地与物体 B 上相应的部件对准。这种对准一般通过工厂中的精密夹具来实现。一旦对准完成，螺钉被拧紧，板簧被固定在准确的位置。在板簧牢牢夹紧之后，装配体可以从夹具上移走，被精确对准的部件仍然保留在适当的位置上。

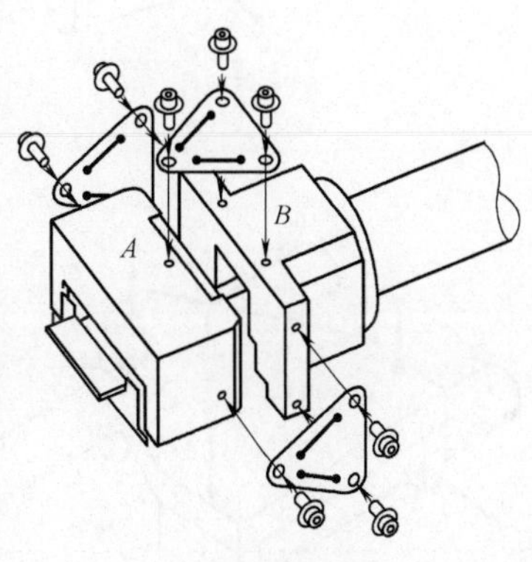

图 6-10

笔者把这种连接称为“机械胶合”，但它比胶合的效果要好，因为它可以重复使用，不会收缩，有无限的存放期限和无限的使用期限，在螺钉被拧紧后马上会“完好如初”。

在航天飞机与运送航天飞机的波音 747 运输机之间的机械连接也采用了相同的三对相交约束线图。每对约束都是通过定位在 V 形槽中的圆杆实现，其中两个机翼下对应的两个 V 形槽位于纵向平面内，机头下的第三个 V 形槽位于横向平面内。这种约束线图有效地实现了两个航天器之间高强度、低重量的刚性连接。

值得注意的是，不管是两个巨大的运输工具之间的连接，还是试验仪器中两个部件间的亚微米级精度的连接，都可以找到这种约束线图。显然，约束线图分析的应用场合并不受尺度的限制。

6.2　5C/1R

当物体受到五约束线图的约束时，只剩下了 1 个自由度。这个自由度可以唯一确定。在空间中只存在一条直线与这 5 条约束线同时相交，该直线就代表物体所具有的唯一自由度。

转子和滑鞍是相似的，因为它们在（与机器）连接时用了 5 个约束，只剩余 1 个自由度。唯一的不同点在于：对滑鞍而言，其自由度线（通常）位于无穷远处。

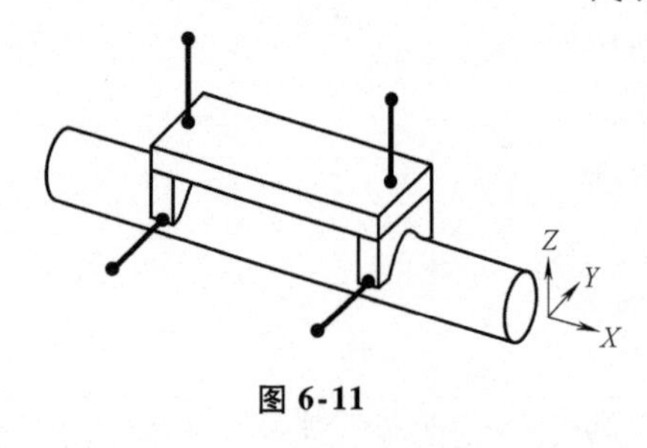

图 6-11

考虑图 6-11 所示通过沿轴向分布的两个 V 形槽与圆杆连接的物体。很显然，这一物体有 2 个自由度：绕圆杆轴线的转动自由度和沿着圆杆轴线的移动自由度。通过约束掉这 2 个自由度中的一个，我们可以得到滑鞍或转子。

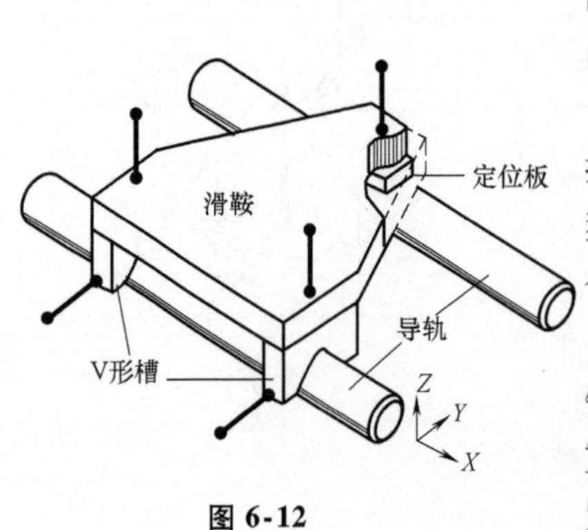

图 6-12

通过增加第二根圆杆（导轨）和与之单点接触的定位板，我们得到图 6-12 所示的滑鞍构型。新加的圆杆和定位板之间的约束移除掉一个自由度，这时只允许有 X 方向的移动。

或者，我们可以将其中一个 V 形槽换成球铰连接来获得图 6-13 所示的转子构型。转子的重量沿着 Z 轴负方向，可以提供所需的卡紧力。

如果我们将图 6-13 的构型内外置换，我们可以得到图 6-14 所示的构型，这里的圆柱体是转子。

为了减小摩擦力的影响，点接触用滚轮代替。需要注意的是滚轮的径向跳动会导致不精确。为了防止滚轮打滑，必须保证每个滚轮的锥顶都与滚轮滚动所在圆锥面的顶点重合。这保证了在每一接触点处，滚轮速度与表面的速度相匹配。

五个滚轮安装在固定的位置，第六个滚轮装有弹簧，用以提供使五个约束滚轮保持接触的卡紧力。由于是对称结构，每个约束滚轮处的卡紧力都与加载弹簧的滚轮所受的力相等（忽略重力影响）。

不过，使用这一结构时需要特别小心。通过检查其约束线图可以发现潜在的问题。图 6-15a（二维视图）是一个“长”转子的约束线图，唯一的自由度 $\boldsymbol{R}$ 是上面约束的交点与下面约束的交点的连线。现在，来看一下图 6-15b 所示的“短”转子的约束线图。这里，下面约束的交点处在上面约束的交点的上方。毫无疑问，所剩唯一的自由度仍可使用与长转子相同的方式来确定。

现在考虑图 6-15c 所示的结构，这里我们选择了一个“中等”长度转子的情况。注意到下面约束的交点恰巧和上面约束的交点重合。很显然，这样会导致那一点处发生过约束，同时允许转子在 3 个转动自由度上自由转动，不再仅仅是一个转动自由度。这个例子指出了检查连接的约束线图十分重要，以确保每个约束的作用位置距离它想要消除的自由度远近合理。

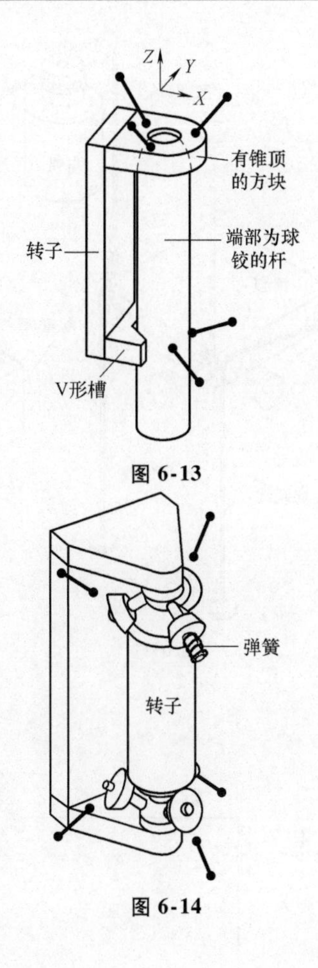

图 6-13

图 6-14

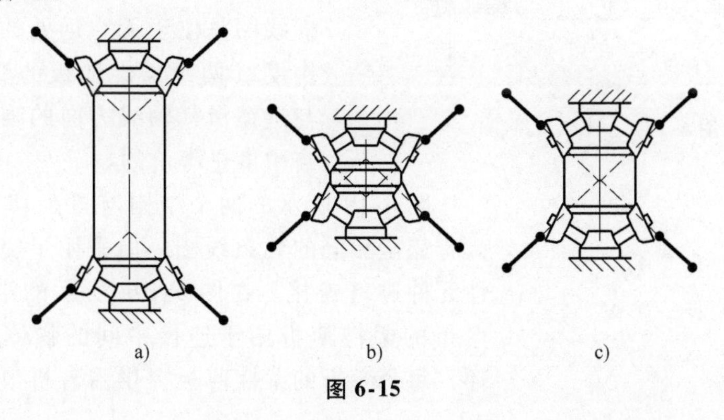

图 6-15

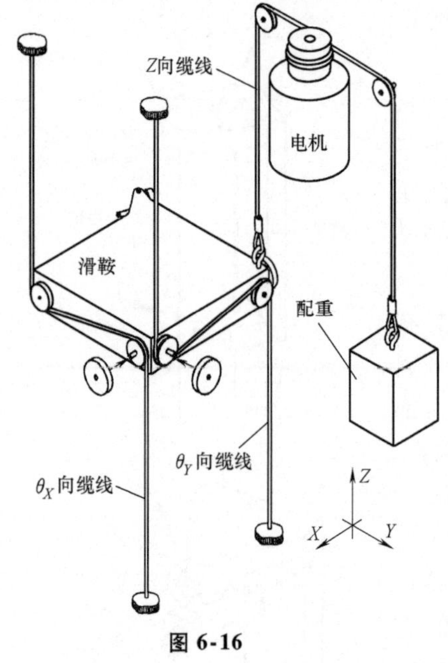

图 6-16

图 6-16 所示的滑鞍由沿三个自由度方向的三条缆线和其余三个自由度的三只轮子支撑，这种设计保证滑鞍能够在井道中垂直移动。轮子提供给井道壁 X、Y 及 θ_Z 三个方向上的约束连接。

Z 向缆线的一端与滑鞍的一角相连并且由电机驱动，用来定位滑鞍在 Z 方向上的位置。Z 向缆线的另一端与等重量的配重相连以保证滑鞍在没有电机转矩的作用下保持静止。

另外两条缆线则限制了滑鞍绕 θ_X 和 θ_Y 的转动。而且，这些缆线的拉力正好平衡掉由滑鞍重量及 Z 向缆线拉力所产生的转矩。

如图 6-17 所示，三个轮子沿 X、Y 及 θ_Z 方向将滑鞍和井道连接起来。第四个是带有弹簧的轮子，它的安放位置可保证所有三个约束轮受到相同的载荷。

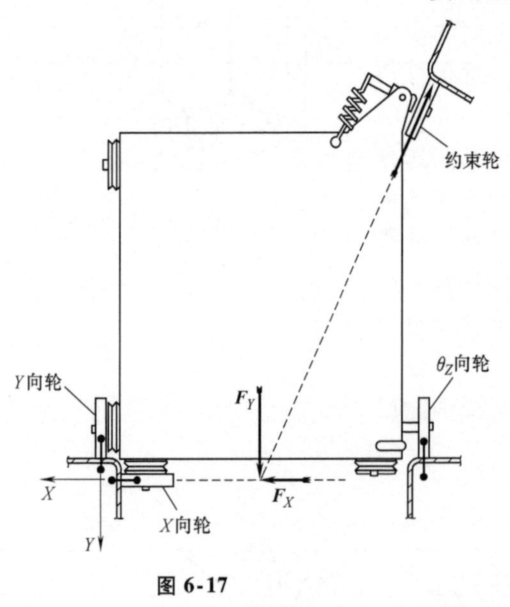

图 6-17

图 6-18 所示为一个用于自动对焦透镜的单自由度连接装置。两个平行柔性薄板直接与透镜座相连（并联）。每个柔性薄板有部分被切掉，只留下三个“轮辐”连接内环和外环。内环和透镜座相连，外环固定在机架（未画出）上。每一个“轮辐”确定一个约束 ***C***。此处的 6 约束线图中有一个冗余，但由于对称性，以及这些零件都是用特殊的装配夹具定位和夹紧的，过约束不会产生负面影响。其对偶线图是位于无穷远处的一个转动自由度（两个柔性薄板的交线处），它与透镜沿其轴线方向的唯一一个移动自由度是等价的。

图 6-19 所示的两个结构与图 6-18 所示的结构具有完全相同的约束线图，但采用了完全不同的柔性元件进行连接。在图 6-19a 所示的结构中，6 个弯折的柔性薄板用于连接中间的物体和固定的外环，每个弯折的柔性薄板提供沿着折痕线的唯一约

束 C（参见 4.5 节）。这些折痕（即约束）分布在两个平行平面上。通过对偶线图法则可以判断出与该约束线图对偶的线图是一个位于无穷远处的转动自由度，它与中间物体沿着 Z 轴的移动自由度是等价的。

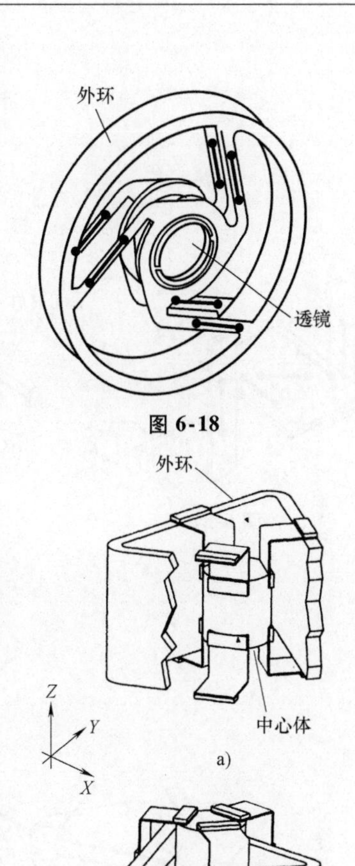

图 6-18

图 6-19

图 6-20 所示为一个冲头与冲模的柔性连接。冲头需要与冲模在 5 个自由度上保持对齐。设计要求是允许冲头沿着 Z 轴方向相对冲模移动，但需要约束掉其他所有 5 个自由度。冲头和冲模之间的公称间距是千分之几英寸，但一定不能接触。

由于冲头沿着 Z 方向的运动量很小，这一运动可以用绕着远端轴线的小角度 θ_X 转动近似实现。该远端轴线是水平和垂直柔性薄板平面之间的交线。图 6-21 给出了这一柔性连接的约束线图，唯一没有被限制的自由度是 $\boldsymbol{R}_1$。机械臂可以绕着轴线 $\boldsymbol{R}_1$ 自由转动（小角度）。对小位移运动，它与冲头 Z 方向的移动是等价的。

图 6-22 和图 6-23 给出了冲头的实际结构设计方案。它还具有一些其他的特性：

1）机械臂与机架设计成 L 形，以容纳使冲头“闭合”的螺线管。

2）螺旋弹簧（图中没有画出）将机械臂返回到“打开”位置。

3）“打开”和“闭合”位置都可用螺栓独立调节，聚氨酯垫圈作为缓冲行程挡块。

4）为使冲头相对冲模在 X 方向上具有最大刚度，Y 和 θ_Z 的约束应尽可能地分开。正是由于这个原因，最外面的柔性板水平安装，而较宽的柔性板垂直安装。

5）螺线管管芯绝不能和螺线管相接触，螺线管上不能有磨损。调节的方法如下：松开连接冲模和机架的两个螺钉，用一张塑料薄膜预留冲头与冲模之间的微小间隙，将冲头与冲模“闭合”，然后重新拧紧两个螺钉。

热膨胀会影响冲头与冲模的对准，解决这一问题的办法是将螺线管安装到单独的支架上。

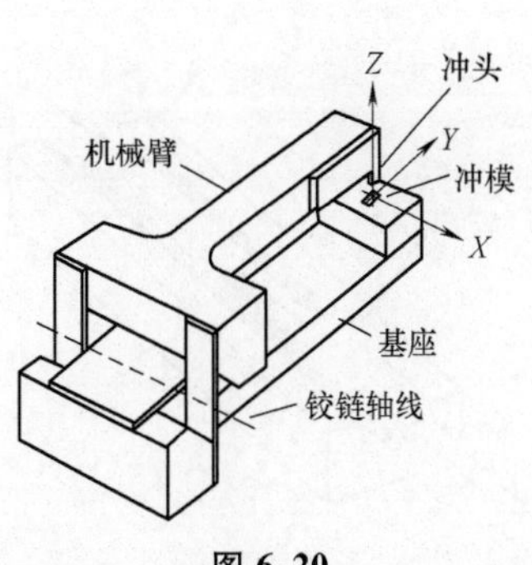

图 6-20

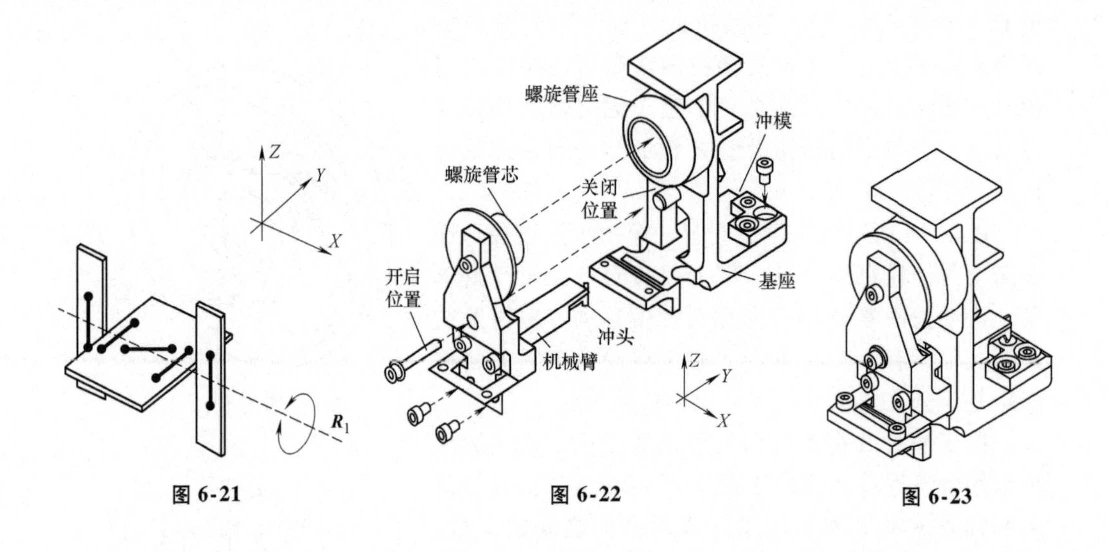

图 6-21　　图 6-22　　图 6-23

6.3　4C/2R

1. 四约束线图：两对相交约束

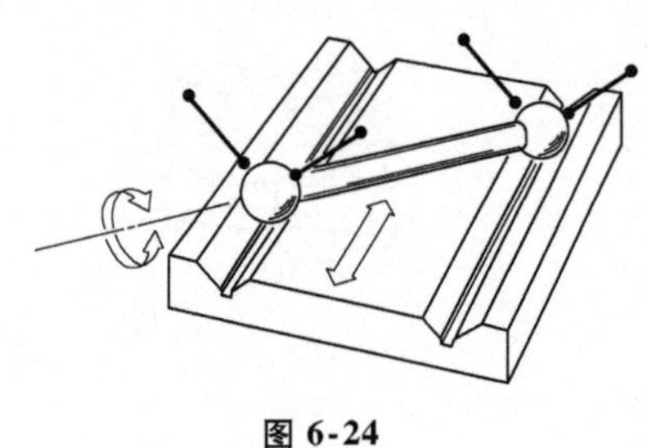

图 6-24

如果一个物体受到了四约束线图的限制，并且该四约束线图是两对相交约束，这时，物体将具有 2 个自由度，每条自由度线都与这 4 条约束线相交。这两条代表自由度的线很容易通过以下原则找到：

1）一条自由度线是连接两交点的直线；

2）另一条自由度线是两对约束所在平面的交线。

下面我们以哑铃形物体与机架上 V 形槽之间的连接为例来阐述这一问题。

例如，图 6-24 所示的两 V 形槽轴线相互平行。所画出的自由度为连接两约束交点的直线，另一个自由度在无穷远处两平行平面的交线处，可以表示为纯移动。

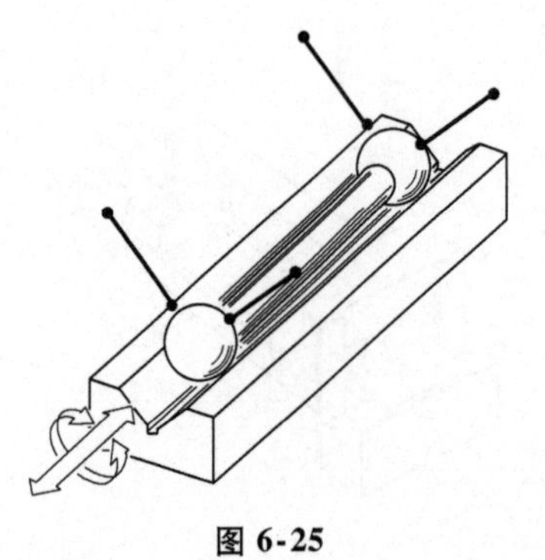

图 6-25

图 6-25 中，两 V 形槽共线。两个自由度可通过类似的方法找到。

图 6-26 中，两 V 形槽的轴线相交。两对约束所在平面相交在不远处的某个位置，此交线确定了

物体的其中一个自由度。

图 6-27 中，两个 V 形槽的轴线异面，并且哑铃形物体是弯曲的。不管 V 形槽和哑铃形物体的形状如何扭曲，两条自由度线 **R** 都可以简单地通过画出其约束线图并使用前面介绍的对偶法则找出来。

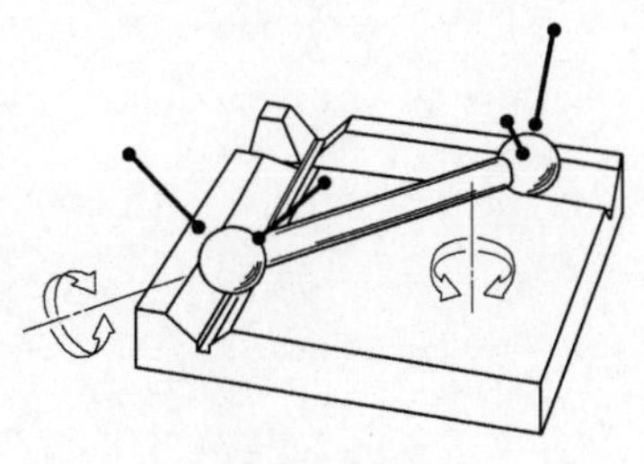

图 6-26

2. 四约束线图：三共面约束外加一个约束

如果在一种四约束线图中，有 3 个是共面的，第 4 个与该平面相交，其对偶自由度线图将是位于该平面内一簇径向线中的两条，这一簇径向线的中心位于不共面约束与该平面的交点处。具体如图 6-28所示。

我们在图 3-12 中看到过这种约束线图，其中 3 个约束共面并且位于物体上表面，第 4 个约束 $\boldsymbol{C}_4$ 与该平面相交于物体的一个角上。我们看到物体剩余 2 个自由度，这 2 个自由度是位于 $\boldsymbol{C}_1$、$\boldsymbol{C}_2$ 和 $\boldsymbol{C}_3$ 所在平面内，且与 $\boldsymbol{C}_4$ 相交的一簇径向线中的两条。物体的两个自由度并不唯一，这簇径向线中的任何两条都与这 4 个约束相交。

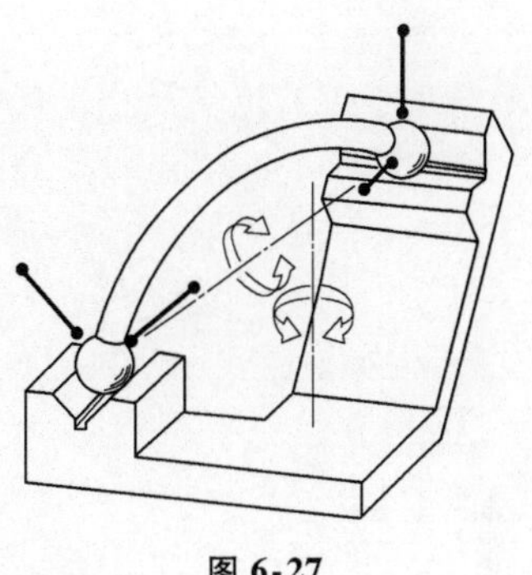

图 6-27

3. 两条自由度线确定一个直纹曲面

如果一个物体被 4 个约束限制，物体将会有 2 个自由度。由约束线图可以确定与其对偶的两自由度线图。这两个自由度确定了一个由无数条（无限长的）直线组成的直纹曲面，其中任意两条都可以代表物体的 2 个自由度。

如果这两条自由度线相交，则这个直纹曲面是包含这两条自由度线的**径向线平面**（参见 3.4 节）。这簇径向线中的任意两条，只要它们之间的角度不接近 0°或 180°，就可以代表物体的两个自由度。

如果这两条自由度线平行，则直纹曲面是包含这两条定义自由度线的**平行直线簇平面**（参见 3.5 节）。其中的任意两条直线，只要它们的距离不是很近（相对于物体的尺寸）就可以代表物体的两个自由度。

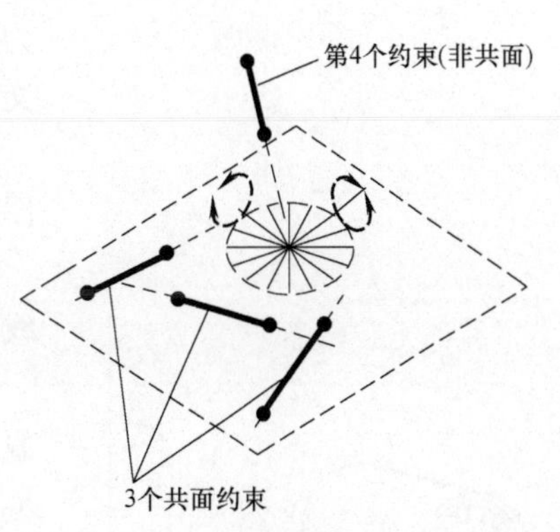

图 6-28

如果这两条自由度线异面（既不相交也不平行），则直纹曲面是一个包含这两条定义自由度线的**拟圆柱面**，其轴线与这两条定义自由度线相互垂直（参见3.10节）。拟圆柱面的每一条线代表具有一定节距的螺旋自由度（旋量）。物体的两个自由度可以由这一曲面上的任意两条线来表示，只要选择的这两条线距离不太近（与前面的平行线平面和径向圆盘类似）。

当一个物体被5个约束限制时，我们知道它具有1个自由度，而且这个自由度是唯一确定的。空间中有且仅有一条线与非冗余的5条约束线都相交。

4. 尝试解决一个设计问题

假设需要设计一个两自由度的机械连接，你可以通过几种不同的方案解决这一问题：

方案1：

a. 已知这两条想得到的自由度线 $\boldsymbol{R}_1$ 和 $\boldsymbol{R}_2$ 的位置，可简单地设计成两铰链串联的连接（**串联结构**）。

b. 如果两条自由度线相交，考虑沿着由 $\boldsymbol{R}_1$ 和 $\boldsymbol{R}_2$ 确定的径向线簇中的“最好”的两条径向线来布置铰链。

方案2：

已知这两条想得到的自由度线的位置，找到与之对偶的约束线图，然后设计可以提供这种约束的直接连接（**并联结构**）。

a. 如果两自由度线相交，确定其对偶约束线图为三个共面约束外加一个与该平面交于两自由度线交点的约束。

b. 如果两自由度线不相交，确定其对偶约束线图为两对相交约束。

c. 利用约束与自由度的对偶法则重新调整约束线图。

我们用一些熟悉的例子来阐释这些解决路线。假设一个辊子需要在安装好后小范围地绕轴 $\boldsymbol{R}_1$ 和 $\boldsymbol{R}_2$ 自由转动，如图6-29所示。

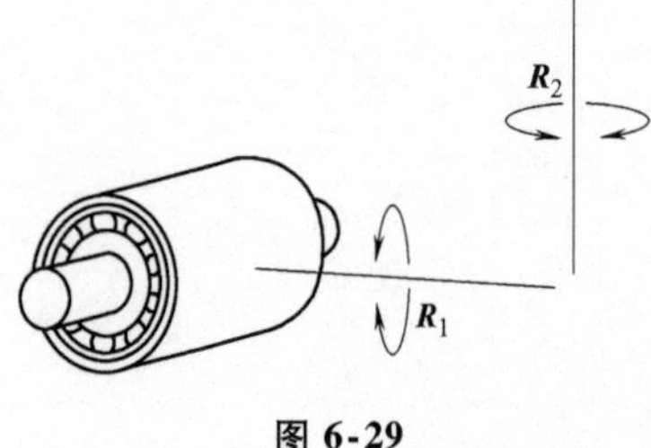

图6-29

最简单也最直接的解决方法是设计成两个串联的铰链，看起来可能和图6-30所示的结构相似。设计者不需要了解任何有关约束线图分析方法就可以想出这一解决方案。这是解决方案 1a。

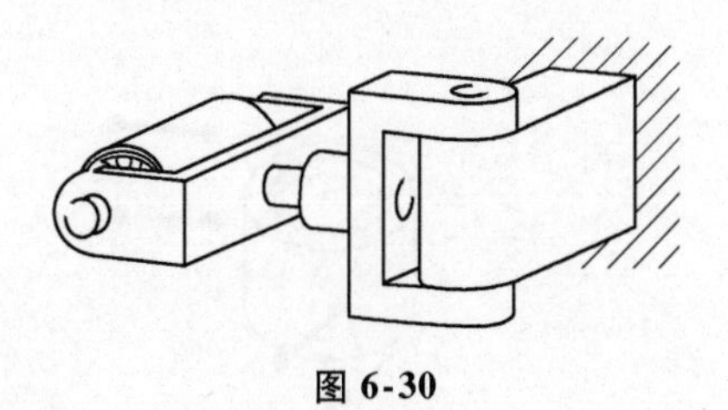

图 6-30

现在假设设计要求铰链实体不能安装在图 6-30 所示位置，而是必须在辊子的上方。使用由 $\boldsymbol{R}_1$ 和 $\boldsymbol{R}_2$ 确定的所有径向线等价的知识，我们知道图 6-31 所示的装置也可以实现 $\boldsymbol{R}_1$ 和 $\boldsymbol{R}_2$ 两个自由度的运动。这是解决方案 1b。

图 6-31

现在让我们考虑用四约束对偶线图设计一个并联装置实现预期连接的可能性。解决路线 2a 给出的连接如图 6-32 所示。柔性薄板位于 $\boldsymbol{R}_1$ 和 $\boldsymbol{R}_2$ 所确定的平面内，它包括三个共面约束。第四个约束是两端为球铰连接的连杆施加的，它穿过柔性薄板交于 $\boldsymbol{R}_1$ 和 $\boldsymbol{R}_2$ 的交点。

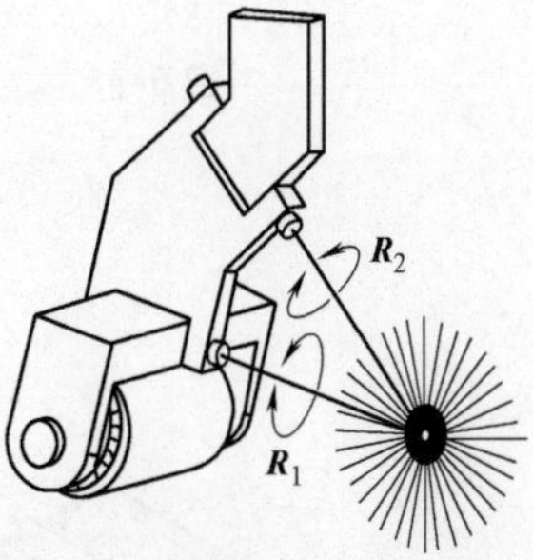

下面是另一个使用解决方案 2b 的例子。图 6-33 所示为一个需要有两个运动自由度的透镜，包括 Z 方向（聚焦）和 X 方向（跟踪）的移动，如同光驱中的透镜。

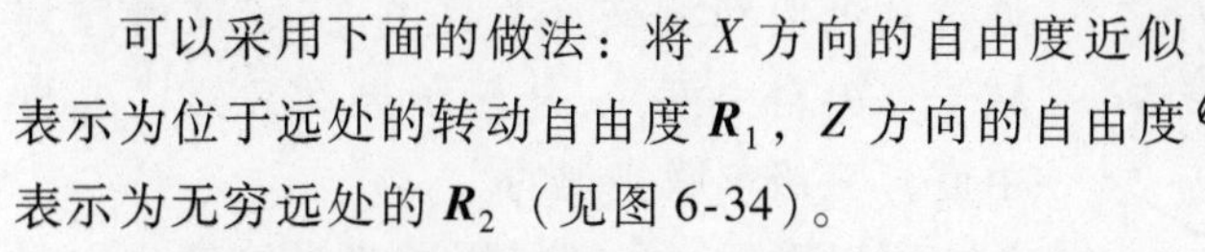

可以采用下面的做法：将 X 方向的自由度近似表示为位于远处的转动自由度 $\boldsymbol{R}_1$，Z 方向的自由度表示为无穷远处的 $\boldsymbol{R}_2$（见图 6-34）。

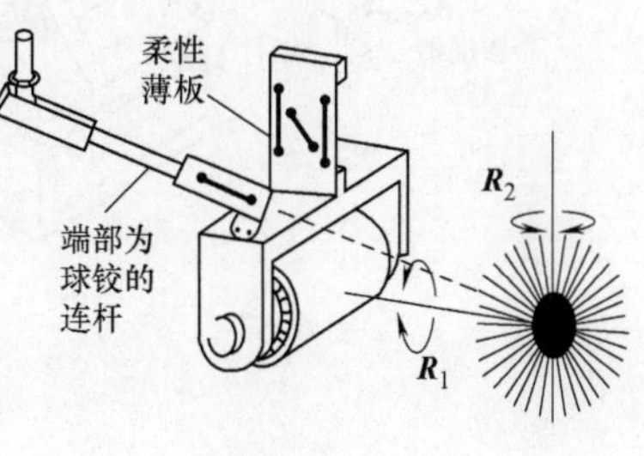

图 6-32

相应的四约束线图如图 6-35 所示，它和图6-34 所示的自由度线图对偶。约束呈两对相交约束线分布。$\boldsymbol{R}_1$ 是两对约束交点的连线，$\boldsymbol{R}_2$ 是两对约束所在平面的交线。

图 6-36 中用 4 个柔性细长杆来实现图 6-35 中的四约束线图。

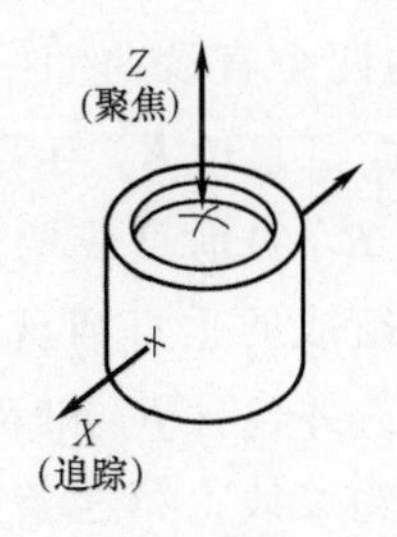

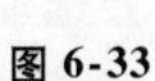

图 6-33

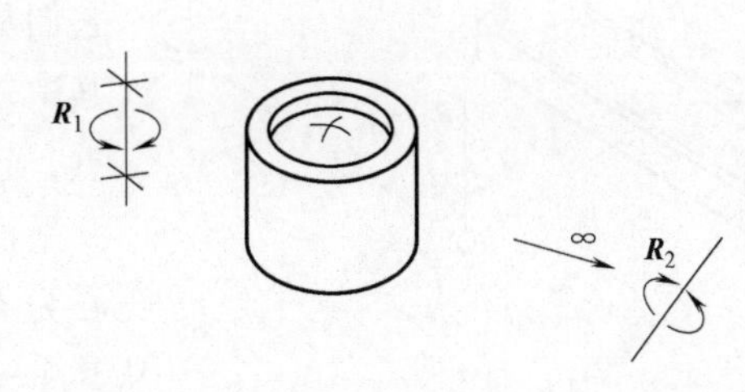

图 6-34

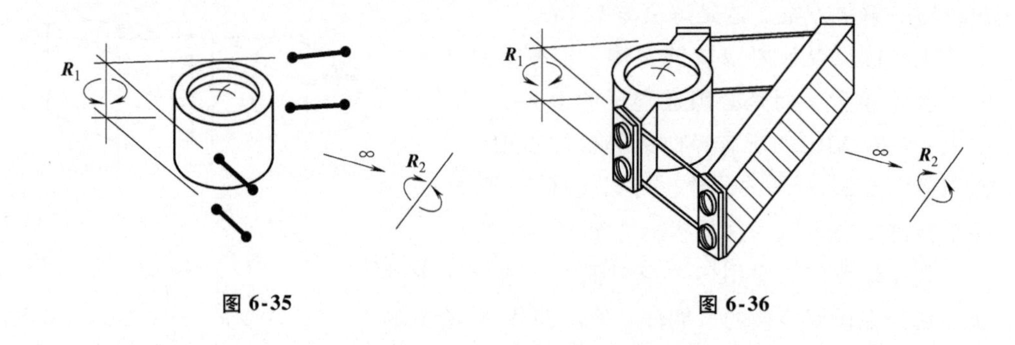

图 6-35　　图 6-36

6.4　3C/3R

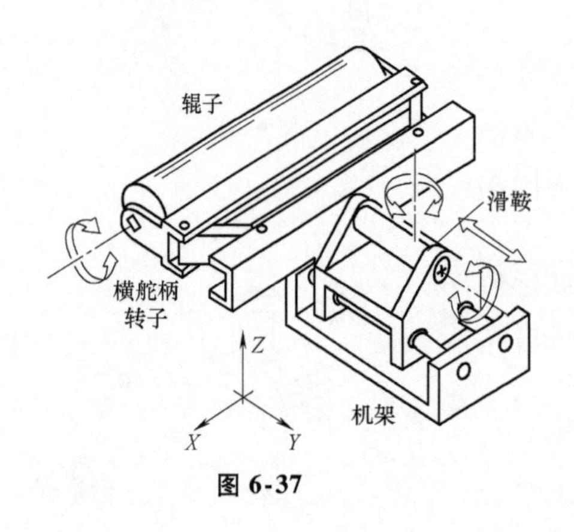

图 6-37

图 6-37 所示的装置是一个后倾万向张紧辊。它具有 3 个自由度：后倾、摆动和张紧（事实上它还有第 4 个自由度——滚动，但我们暂时忽略这一问题）。这 3 个自由度是通过从机架到滑鞍（X 自由度）、从滑鞍到转子（θ_X自由度）、从转子再到叉架（θ_Z自由度）三级串联实现的。

可以看到，我们使用了诸多组件才实现了叉架的 3 个自由度。大家思考一下，是否可以用并联代替串联来实现同样的 3 个自由度，以简化这一结构？

我们想要为叉架实现如图 6-38 所示的 3 个自由度。所采用并联连接需要包含与这 3 个自由度对偶的 3 个约束。

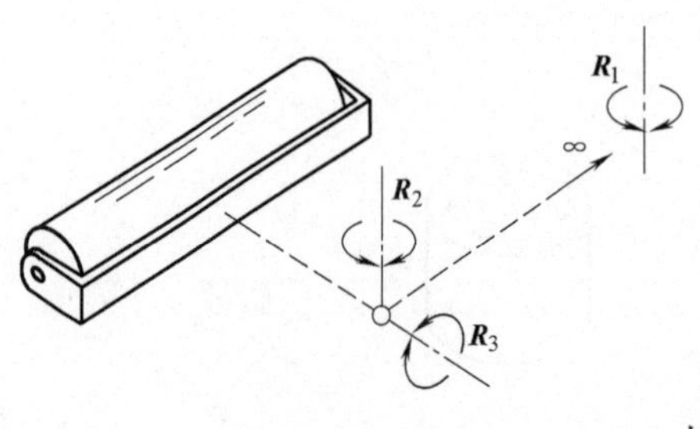

图 6-38

相应的对偶线图由 3 条非冗余线组成，它们从图 6-39 所示的两个直纹曲面中选出。其中一个平面是垂直面，它过 $\boldsymbol{R}_2$ 与 $\boldsymbol{R}_3$ 的交点，且由一簇平行于 $\boldsymbol{R}_1$ 的垂直线构成。另一平面为一簇径向线组成的垂直圆盘，其中心为 $\boldsymbol{R}_2$ 与 $\boldsymbol{R}_3$ 的交点，并包含 $\boldsymbol{R}_1$ 和 $\boldsymbol{R}_2$。

从其中一个面选择两条约束线，第三条则在另一个面中选择。为了使用两个面上选取的约束线（与叉架连在一起），很明显我们还需要在叉架上加一个类似“手柄”的东西，如图 6-40 所示。这里，C_1 是两个面的交线，C_2 是径向线中的一条，C_3 选自平行线簇所确定的平面。

现在，假设我们想要把机架放在图 6-37 所示的位置进行连接，我们可能会选择图 6-41 所示的 3 个约束。这里，C_1 和 C_2 源于那一簇径向线，C_3 来自于平行线簇平面。当然，由此所产生的自由度也与前面相同。

可实现上述约束线图的结构如图 6-42 所示。很明显，这种结构比 6-37 图所示的结构更为简单、廉价，但都能达到同样的结果：叉架所具有的 3 个自由度完全相同。

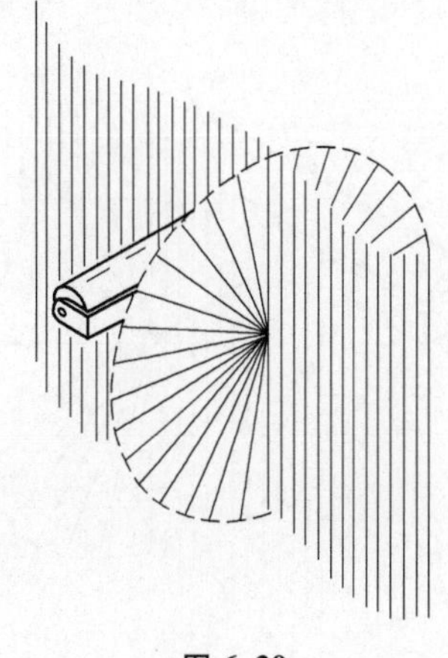

图 6-39

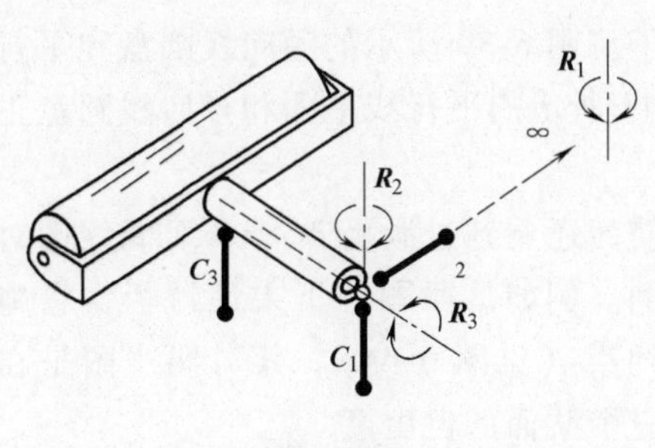

图 6-40

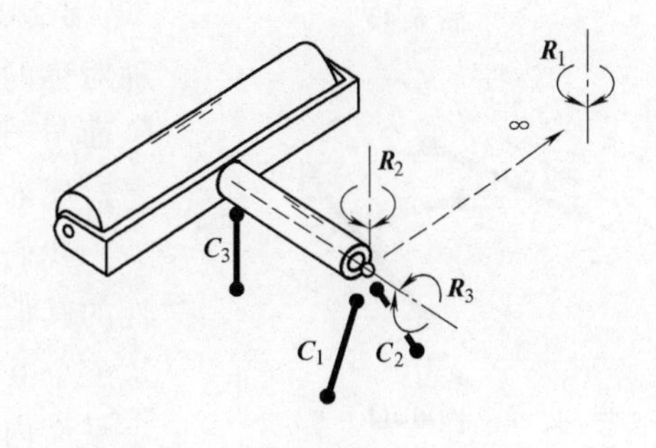

图 6-41

自由度数越多，用并联连接代替串联连接在改善性能方面（尤其在结构简洁性上）的潜能就越大。

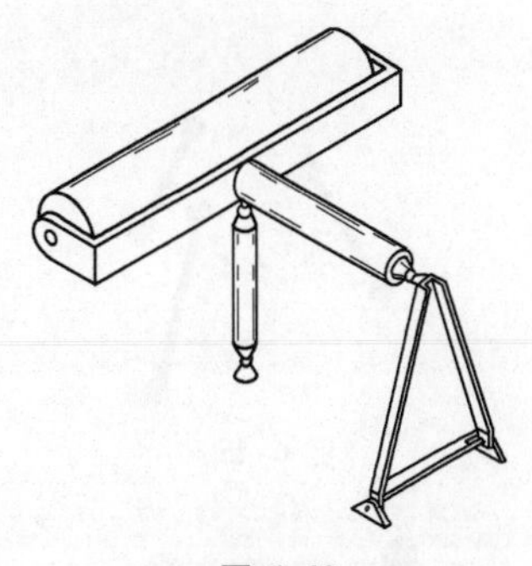

图 6-42

现在再回到图 6-39。这里有两个平面，每个面上都包含有无数条直线，我们就从这些直线中选出 3 个独立的约束线来。

具体是从便利性的角度出发进行选择的：我们从叉架出发一直到机架选择出了这三条直线。现在，我们反过来思考这个问题。假设我们从三个约束开始寻找“与之对偶的自由度线图”，发现之前确定的这三条自由度线并不是唯一解。它们只是从图 6-43 所示的直纹曲面中“任意”选取的三条非冗余线。

现在我们发现了这样一种趋势：当有 5 个约束和 1 个自由度时，自由度的位置是唯一确定的。当

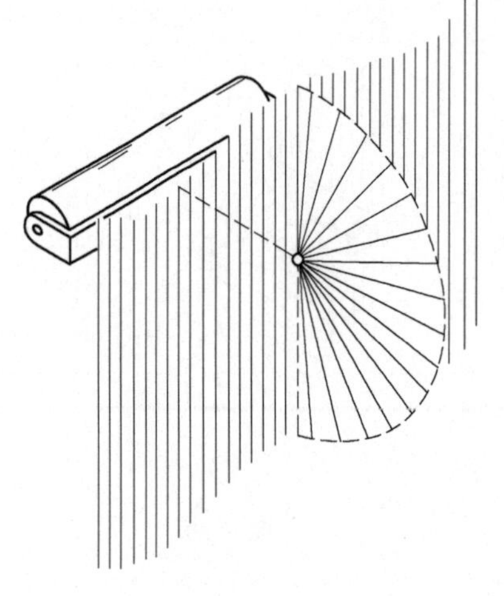

图 6-43

有 4 个约束和 2 个自由度时，这 2 个自由度并不能唯一确定，而是存在于直纹曲面中的无数条直线中。对于目前讨论的 3 约束和 3 自由度的情况，我们发现这三个自由度被限定在两个直纹曲面上的直线簇中。而且，3 个约束的对偶约束线图也存在于两个直纹曲面上。约束线图所在的两个直纹曲面和自由度线图所在的两个曲面是“对偶的”。仔细观察图 6-39 和图 6-43 便容易理解我们所说的“一个曲面图与另一个曲面图对偶”到底是什么含义了，即一个图中任一直纹曲面上的线都会和另一个图中两个直纹曲面上的每条线相交。

3***C***/3***R*** 的情形具有对称性。我们刚刚看过了这种对称的例子。图 6-39 所示的径向线圆盘和平行线平面与图 6-43 所示的平行线平面和径向线圆盘正好是对偶的。

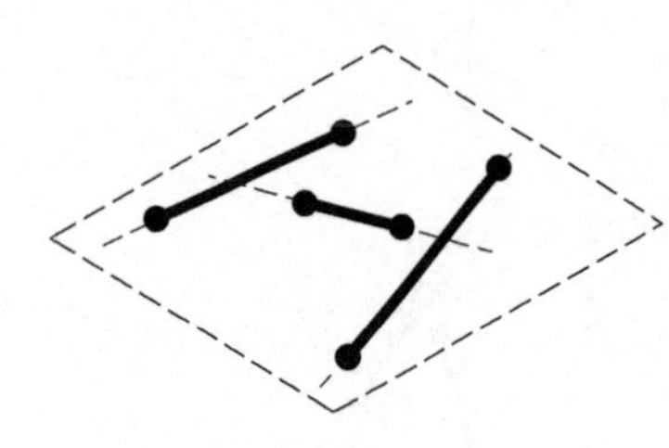

图 6-44

我们在前面还看到过满足 3***C***/3***R*** 对偶线图对称性的其他实例。例如，回顾一下柔性薄板，它施加了三个共面约束（见图 6-44）。其对偶线图是在同一平面内的三个共面的自由度。

三条共面的非冗余直线定义了一种线图，其对偶线图是位于同一平面内的所有直线中的三条无冗余的直线。

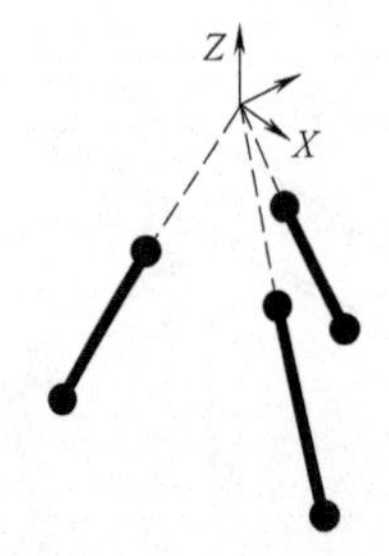

图 6-45

现在再来回顾一下球铰约束，它提供了相交于球心的三个约束（见图 6-45）。其对偶线图的三个自由度线也相交于球心。

三条相交于一点的非冗余直线定义了一种线图，其对偶线图是相交于同一点的所有直线簇中的三条无冗余直线。

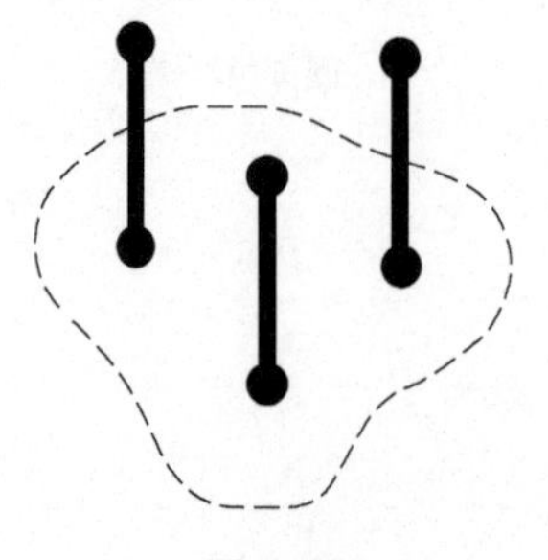

图 6-46

现在考虑交点在无穷远处的情况（见图 6-46）。这种情况下，这三条线是平行的。

空间中三条相互平行的非冗余直线定义了一种线图，其对偶线图是和这三条直线平行的所有直线中的三条无冗余直线。

这恰恰是贯穿第1章中二维情形下的情况。为了获得二维的效果，我们一开始就默认对物体施加了三个平行的Z方向约束。这使我们得到一个有三自由度“未被约束的”的二维模型，每个自由度都存在于那簇平行于Z方向的平行线中。当我们在二维模型上施加第一个约束时，剩余两个自由度，两条平行的自由度线存在于与此约束线相交的规则曲线中。施加第二个约束又除去了其中一个自由度。这个仅有的、唯一确定的自由度由两个约束的交点确定（并与最初用于定义二维约束问题而默认施加的Z方向约束平行）。

在结束这一话题讨论之前，我们还需要提到另外一种3$\boldsymbol{C}$/3$\boldsymbol{R}$的对称结构：三个不相交的异面直线。假设一个立方体受到图6-47所示的3个约束作用。这些线是异面直线，它们彼此都不相交。

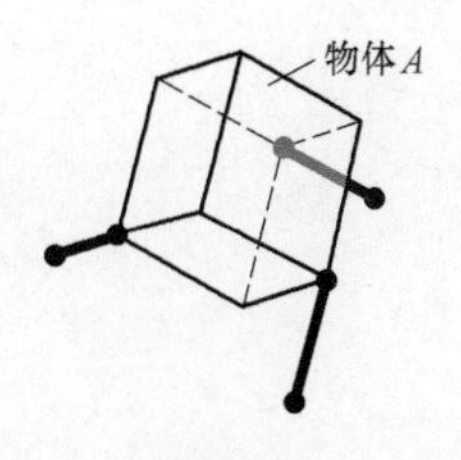

图6-47

如果我们寻找空间中和这三个约束都相交的所有直线，会得到图6-48所示的一簇线。这些线是被称为“双曲面”的连续直纹曲面的发生线。双曲面事实上有两组发生线，我们刚刚找到的那一组发生线是“左叶”；而另一组发生线即“右叶”也在同一双曲面上。右叶的所有发生线和左叶的任一发生线都相交。

定义问题的3个约束在右叶上。任何在左叶上的三条线可以表示物体的3个自由度。物体上的3个约束可以沿着右叶上的任意三条直线施加，并且可以提供完全等价的约束条件，所产生的自由度线图也必然相同（当然，通常需要谨慎地选择这三条线的位置以防止发生冗余）。

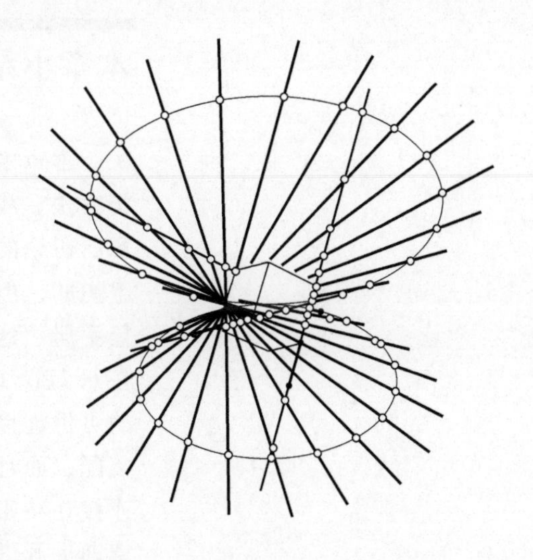

图6-48

6.5　对偶线图

我们并不需要继续探索四、五和六自由度线图以及它们的对偶约束线图。

4***R***/2***C*** 的约束线图分析方法和从四约束线图出发寻找与其对偶的两自由度线图是一样的。例如，在6.3节中，我们曾经讨论了多种包括四个约束的约束线图，并且求得了与其对偶的两自由度线图。

因此，这里并不需要详尽地罗列四自由度线图和与其对偶的两约束线图的所有可能的情况。读者需要的是熟练掌握约束线图分析方法，这样，当面对四线线图时，他可以迅速地得出与之对偶的两线线图。我希望到现在为止，读者总体上对存在于自由度和约束之间的对称性以及关于数字3的对称性已经有了较强的感觉。例如，当我们有3条非冗余直线时，可以找到与其对偶的3条直线，不管是从自由度线求解约束线还是从约束线求解自由度线，都是如此。

现在我们知道这种方法对于4/2线图也是成立的。当我们有4条非冗余直线时，可以得到其对偶线图中的两条直线，无论是从约束线到自由度线还是从自由度线到约束线。换句话说，如果我们能够求得两自由度线图的对偶线图，即可找到4个约束，这样我们就解决了4个自由度和2个约束的对偶线图问题。

本章小结

本章中，我们用了很多例子来阐释**约束线图分析方法**在我们所熟悉的机械结构中的应用。虽然本章所讨论的机械连接是按照所施加约束的数目进行组织的，但其本意并非想给出一个完全版的机械连接手册。这一章只展示了一些有趣的想法。例如，在6.1节（6约束/0自由度）中，给出了许多精确的可拆连接。这些连接不仅可以轻松地拆开或重新装配，而且位置精度高、可重复性好。因此，这类连接在精密光学仪器中大有可为，比如说一个需要定期拆开进行清洁再重新精确地安装到原来位置上的部件。在6.2节（5约束/1自由度）中，展示了有关转子约束线图的一些重要细节。在6.3节（4约束/2自由度）中，通过一些有趣的实例来阐释如何通过给定的四条约束线来快速地确定其对偶自由度线图的两条线；不仅如此，还提出了系统化设计（综合）步骤，并通过硬件设计实例进行了阐述。最后，在6.4节（3约束/3自由度）中，对三条线的对偶线图进行了总结并引入了对偶曲面的概念。

第7章

结构

温故而知新，可以为师矣

很多机械设计工程师习惯性地认为结构与机构应属于完全不同的类别。毕竟，机构中含有活动构件，而结构则是“无生命体”。

但在我们这里，将结构视为与机械没有多大差异。事实上，我们可以想象一个受到完全约束的机构是没有自由度存在的。这样机构不就变成结构了吗？另外，我们会发现在设计某一结构时很容易出现差错，造成它具有了一个或多个自由度。这样结构不就又变成机构了吗？

7.1 引言

在一篇由伊士曼柯达公司的约翰·麦克劳德博士写于20世纪60年代的名为《坚固而轻质的结构》的内部报告中，作者提出了这样一个问题：“一个好的三脚架需要多少个支脚？”

为了找到这一看似简单的问题的正确答案，要求我们必须掌握运动学设计中一些最基本的原理、被一些人认为是常识的概念或者合理的机械设计实践经验。但麦克劳德博士指出，大部分机械设计人员和工程师并不能给出正确的答案。事实上，甚至一些从事精密仪器设计的工程师们所给出的答案也是错误的。

显然，三脚架的主要用途是在安装某一仪器（如测量仪器或相机等）时为平台提供刚性的定位。为达到这一目的，对仪器平台的全部6个自由度都必须进行约束，因此在仪器平台与地面之间必须存在 6 个约束。这些约束可以按图 7-1 所示的方式来布置。你会发现该约束线图与在图 6-4 和图 6-5 中所给出的连接可拆的约束线图很相似。这种约束线图显然可以实现对平台的刚性固定，平台的全部 6 个自由度都被精确约束掉了。

图 7-1

下面将每个约束线用“等价杆”或者“等价腿”来代替（腿比图 7-1 所示的约束线要长，这样它们在地面可成对相交）。例如，用等价腿代替图 7-1 所示的约束线就得到了图 7-2 所示的结构。我们知道这种细长腿具有“二元约束”特性，就像柔性杆、细长腿或者细长杆，相对其弯曲刚度而言具有很高的轴向刚度。为了给仪器平台提供理想的刚度，我们用类似球铰链的结构来连接两相交腿的相交端。事实上，相交端并没有采用真实的球铰链连接，这样做只是用来进一步改善整体结构的刚度。腿的弯曲刚度在一定程度上有助于增加其占主导地位的轴向刚度。

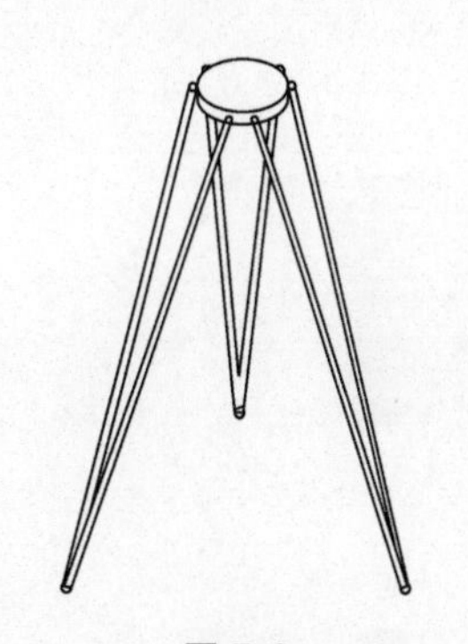

图 7-2

现在很清楚三脚架最合适的腿（支脚）的数目是 6 个。之所以被称为三脚架，主要是因为它有 3 个支点（足）的缘故。支脚成对布置并在支点处相交。遗憾的是，多年以后，“三脚架”的定义已经扩展到不仅仅包含“三足”结构，也将“三腿”结构包含在内。“腿”和“足”已经被混淆了。这样，术语“三脚架”也变得模棱两可了。但是，在结构设计时，我们千万不能混淆。

由前面可知，一个细长杆仅能提供一个约束（沿其轴线方向）。术语“足”是指腿的端部。多个腿可能共用一个“足”，如同“三脚架”中的情形。

实际上，市面上有一些劣质的三脚架，它们只有 3 条腿，而不是 6 条。它们主要依靠腿的弯曲刚度来补偿仪器的 3 个转动自由度。就性能而言，仪器的转动自由度通常要比移动自由度重要得多，因此相对 6 腿的“三脚架”而言，可以预料到这些 3 腿的“三脚架”性能会有多差。

这里有关三脚架的讨论是很有意义的，因为两刚体间的六腿连接在很多其他场合也出现过。例如，航天飞机与液体燃料箱之间的连接就使用了一个类似的6腿结构。很显然，在这些连接中，轻质、高强度和大刚度的连接对整个结构都是非常重要的。这种连接的另一使用场所是飞机与火箭发动机的支撑装置。在这种应用中，杆端部的球铰链不仅仅是概念上的，它们必须要防止随着温度升高、发动机尺寸发生变化时引起的弯曲应力。随着发动机温度的变化，在杆端部的铰链必定会发生转动。这种情况下，绝对不允许过约束的存在。也就是说，绝对不能像前面对三脚架设计时那样，试图使用杆的弯曲刚度来补偿其轴向刚度。

设计用于支撑精密仪器的结构（支架）时同样需要注意这一点。如果在仪器与其“外部世界”间的连接中存在过约束，那么任何外部变形都会产生附加应力，甚至造成仪器变形损毁。

我们通常认为结构是一种机械部件（如薄板和杆等）间的固定组合，其目的是为6自由度的物体提供刚性连接。其中，这些薄板和杆是结构中的约束装置。

如同我们前面考虑的柔性细长杆一样，杆结构中的杆件可以用同样的方法来考虑，在承受轴向载荷时具有极大的刚度，但对弯曲载荷而言则显示出很强的柔性。铸造或锻造的薄板或平板结构也应当按柔性元件来考虑，它不能承受薄板平面外的载荷，但在承受平面内的载荷时应具有相当大的刚度。

再来回顾一下柔性元件。我们知道，薄板和杆的拉伸刚度与弯曲刚度相比都很大，因此很容易接受这样的假设：可以彻底地忽略掉弯曲刚度。为使之理想化，我们用端部为球铰链的连杆代替柔性细长杆。可以认为每个杆都可提供一个也仅有一个轴向约束。采用类似的方法，我们将柔性薄平板用“等价”杆来表示。我们发现其等价杆结构中含有三个端部为球铰链的细长杆。

然而，在结构中普遍存在比柔性元件的细长比更大的元件（如杆或板）。由于这一原因，这些元件的弯曲刚度与柔性元件的弯曲刚度相比似乎更明显一些。但是，这些杆或者板的拉伸刚度却远大于其弯曲刚度。因此，可以推断：

当设计具有理想刚度的结构时，将它的所有元件（杆件或者板）用于拉伸或压缩状态而非弯曲状态显得十分重要。

因此，作为一种辅助工具，将结构中的元素假设成端部为球铰链的等价杆对我们的概念设计非常有帮助。这恰好是我们用来设计和分析柔性元件的方法，同时对结构设计也是适用的，因为结构可以看作由类如柔性元件的单元组成。

很具有讽刺意义也很令人遗憾的是：大部分设计者都认为结构设计十分简单寻常（可能因为结构是无生命的），却认为柔性机构的设计很复杂，因为后者经常用在具有相当高精度的仪器中。事实上，可用与柔性元件相同的约束模型来对结构进行分析，结构和柔性机构是绝对相似的。结构设计的基本原则与柔性元件设计的原则也完全相同。因此，只要很好地理解了柔性元件的设计原则，掌握结构的设计也就会变得水到渠成了。

7.2　刚性形状与柔性形状

考虑图 7-3 所示承受载荷 P 的简支梁，在载荷 P 的影响下简支梁将会弯曲，其中点处将会产生一定的变形量 δ。

现在假设将材料与这根梁相同的杆重新装配成图 7-4 所示的三角形。施加载荷 P' 给这个三角桁架，在跨距中点处产生了比图 7-3 中的简支梁小很多的变形量 δ'。这是因为这些力现在作用在杆长方向，产生的是拉伸或者压缩形变；而在前面简支梁中，作用力 P 使杆承受弯曲变形。以上内容很好地阐释了刚性形状与柔性形状的主要区别。

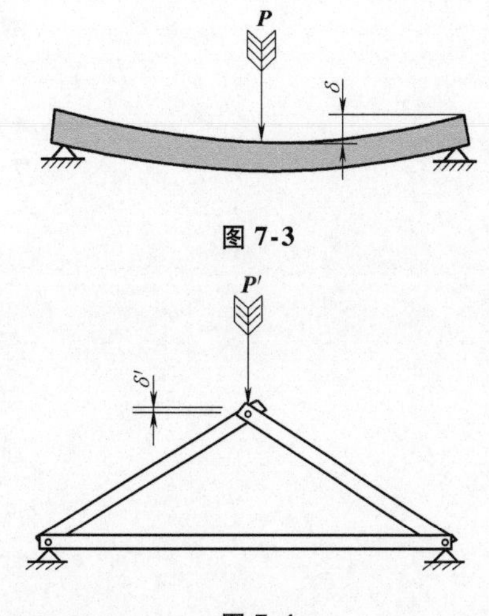

图 7-3

图 7-4

施加到刚性结构上的载荷产生沿着构件长度方向的作用力，导致构件承受拉力或者压力，而不是弯曲。施加到柔性结构上的载荷导致其弯曲变形。

这里使用术语“刚性”（rigidity）来表示其定性特征。当结构是一个刚性结构时，主要是借助其自身形状来保持这种刚性的，与一个柔性形状的结构（具有相同材料）相比它具有更大的刚性。

7.3 薄板

在学习完柔性元件之后，我们知道当用一片薄板来连接物体时，它提供了与使用三个细杆功效完全一样的约束线图。当薄板或者薄盘作为结构中的元素时，它们也同样可以按照位于薄板材料所在平面内的“等效杆”来考虑，即将等价杆件以三角孔的形式分布在薄板上。贯穿本章前后，我们将经常随意地在薄板结构与其等价杆结构之间相互转换。

当金属薄板用在某一结构中时，一种较好的做法是考虑将其沿着边缘弯成一个法兰。原因在于法兰增加了沿着边缘处等效杆的截面惯性矩，可允许薄板即使承受一个很大的压载也不发生屈曲。

7.4 “理想”杆

刚性结构中的所有杆都是轴向承载的，不承受弯矩。将结构的杆件都想象成端部为球铰链连接的完全“理想”的直杆是非常有意义的——我们试图在实际工作中也能够焊接出这样的结构。理想直杆具有沿着轴线方向的一维刚性，它只能刚性承载沿其轴线方向的载荷，因此施加在杆结构铰接点的载荷通常分解为沿着各个杆轴线的分力。

7.5　二维刚性

由上文知道，一般杆件具有一维方向的刚性，而由金属或纸等材料组成的薄板却是具有二维刚性的很好的例子。

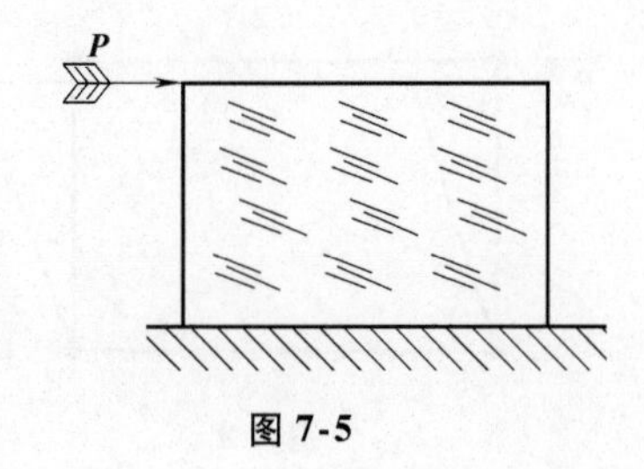

图 7-5

一个具有二维刚性的物体可有效地抵抗二维扭曲或变形。例如，一个 3mm×5mm 的矩形纸板即使在受到面内剪应力 ***P*** 作用的情况下，也很难使之变成一个平行四边形（见图 7-5）。

当我们仔细观察矩形纸板的等效杆模型时，其原因就很清楚了。这一模型可被视为我们熟悉的"篱笆门"。对角线上的杆将矩形分成了两个三角形，从而施加了二维的刚性连接，而三角形是二维刚性连接的最小杆结构（见图 7-6）。

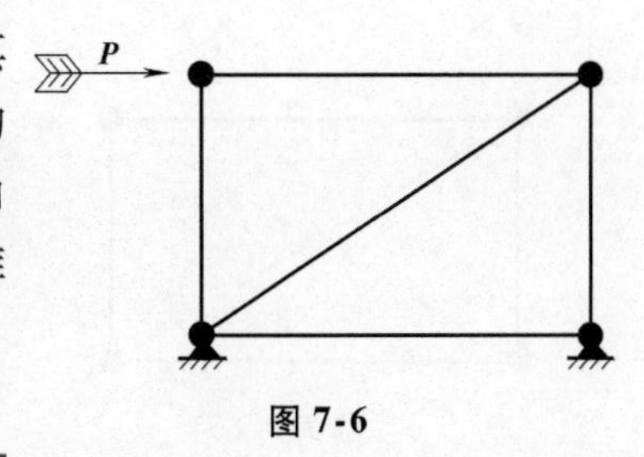

图 7-6

7.6　二维铰链叠加

通过采用二维铰链叠加的方式可以构造任意数目下的不同二维刚性构架。在这一过程中，将 2 个新杆和 1 个新铰链增加到初始的刚性结构上。这个新铰链通过两个新杆连接到初始结构的两个不同铰接点上（当然，为了避免出现过约束，两个新杆之间的角度一定不能接近 0°或 180°）。例如，我们可用这一铰链叠加的方法从初始的三角形开始构建出一个篱笆门结构。

这一过程同样可用来设计较大型的二维刚性桁架，例如图 7-7 所示的几种结构。在每一个桁架中，杆的数目与铰链点的数目之间满足：

$$B = 2J - 3 \tag{7-1}$$

式中，B 是杆的数目；J 是铰链点的数目。

式（7-1）对于任何从初始的三角形结构开始用铰链叠加法则得到的二维桁架都是成立的。这样的桁架通常称为**静定结构或精确约束结构**。

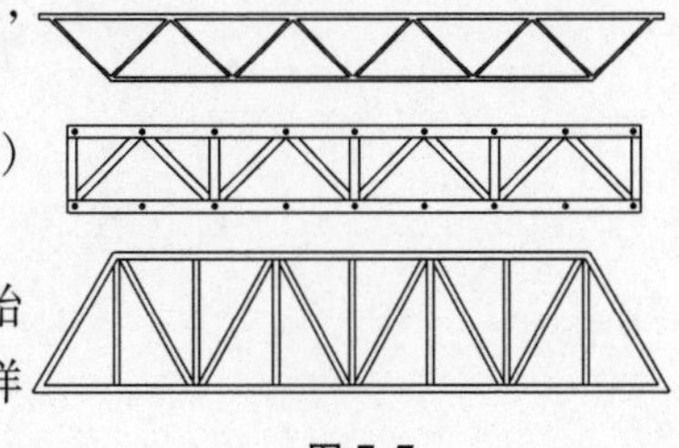
图 7-7

7.7　结构中的欠约束和过约束

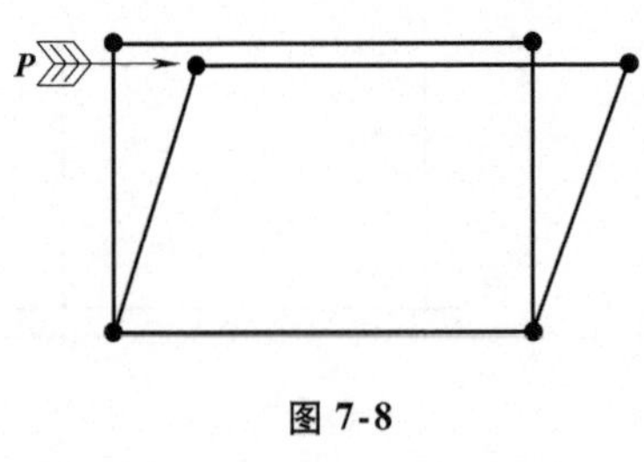

图 7-8

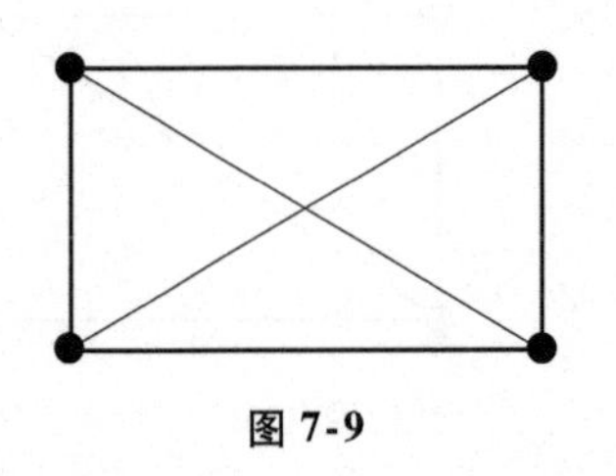
图 7-9

二维结构中杆件的数目很可能会存在不满足式（7-1）的情况。

结构中过少的杆件将会导致欠约束。在图 7-8 所示的欠约束结构中，有 4 个连杆和 4 个铰链点。精确约束桁架中的杆件数目通过式（7-1）可以解出是 5。

因为结构中缺少 1 个杆件，我们称之为“在 1 个自由度方向上欠约束”。

另一方面，结构中过多的杆件将导致过约束。图 7-9 所示的结构就是过约束了 1 个自由度。存在过约束的杆的结构，其缺点已经在 1.5 节中叙述过。为了安装最后一个（第 6 个）杆件，它的长度必须精确地与结构中相应的尺寸相匹配，否则将无法装配。具体可以通过采用紧配合或者采用特殊的装配技巧来进行安装，例如装配时在合适的位置钻孔。

一旦结构装配完毕，任何杆件长度的变化（如可能由随机温度变化引起的）都将导致内应力的产生。

值得注意的是：板和盘，从定义来看，都是过约束结构。一个板“包含”无数条“等效杆件”，位于板面内的每个位置。

然而，过约束的一个优点在于可实现更高的结构刚度。正基于此，有时一个结构中存在过约束也是有用的。

7.8　三维刚性

在机器设计过程中，对我们最有用的结构还是三维刚性结构。它们可以有效地抵抗来自任意方向载荷所导致的变形，而不仅仅像二维刚性结构那样只能抵御平面内的载荷。

为了充分认识这一差异，我们再来仔细观察一下图 7-6 所示的篱笆门结构，当时我们认定它是二维刚性结构。首先考虑当我们将图 7-10所示的载荷施加到该结构时会产生什么结果，其中载荷中包括可使该结构发生扭转的两个方向相反的力偶。

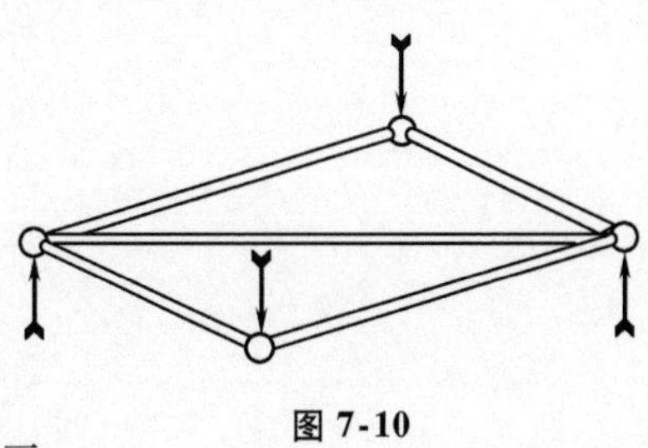

图 7-10

显然，它会发生变形。这可以考虑成是两个三角形可以自由绕着沿着它们共用杆件的铰链相对彼此转动。尽管这一结构具有二维的刚性，但它却缺少第三维的刚性。为此我们定义如下：

三维刚性结构能够有效抵抗扭转载荷所产生的变形，该载荷沿着结构中杆的轴线和结构中板所在的平面方向施加。

很明显，二维（平面）结构不具备三维刚性。只有三维结构才能实现三维刚性。

7.9　三维铰链叠加

三维铰链叠加是一种综合得到新三维刚性结构的有效方法。在三维铰链叠加过程中，将 3 根新杆和 1 个新铰链增加到初始的刚性结构上。这个新铰链通过 3 根新杆连接到初始结构的 3 个不同铰接点上。当然，为确保精确地将新的铰链点约束到初始结构上，这 3 根新杆不能共面。作为三维铰链连接的例子，我们可以给三角形杆件增加一个三维铰链，从而构成一个图 7-11 所示的四面体。

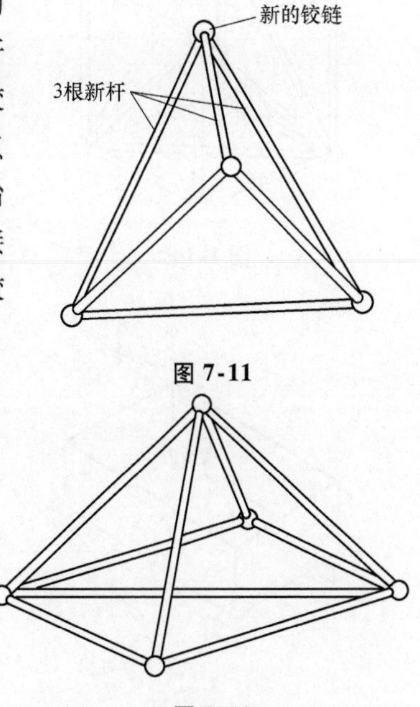

图 7-11

图 7-12

四面体是最简单的三维结构，也是最简单的三维刚性结构。当载荷施加到四面体的顶点处，这些载荷可分解成分力，作为纯拉力或压力载荷施加到结构中的各个杆件上。

再一次使用三维铰链叠加的方法，在四面体上增加一个铰链点，会得到图 7-12 所示的结构。

这一结构包含一个“篱笆门”和汇交于面

外一点的 4 个附加杆。这也是一个三维刚性结构。

当使用三维铰链叠加来修改初始三维刚性结构时，所产生的结构也具有三维刚性。对于三维刚性杆结构，杆的数目和铰链点的数目之间总是满足：

$$B = 3J - 6 \tag{7-2}$$

式中，B 是杆数；J 是铰链点数。

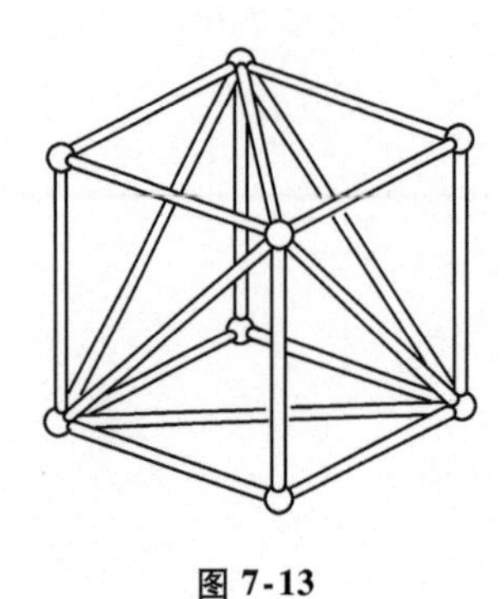
图 7-13

7.10　六面体结构

六面体可能是最常用到的三维刚性结构。它可以利用我们刚刚学习到的规则由四面体杆件结构通过三维铰链叠加得到。从图 7-11 所示的四面体结构出发，用三维铰链叠加法则增加 4 个新的铰链点，得到的结构就是六面体的“杆等效结构”，如图 7-13所示。12 个新杆代表六面体的棱。原先四面体的 6 根杆件是其面对角线。这一杆件结构的“板等效结构”是一个封闭的六面体。

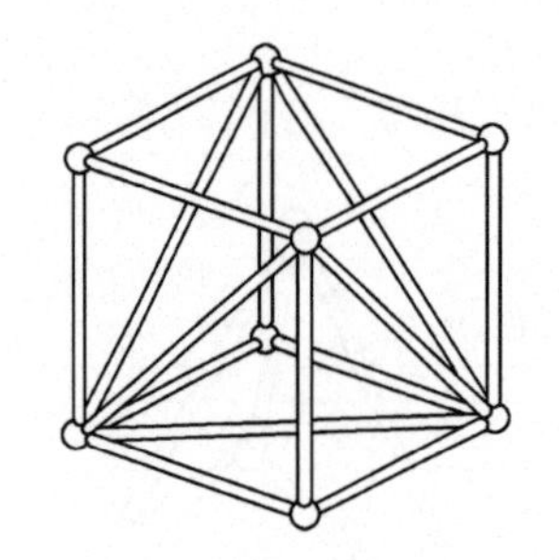
图 7-14

7.11　五面体盒子和六面体盒子的比较

我们来做一个试验，移去图 7-13 所示结构上表面中的面对角线，会得到图 7-14 所示的结构。所得到的结构实际上就是五面体的杆等效结构。

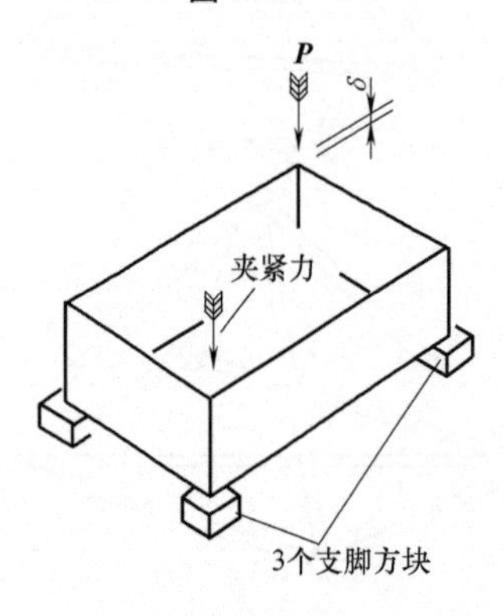

图 7-15

现在，使用图 7-15 所示的测试装置，来比较五面体和六面体的扭转强度。这个盒子在三个顶点处设有支撑。第四个顶点，也就是未被支撑的顶点处承受载荷 P。测得变形 δ。比值 P/δ 表征扭转强度。事实上，当测试五面体和六面体时，不管这个盒子是木质材料还是钢铁材料，六面体的强度总要比五面体的强度高出几个数量级。我们知道（封闭的）六面体和（封闭的）五面体的杆等效结构仅仅相差一个上表面的对角线。由于五面体相对三维刚性的六面体只少了一个杆件，因此也可以称五面体欠约束了一个自由度。

这个自由度可以用几种不同的方式来描述。例如，我们可以说跨过开放表面（上表面）的对角距离未被约束，允许上表面变成平行四边形；或者我们可能注意到盒体的对边能够相对转动；或者我们注意到每条边和底面都翘曲了。不管我们怎样来描述这一自由度，该结构中只有一个自由度。若要除去这一自由度并恢复得到结构的三维刚性，我们必须将上表面所缺的对角线杆件放回原处以恢复其二维刚性的特征。我们知道，为了使这一盒状物（薄壁结构组合而成）是三维刚性的，每个表面也必须都是二维刚性的。

实际上，很少将完全封闭的盒体用做机器上的刚性结构，否则无法进入这一结构内部。从这一角度看，一个有开口的盒子恐怕更具实用性。因此，我们需要重点考虑那些含有开放表面（结构上封闭）的壳式结构。换句话说，我们需要找出那些可以提供二维刚性开放表面的等效结构。图 7-16 所示的五面体结构中，就提供了含有开放表面仍可实现结构封闭的一些可替换的方法。

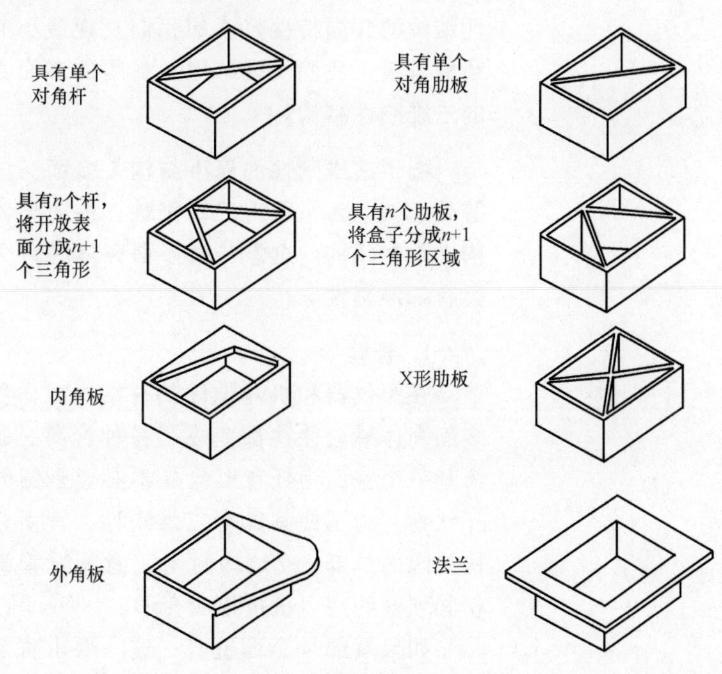

图 7-16

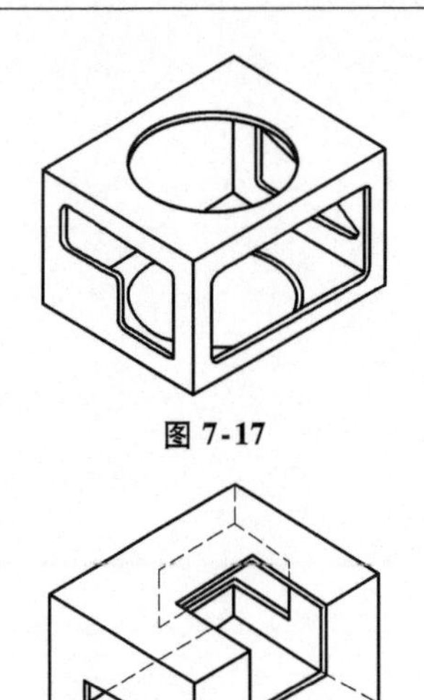

图 7-17

图 7-18

图 7-17 所示为在六面体的各个表面上挖出各种形状的孔。这一盒体仍然是三维刚性的，因为每个表面都是封闭结构。各个表面剩余的材料足以担当起内部角板的功能，保证维持每个表面的二维刚性。

图 7-18 表明，在不破坏盒子三维刚性的情况下孔甚至可以穿过盒子的边界，只要每个表面仍然是二维刚性的即可。

7.12 多面壳体

通过使用三维铰链叠加的方法，我们已经得到了 3 种不同的三维刚性杆结构。这 3 种杆结构（四面体、金字塔形、盒状）都有着与之对应的同样具有刚性的板等效结构。因为每个杆结构的表面都是二维刚性的（表面包含有穿过对角线的直线将表面分割成的两个三角形），每个表面都可以由板等效代替。

所有这些结构中，一个共同之处在于每个都是封闭的多面壳体（或者等效杆）。这是所有三维刚性结构的共同特性。正如我们发现最小的二维刚性结构是板，我们发现结构上封闭的多面壳体是最小的三维刚性结构。

提供三维刚性的最小结构是多面壳体或者其杆等效结构。为了获得三维刚性，多面壳体必须在结构上是封闭的。这意味着多面壳体的每个面都必须具有二维刚性。

1. 管筒

在为仪器和机器设计某种结构时，我们遇到的多面壳体最后往往都变成了各种管筒。通常认为管筒是一个截面为任意形状（不必要是圆的）的柱形壳状物。为了使其具有三维刚性，管筒必须具有结构封闭的端部。“结构封闭”意味着管筒的截面形状必须被约束以抵抗扭曲变形。

如果端部是个薄壁管，这一要求肯定满足。但当使用杆结构时，每个表面必须被分割为三角形。

例如，一个有着开放端部的四边形管筒在两个自由度方向都是没有限制的，因为每段的截面形状都是可变的。约束四边形的二维变形，需要一个过其对角线的杆。一个过对角线的杆将四边形分割成两个三角形。一般而言，“封闭”任何多边形区域所需要的杆件数目要比多边形的边数少3（$B = N - 3$）。注意到三角形本身就是封闭的，因此不需要进一步封闭三角形管筒的端部。

现在考虑六边形。需要3根杆来封闭这一图形。具体可按图7-19所示布置。

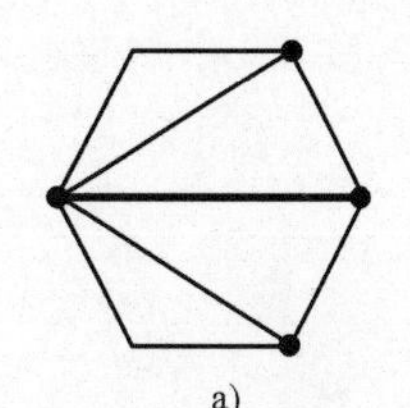

a)

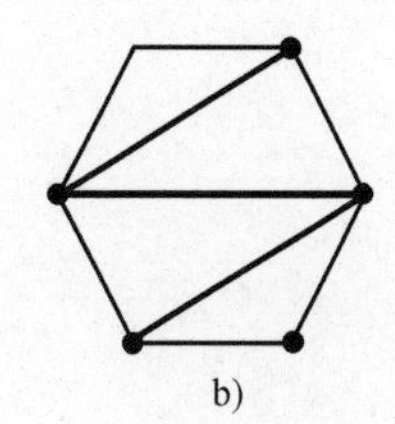

b)

图7-19

假设我们有一个六边形管筒，为实现结构封闭在每个端部都需要有3根杆。如果只有管的一端是封闭的，则结构中将有3个自由度未被约束。缺少的杆件数等于未约束的自由度数。

2. 应用

在为某些仪器设计结构时，结构的刚性是很重要的。极高的刚性意味着在正常的操作力和载荷的作用下，仪器只发生极小的变形。而且，刚性结构中高的刚度重量比导致其自身的固有频率很高，因而振幅很小。

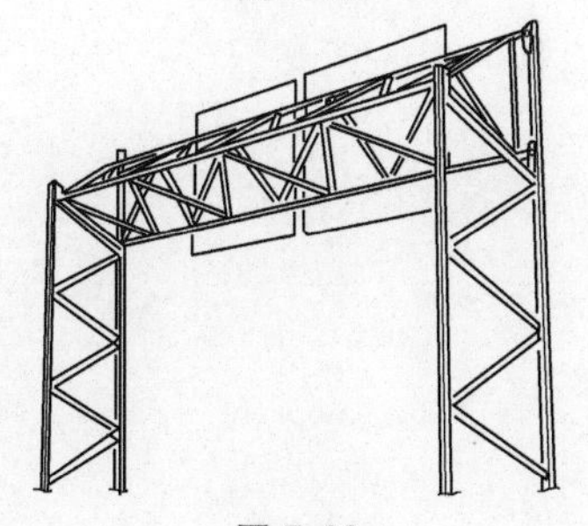

图7-20

但是，并非只有仪器需要很大的刚性，其他场合也经常需要高刚性结构。大型结构如公路标志、高塔、挖掘机等都是一些应用刚性结构的例子，因为它们需要有效地承受其自身巨大的重量。在每个例子中，我们都可以看到管筒或者多面壳体在其中的应用，以提供必要的三维刚性。

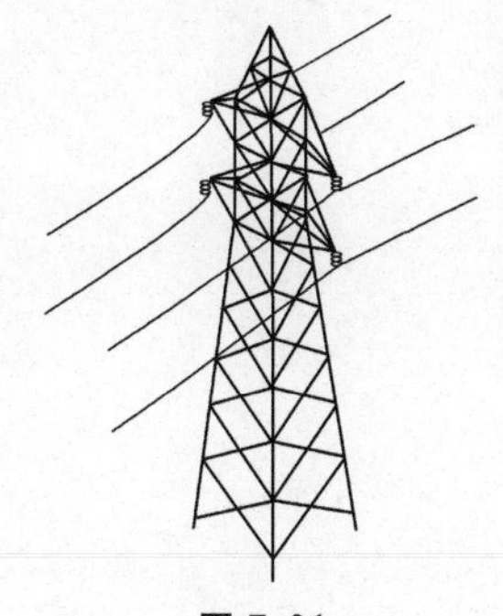

图7-21

例如，图7-20所示的公路标志是由三角形管筒形式的杆结构支撑的。

图7-21所示的高压输电线路是被四边形管筒状的高塔支撑的。

图7-22所示的挖掘机臂也是管状结构。注意其横截面尺寸和形状沿着长度变化。当然，在某些管筒处，轴是弯曲的。

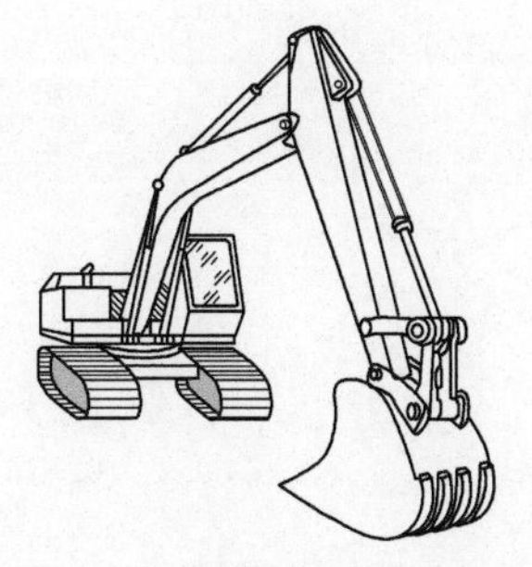

图7-22

这样的例子举不胜举。在航空飞行器中，在运动器械（网球拍、滑雪板、冲浪板等）中，在机床中，在光学制造工具和仪器中，在工程机械中，管筒式结构都是十分常见的。在结构设计中，管筒式结构良好的品质、多种不同的用途、宽广的尺度选择范围都是值得关注的。

7.13 刚性节点

当我们想要与某一个结构相连接时，总可以找到一条路径，载荷可以沿着这条路径作用到结构上。因此，我们必须要保证所施加的连接能够作用到结构上一些承受载荷的点位上。这样的点被称为结构的“刚性节点”。对于杆结构，刚性节点包含结构中的所有铰接点，因为作用在铰接点上的载荷总可以分解为沿着各个杆的分力。对于板簧结构，刚性节点包括结构的所有边界，这里两个板总是按一定的角度相交（板材可以想象成包含无数个杆的等价杆结构，这些杆和边界上的点都相交）。作用在沿着边界任意位置的载荷总可以分解成位于板平面内的分力，因此总能沿着等价杆的方向。

7.14 结构中的振动

当将某一结构设计成纯刚性构型时，振动问题基本无需关注。在刚性结构中，与结构刚性节点相连的关键部件总是处于精确位置（在 6 个自由度上），除非结构材料在平面内发生相应的偏移，否则不会有任何变形。从另一方面讲，振动能量总是聚集在横向模式下，即垂直于结构材料所在的平面内。结构的刚性节点通常不会受到这种振动的影响。易受横向振动影响的部分大多是远离刚性节点的区域，例如大尺度平板的中心处。

大板簧同时也能为来自外部激振源的声耦合提供路径。正是由于这一原因，对于那些明显暴露在声振动环境中的平板结构，在板平面中心处打孔是个很好的做法。同样，也可以在大尺度平板上增加肋板以提高其刚度，从而减小横向振动的振幅。

7.15 制作纸板模型的方法与技巧

1. 为什么要制作纸板模型？

当你设计完一个刚性结构后，一个好的做法是制作一个模型以验证其是否为刚性。制作模型的目的是研究结构的刚性，可将结构的受力与变形缩放到一个仅用双手就可以检测到数值的范围内。杆结构模型可用由柔性接头连接的直径为$\frac{1}{8}$in 的木棍制成。由热熔胶制成的铰链有足够的弹性使之易于弯曲，与此同时依然能够提供给轴向一个刚性连接。如果结构用由真空成形、注射或浇注而成的金属板材制作而成，纸板是制造该结构模型的理想材料。花费很少的时间就能完成模型的制作和性能测试真是一件很划得来的事情。不过，如果你忽视了为使结构保持刚性所需的任何可能的约束条件，那么完成的模型在你手中会发生很明显的变形。

如果结构不慎出现了过约束，则当迫使最后一个铰链连接在一起时你就会很明显地感受到（因为这种过约束的存在）。通常，当你的设计以三维模式来呈现时，你也许会获得一些在头脑中或纸上设计时根本不会产生的新想法。当然，模型也是你向其他人描述所设计结构概念的有效手段。

2. 纸板的类型

扁平背板厚度约为 0.025 ~ 0.030in，是制作模型时最具代表性的材料。扁平背板大多数是$8\frac{1}{2}$in × 11in 的，更大的尺寸也可以找到。绘图纸和重氮纸也被归入这种类型的纸板当中。不过，这种纸板的问题是：它们的质量参差不齐，并且当胶接处产生应力时可能发生分层剥离现象。如果你的模型是用于临时应急而粗略制作的，上述问题可以不予考虑。但当你试图得到一个“杰作”时，应当注重纸板的质量问题。广告用纸板品质稳定并且有不同的厚度可供选择。马尼拉纸厚度约为0.010in，也是很好的模型材料。这里还有另一种纸叫做索引卡片纸，厚度大约为0.008in。这个厚度足以满足我们制作想要的薄壁结构模型。用这种材料制作的模型整体尺寸在5～6in范围内。相对于其他较厚的材料，索引卡片纸有一些优点。第一，它可以轻松地用剪刀剪开。另一个优点是它足够薄，可以通过复印机。这意味着你可以一次性地在一张纸片上布置出零件的外形、弯曲线和焊接线，然后复印足够多的“原料”去制作多个相似模型。这样你就可以去研究许多相似模型在细微结构差别情况下的相对刚度（稍后我们会讨论这一点）。而瓦楞纸板和中心为泡沫的材料是不能够用来制作刚性结构模型的，原因是这些材料都有相当大的弯曲刚度。顾名思义，刚性结构的整体刚度并不由其各个构件的弯曲刚度来决定。所有作用在刚性结构上的力都被转换到结构材料所在的平面内。用于模型中的理想材料，其目的都是提高结构的刚性，因此应当是具有低弯曲刚度的材料。

3. 胶合

将模型胶合到一起的最好方法是利用热熔胶喷枪，它速度快并且强劲有力。粘胶从喷枪的加热喷嘴中流出时，会喷出大量液体以“润湿”纸板。大约30s左右，粘胶冷却至（通常粘胶需要干燥）硬度与柔性相协调的状态。

不过，若要胶合具有较大区域的两个曲面，选用热熔胶喷枪就不太合适了，因为：①需要太多时间才能完成较大面积的胶合；②大的接触面积会进一步加速冷却；③很难使胶接处胶合至厚度均匀，结果导致铰接点处出现瘤状物。胶合较大的面积，使用普通白胶更合适些，唯一需要注意的问题是等待干燥的时间较长。如果你用白胶将一个板的边缘和另一个板的面相连接，最好做一个小法兰（凸缘）来增大两者之间的接触区域。

4. 尺寸与尺度的考虑

合适的模型尺寸就是在你的手中感觉合适的尺

寸，这一尺寸大致为5~15in。一旦确定了模型整体尺寸的大小，还需要确定使用何种厚度的纸板合适。使用金属来制作模型的一个优点就是小巧。如果比较两个相似尺寸的模型，在使用薄金属制作时，它们在刚性上的差别将尤其明显。

另一方面，通过制作比例模型（将材料厚度作为尺度参数），我们发现要预测刚性金属基结构相对非刚性金属基结构在刚度上提高的幅值，可以通过测量与其同样结构成比例的纸板模型刚度来间接得到。这种方法非常有用。你可以预测一个新的改良结构的刚度可以提高20%，提高1倍，还是可以有几个数量级的提升，而你无需做任何计算或进行计算机建模。刚度的测试可以通过使用千分表或弹簧秤来实现。例如，如果你想要测试矩形底结构的扭转刚度，你可以固定其中三个顶点并测试受到垂直载荷作用的第四个顶点的变形，具体见7.11节。

7.16 结构特征点

机器或仪器中，结构的主要作用是刚性地连接所有结构特征点。这里，结构特征点是指无论何种原因都必须保持空间刚性固定关系的点，无论这些点是否受到明显的力作用。它包括轴承位置、动力气缸、螺线管、发动机底座、连杆销轴点、棱镜和镜面连接点、调整机构的“机架”位置、与其他零部件或者底面相连结构上的点，等等。

在一个结构中，如果结构是三维刚体结构并且结构上的特征点都在刚性节点上，所有结构上的特征点就会刚性连接在一起。

7.17 载荷路径

一部分结构需要承受相对大的载荷，例如，各种受压力的框架式结构。当设计这类结构时，若能将主要力都限制在结构材料内一个短的、直接的、

“单一”的路径中将是十分理想的。如果能够保证这一点，我们就很容易保证在操纵某种功能性机构过程中使之可能发生的结构变形最小。

仪器设计过程中，保证载荷路径尽可能短是相当重要的。一个好的仪器设计通常包括两个独立的结构路径：一个用于承受载荷，另一个用于测量。

7.18 机器和仪器中的结构件设计过程

机器或者仪器中的结构应当是三维刚体，以防止不必要的变形及振动。这样的结构具体可通过以下 4 个步骤进行设计：

1）找出所有结构特征点。结构设计的任务就是刚性地连接这些点。

2）在满足预期机器尺寸范围内设计**刚性简式结构**。刚性简式结构必须是三维刚性结构。设计该结构的主要目的就是为机器的整体结构提供三维刚性，因此，刚性简式结构的体积相对整个机器的体积应该是相当可观的，最好不小于 25%。

3）使用三维铰链叠加的方法从刚性简式结构的刚性节点扩展至所有结构特征点。

4）建立纸板模型并进行刚度测试。

7.19 刚性结构间的连接

通常，在一个结构中，我们可能观察到存在连接在一起的更小结构单元。无论是分析现有结构还是构造新结构，这样来剖析结构都是一个十分有效的方法。

1. 没有公共点的两个刚性结构

需要设计一个将两个三角形刚性连接在一起的结构，如图 7-23 所示。

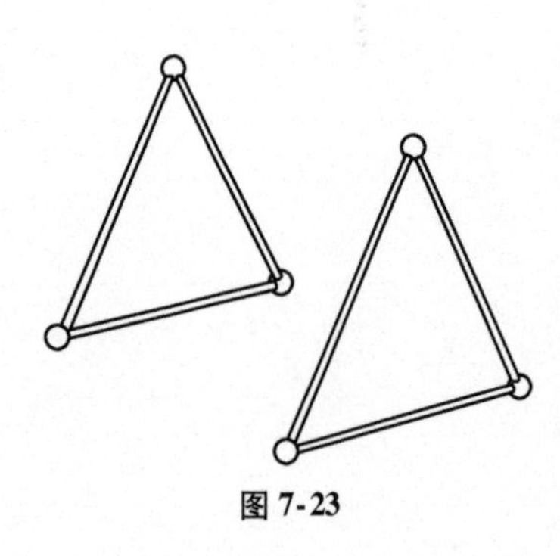
图 7-23

由物体间三维连接的知识，我们知道需要有 6 个约束，因此，需要 6 根杆。提供两物体间精确约束的连接杆件布置如图 7-24 所示。它包含三对约束，每对约束都是相交的。这一约束线图与在本章开始讨论的三脚架很相似。

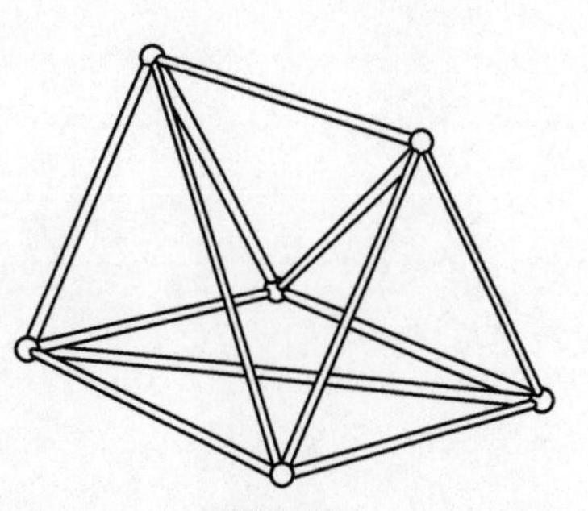

图 7-24

2. 具有一个公共点的两个刚性结构

当两个刚性结构有一个公共点（如图 7-25 所示的两个四面体的情况）时，在两个物体间只有 3 个自由度，也就是说，3 个自由度相交在公共点。

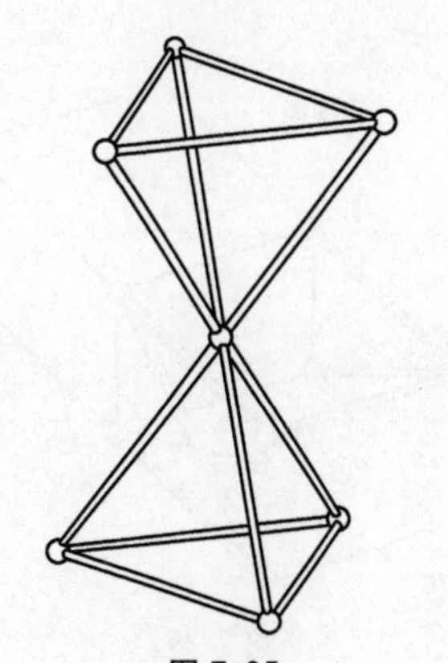

图 7-25

为了去掉这 3 个自由度，需要增加 3 个约束。3 个约束（杆）呈三角形对称分布，即从其中一个四面体的剩余 3 个顶点分别到另一四面体剩余 3 个顶点的 3 根杆将会约束掉这 3 个自由度，只要四面体在初始放置时保证 3 个约束不是平行的（或近似平行的），这 3 个约束必然彼此异面（见图 7-26）。第一个约束 C_1 去掉了 1 个自由度，剩余了位于由 C_1 和公共点确定的平面内的一簇径向线内的 2 个自由度。第一个约束 C_2 与公共点一起确定了第二个平面，去掉了第二个自由度，只剩余了在第一个与第二个平面交线处的 1 个自由度。第三个约束 C_3，为了有效地去掉第三个自由度，必须绕着第三个约束施加一个力矩。如果这 3 个约束是平行的，C_3 将会和最后剩余的自由度平行并且不能有效约束该自由度。因此，我们得出这 3 个约束必须异面，而不能平行。

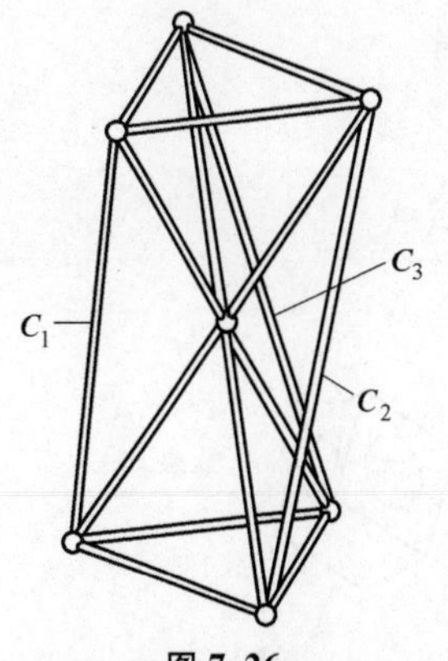

图 7-26

图 6-8 所示的可拆透镜磨削工具就采用了与图 7-26 完全相同的约束线图。

3. 有两个公共点的两个刚性结构

图 7-27 所示的有一个公共边的两个四面体，是一个由两个更小的刚性结构连接组成一个较大的刚性结构的例子。

这两个刚性体相对彼此有一个自由度，换句话说，它们可绕着公共边转动。因此，我们只需要在其中附加一个杆，如图 7-28 所示。

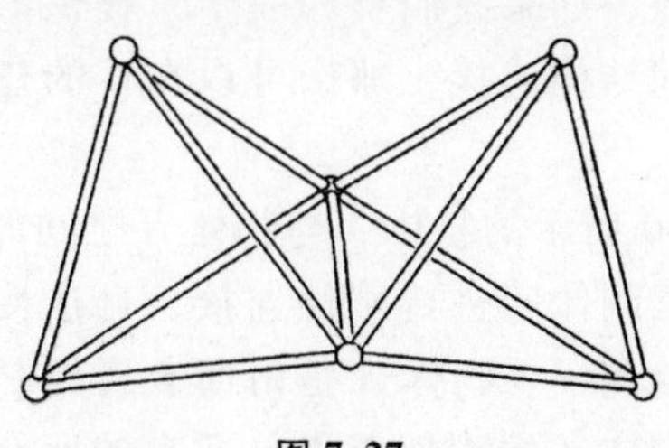

图 7-27

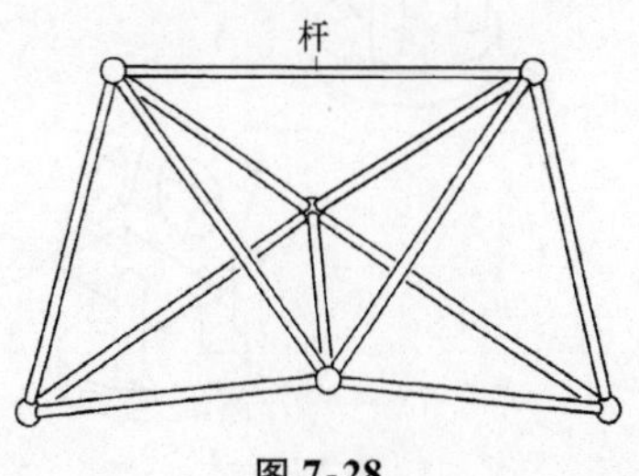

图 7-28

7.20　柔性结构间的连接

考虑一个矩形薄板，其杆等效结构包含一个对角线。这一结构，尽管具有二维刚性，但作为一个三维结构则是柔性的。它含有1个自由度。按两个刚性三角形共同使用一个杆来考虑，这两个三角形之间有一个沿其公共杆方向的自由度。

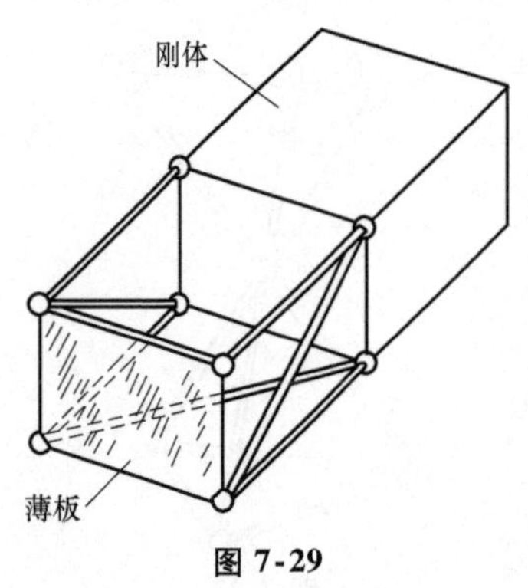

图7-29

我们可以通过采用惯用的六约束外加第七个约束以抵消结构内部的这个自由度，将这样的一个柔性结构与另一个（刚性）结构间进行刚性连接。图7-29所示为一个用来将薄板与刚体刚性连接的七约束实例。

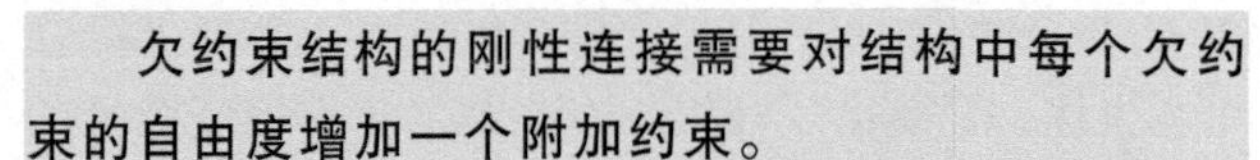
欠约束结构的刚性连接需要对结构中每个欠约束的自由度增加一个附加约束。

如果两个结构都是柔性结构，那么在这两个结构之间需要用多少个约束进行连接？试设计这一结构。

7.21　与非刚性节点的连接

在刚性节点处或接近刚性节点处与结构进行连接并不总是那么方便。由定义可知，在刚性节点处具有三维刚性，但通过具有二维刚性板面上的点只具有二维刚性，沿着杆件的点只具有一维刚性。因此，如果要和仅提供在板平面内某一方向约束的结构进行连接，我们可以在板上的任一点处进行连接。

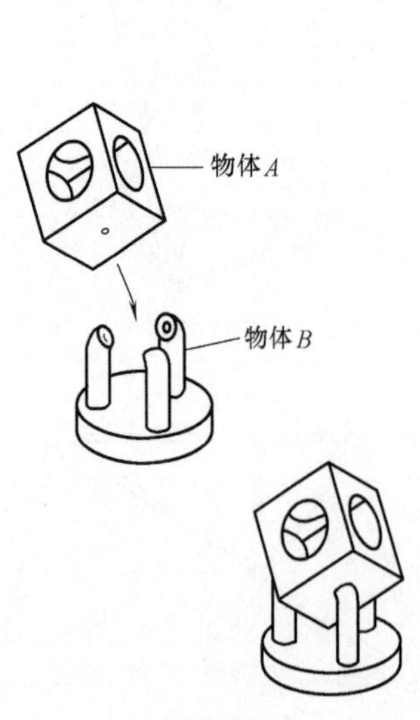

图7-30

类似地，如果我们要和一个只提供沿着杆轴线方向约束的结构连接，那么可以在杆的任何位置处进行连接。

图7-30所示的物体A与物体B之间的连接，就是两个三维刚体间进行刚性连接，且连接点不在刚性节点处的例子。物体A是由薄金属板制成的立方板结构。物体A的刚性节点包括它的所有棱边。表

面的点（远离棱边处）并不在刚性节点处。这些点很容易在垂直于其表面的方向上发生变形。不过，我们仍然打算通过使用这些点（表面中心处）和物体 A 建立刚性连接，而假定物体 B（并非我们所要关注的物体）具有三维刚性且其刚性节点延伸至上表面伸出的三个短圆柱端部。

将物体 B 穿过物体 A 三个相邻表面的中心处并通过螺栓与物体 A 连接。每个螺栓连接提供通过平面中心且在平面内的两个约束。这种位于三个正交平面内三对相交的约束对物体 A 则提供了刚性连接。

7.22　焊接引起的翘曲和变形

焊接会引起翘曲和变形，结果导致大家通常持有这样一个观点：如果需要精确的形状，应该尽量避开焊接。而并不为大众所知的是，相对于三维刚性结构，欠约束结构受焊接变形的影响会更严重。为了知道其中的原因，我们首先必须了解产生焊接变形的机理。

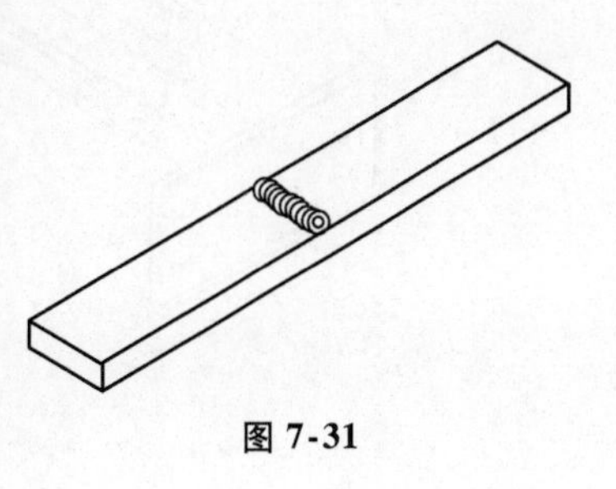

图 7-31

考虑如果在某一矩形金属板的表面上有一条焊缝会是什么后果（见图 7-31）。焊缝中的金属熔体达到了很高的温度。当金属熔体凝固时，它仍然比板另一侧的金属温度高（没有熔化的）。到现在为止，板仍然是直的。

在板的温度趋于一致的过程中，与焊缝对侧板上的金属相比，冷却焊缝区域的金属经历的温差更大。因此，由于热膨胀系数成线性，板的焊缝一侧将比其对侧收缩得更多，板将按图 7-32 所示方向进行弯曲。注意到这时板长并没有发生很大变化。

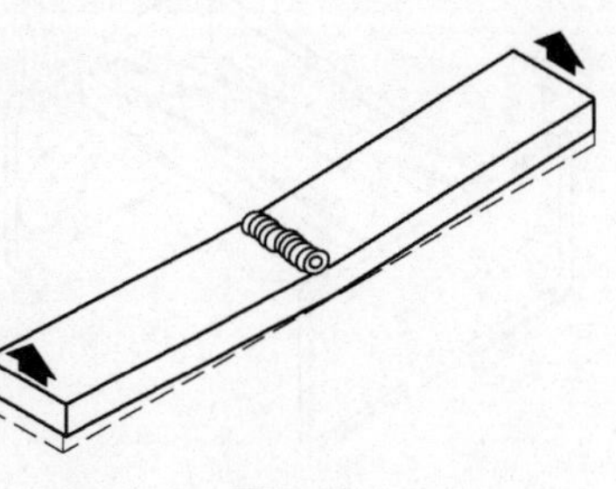

图 7-32

三维刚性结构的特性在于：其刚性主要取决于各部件相对于整体外形的长度（而不是直线度或者形状）。因此，精确约束的结构相对而言不会受到焊接变形的太大影响。很恰当的例子是三维刚性金属桁架结构，通常三维刚性金属桁架结构都是在焊接夹具中将其各个组成部件焊接到一起的。当最后的焊接完成并且桁架冷却后，再从焊接夹具中移走。仔细测量可知桁架结构并没有发现明显的变形。即使固定在焊接夹具中的结构不被固定时，结构仍然保留着它们精确的相对位置。

但是，也有焊接可能影响刚性结构形状的例子。这是怎么回事呢？从上面提到的内容可知，它只能发生在当焊接引起刚性结构中某部件长度发生变化时。为了理解这是怎么发生的，让我们来看一个例子。

图 7-33 所示是一个由 0.078in 厚的铝材制成的桁架。我们马上看出来这个桁架中有一个柔性形状，它包含一个端部为板的开式槽钢，因此，它有 1 个自由度。

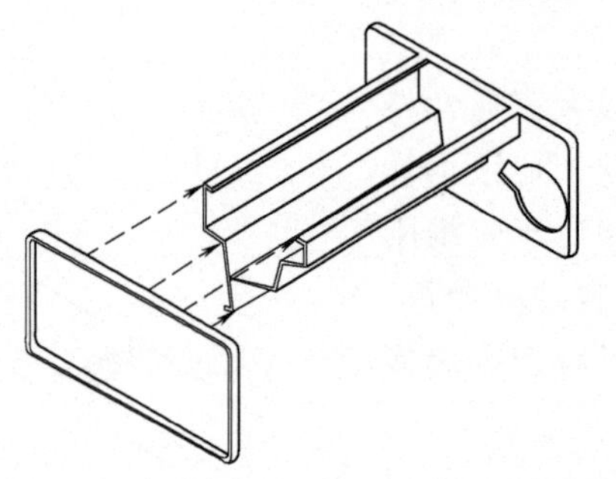

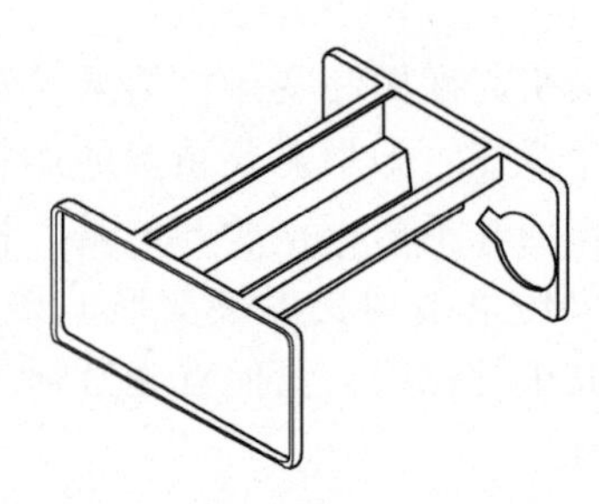

图 7-33

通过在这一个平面上增加一过对角线的杆，可以弥补原先缺少的约束，从而得到了一个刚性结构（见图 7-34）。不过要求桁架的四个衬垫区域 *A*、*B*、*C* 和 *D* 共面（见图 7-35）。为了达到这一要求，在适当的位置上焊接对角线杆件之前，将桁架置于焊接夹具中。焊接夹具定位了 *A*、*B*、*C* 和 *D* 四个点以确保其共面。现在再将杆沿对角线方向进行焊接。

当桁架从夹具中移走并测量时，我们发现 *A*、*B*、*C* 和 *D* 衬垫并不共面。事实上，如果我们让 *A*、*B* 和 *C* 确定一个平面，则测量衬垫 *D* 时，发现高出约$\frac{1}{8}$in。这意味着对桁架对角线的测量结果（沿对角线杆的顶点到顶点的测量长度）一定会减小（实际长度变化可以计算得到，具体见本章附录）。

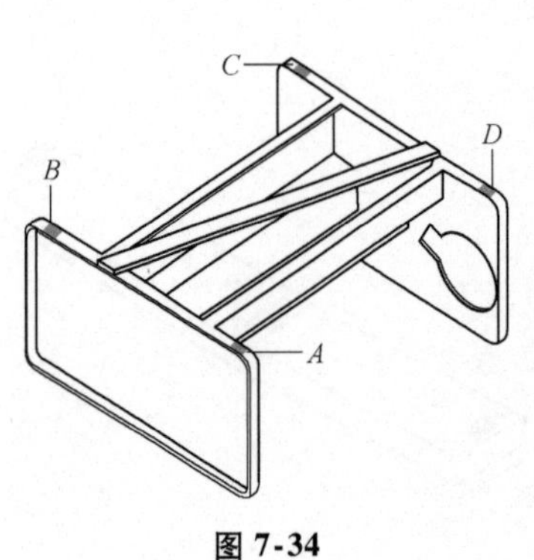

图 7-34

这并不奇怪。焊接时，对角线上的杆受热变长。桁架对角线的测量结果仍然保持不变，因为桁架被固定在焊接夹具中。随着最终焊接处焊接材料的凝固，结构保持标准的形状且对角线上的杆相比其他部分的温度更高。桁架从夹具中取出后，对角线上的杆急剧冷却，相比其他部分的收缩量更大，因此导致了我们前面观察到的桁架扭曲现象。

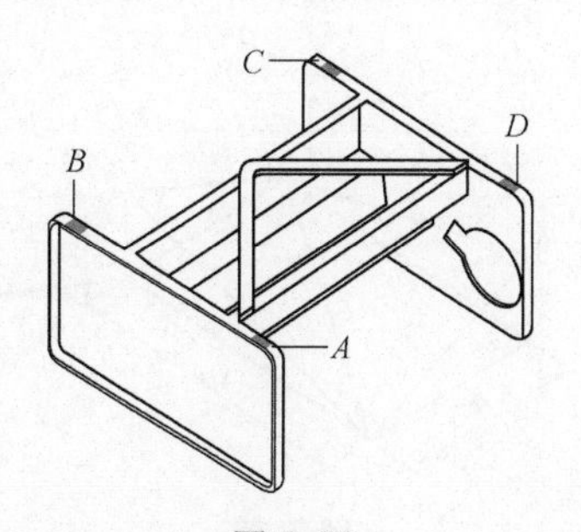

图 7-35

与钢材相比，铝材的收缩现象更严重，有两个原因：

1）铝的线膨胀系数相对更高一些；

2）铝的热扩散率要高许多。

因此，对于给定的焊接时间，其对角线上的杆具有更高的平均温度。

现在通过我们对于变形产生原因的理解，可以提出一个补救措施。

这一补救措施是：为所缺失的约束设计一个新结构，并保证该结构在冷却收缩时不改变其对角线的长度。而通过用 V 形结构代替对角线杆焊接到机架上，我们就可以解决这个难题。V 形结构仍然可以提供所需要的约束，但由于它是对称的，因此在对角线方向收缩的程度相对于其他方向不会更严重。

当桁架被固定到夹具且保证衬垫 A、B、C 和 D 共面时，V 形结构被焊接到桁架上。这样，当拆下刚性桁架时，在测量所及的范围内我们就可以保持衬垫 A、B、C 和 D 共面。

附录 计算由于开放表面的对角线长度变化所引起的五面体盒的变形

考虑尺寸为 $H \times W \times D$ 的五面体盒子，其上表面是敞开的（见图 7-36）。假设该盒体被顶点 1、2、3 支撑并且这三个点构成了一个固定平面。盒子欠约束一个自由度，我们知道顶点 4 可以沿着垂直于顶点 1、2 和 3 确定的平面自由移动。事实上，我们完全可以将其想象成一个包含两个刚体且通过铰链连接的机构。

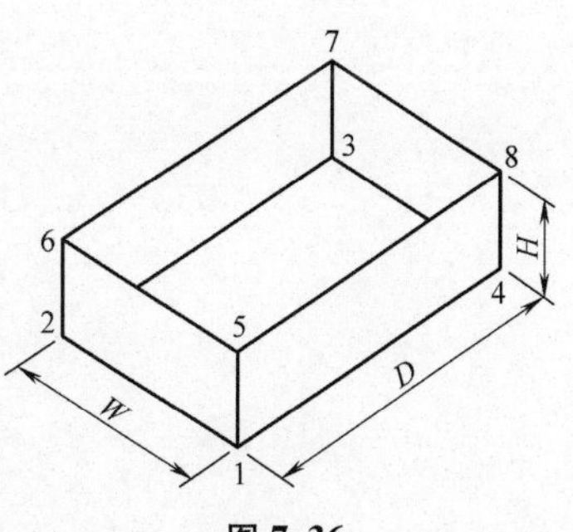

图 7-36

根据我们已经知道的有关板与杆结构的等效

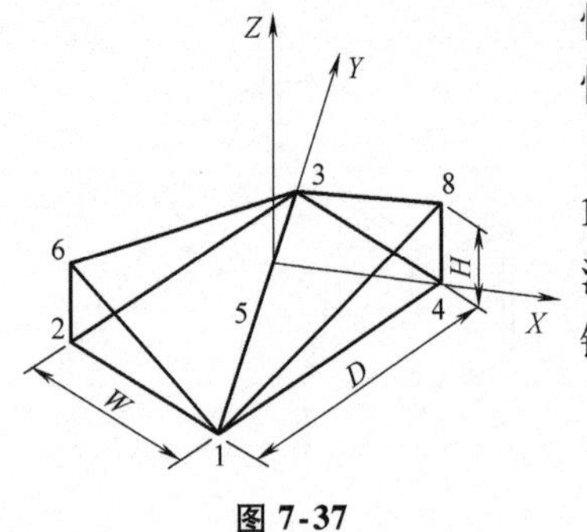

图 7-37

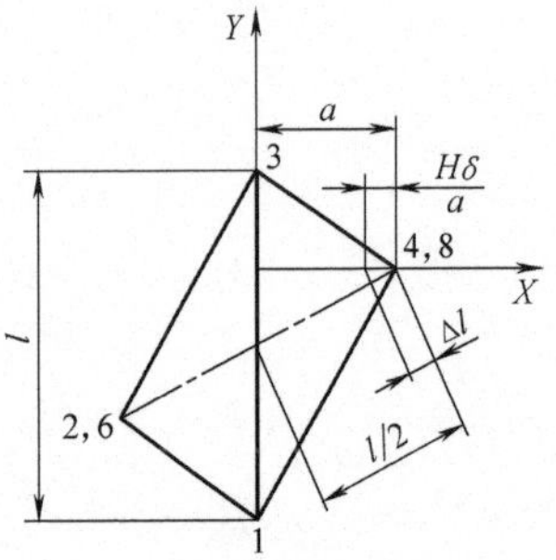

图 7-38

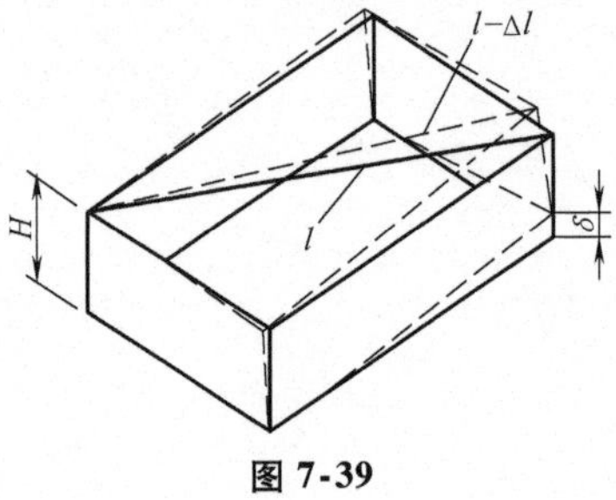

图 7-39

性，可以画出两个四面体状的杆结构（自身具有刚性）沿着直线 1—3 铰接（见图 7-37）。

现在我们可以描述物体 1-3-4-8 相对于物体 1-2-3-6的运动，认定物体 1-2-3-6 是固定的。为了清楚起见，我们定义一组正交的坐标轴，Y 轴是铰链所在直线，X 轴通过顶点 4（见图 7-38）。

从 Y 轴到点 4 的距离定义为

$$a=\frac{DW}{l}$$

式中，l 是从点 1 到点 3 的距离（盒体底面对角线的尺寸）。

现在，让我们来操作这一机构（见图 7-39）。假设点 4 最初在 XY 平面内，沿着 Z 方向发生一个很小的变形 δ，点 8 将相应地在 Z 方向移动 δ 并沿负 X 方向移动$\frac{H\delta}{a}$。我们对点 6 和点 8 间距离的改变量 Δl 比较感兴趣，它正好与点 4 的变形量 δ 对应。

通过三角形相似可以得到

$$\frac{\Delta l}{H\delta/a}=\frac{a}{l/2}$$

化简得

$$\Delta l=\frac{2H}{l}\delta$$

或

$$\delta=\frac{1}{2H}\Delta l$$

本章小结

在这一章中我们应用**精确约束设计法则**来设计刚性轻质结构。使用的方法与在第 4 章介绍的柔性元件设计方法相同，即认识到某些元件的弯曲刚度与拉伸刚度相差几个数量级。通过使用这种技巧，设计者能够迅速评估结构的形状和确定刚性存在与否。这种定性的分析方法在概念设计阶段是很有用的，并且更易于直观理解，这比通过有限元分析所得到结果更为迅速。

第8章

卷幅传送中的精确约束

循序而渐进，熟读而精思

通常将宽度远大于厚度，长度又远大于宽度的柔性板条定义为卷幅（或称柔性基板）。电影胶片和纸就是其中两个典型的例子。在机械传送过程中，操作稍有不当就很容易对这样的卷幅造成破坏。因此，为了避免卷幅传送装置和卷幅连接中出现过约束，我们需要对卷幅传送装置进行精细的设计。在卷幅与传送装置之间建立一个精确的卷幅约束连接，不仅可以避免卷幅遭受破坏，同时可以获得精确的卷幅追踪性能。

8.1 卷幅的分类

根据卷幅的二维刚性特性，可将其分为三种基本类型：刚性卷幅、柔性卷幅和面料卷幅。

刚性卷幅，往往处于受到张力的状态，根据7.5节给出的定义为二维刚性。刚性卷幅能够抵御二维变形，其等效杆结构中包含两个边缘杆和一个沿对角线方向的杆（见图8-1）。电影胶片和底片都可以看成是刚性卷幅，因为其传送平面的长度并非明显地大于宽度（如果该平面的长度相对于宽度非常长，两个边缘杆与对角线杆将非常接近，使它们几乎就像一根杆）。本章将主要讨论刚性卷幅(8.14节除外)。

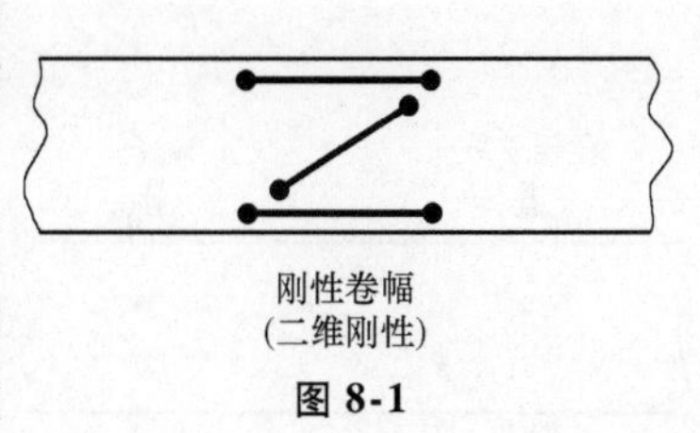

刚性卷幅
(二维刚性)

图8-1

对于**柔性卷幅**，我们必须要放弃这类卷幅具有二维刚性的假设。柔性卷幅可能是卷幅传送平面的长度远大于宽度，或者是受到了很强的张紧力。在这两种情况下，若传送装置上荷载变化时，卷幅将不再保持其原先的二维形状。

图 8-2（放大图）所示为当加载偏心张力时，柔性卷幅平面的变化（卷幅平面在没有加载力时其侧边保持直线）。

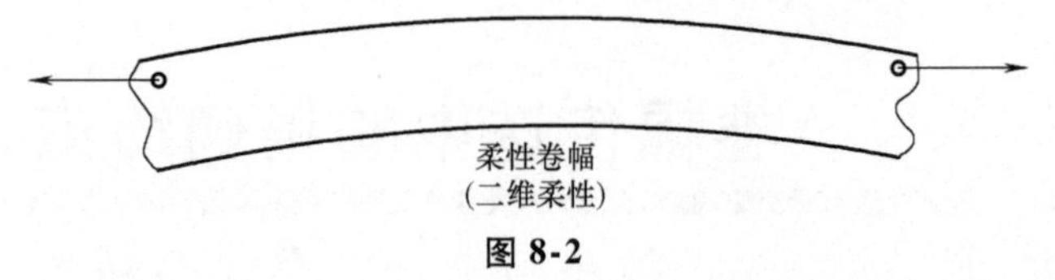

图 8-2

可以用冠形辊子来传送柔性卷幅。相关的冠形辊子传送机构将在 8.14 节中讨论。

面料卷幅的等效杆结构中只包含边缘杆但不包含对角线杆，因此它不能抵御二维变形。原有的矩形形状能够很容易地变为平行四边形。不过，在这里我们将不考虑面料卷幅的传送问题。

8.2　二维问题

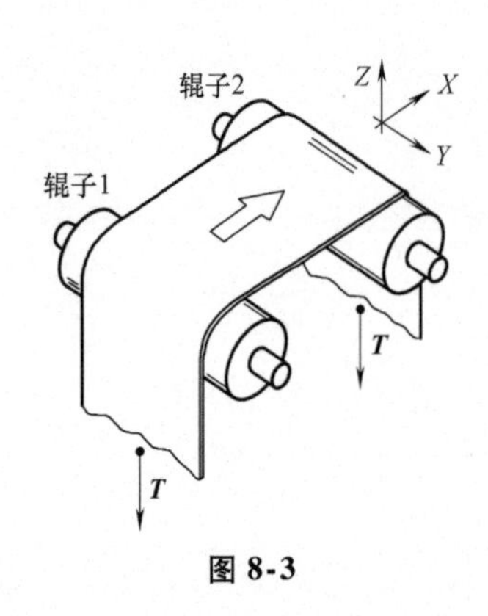

图 8-3

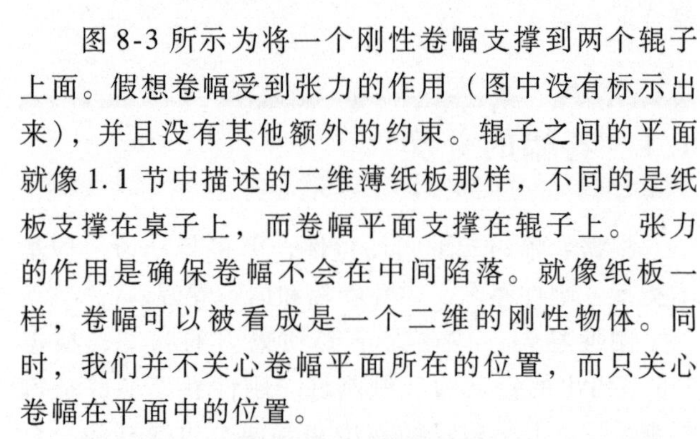

图 8-3 所示为将一个刚性卷幅支撑到两个辊子上面。假想卷幅受到张力的作用（图中没有标示出来），并且没有其他额外的约束。辊子之间的平面就像 1.1 节中描述的二维薄纸板那样，不同的是纸板支撑在桌子上，而卷幅平面支撑在辊子上。张力的作用是确保卷幅不会在中间陷落。就像纸板一样，卷幅可以被看成是一个二维的刚性物体。同时，我们并不关心卷幅平面所在的位置，而只关心卷幅在平面中的位置。

我们只考虑卷幅上的位置参数：X、Y，以及绕 Z 轴的转角 θ_Z。换句话说，这是一个二维问题。这样考虑可以使问题在很多方面都变得简单。首先，也是最显而易见的，我们只需要考虑 3 个自由度而不是通常情况下的 6 个。事实上，还会更简单一些，因为卷幅通常由多个辊子中的某一个驱动（X 方向），我们很少需要考虑该方向的自由度，而只需要考虑余下的 2 个自由度。简化至二维问题的第二个优点在于：我们可以建立一个卷幅平面示意图，即便实际中卷幅的路径并非仅限于平面。图 8-4 是图 8-3 所示卷幅平面示意图的一部分。

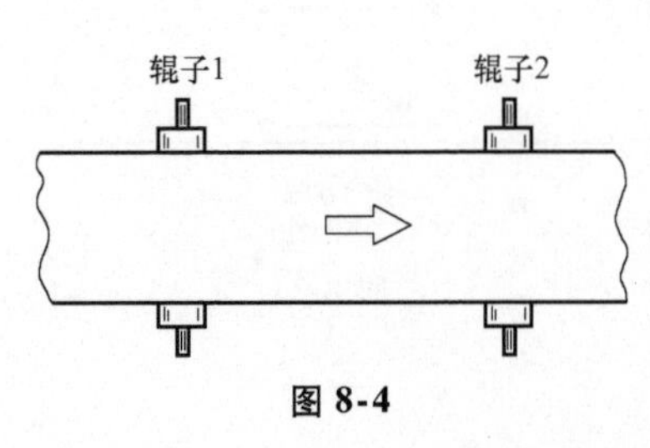

图 8-4

卷幅的“尾部”，即超出辊子的部分，并不在辊子中间卷幅所在的平面上，不过我们可以将其画在上面。尽管我们知道卷幅绕过每个辊子 90°，我们还是将它们画在同一个平面上。应用在卷幅上的约束分析是一种简化的方法。现在，让我们来研究一下卷幅与辊子之间的连接特性。

8.3　每个辊子都是一个独立约束

由于卷幅绕过每个辊子的角度实际上总是存在的（在此例中是 90°），卷幅上张力的作用会造成在辊子表面处有明显的径向压力存在。这种压力反过来又会在卷幅与辊子的接触表面产生显著的摩擦力。为便于对卷幅的传送进行研究，这个摩擦副可看做在卷幅与辊子之间的一种机械连接。

每个辊子都会在平行于辊子轴线的方向上给卷幅施加一个约束。这里用常用符号“●—●”来表示约束。回忆一下前面我们对约束下的定义：物体上的点只可以沿与约束线方向垂直的方向运动，而不能沿着约束线的方向运动。这恰与辊子对卷幅的作用效果一致。

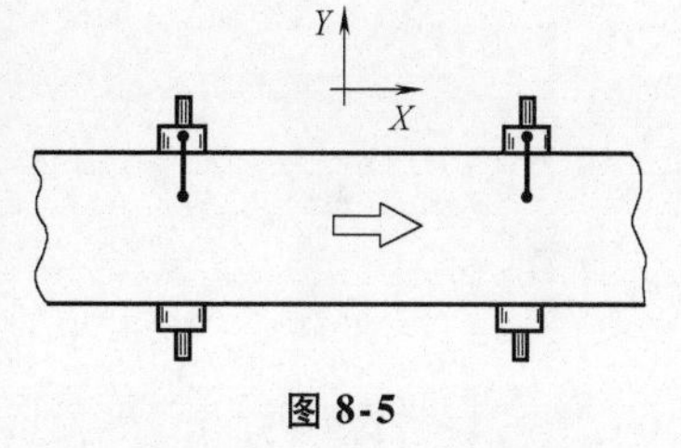

图 8-5

与之相似的一种连接方式是一对辊子承载一个长木板。每个辊子在木板上施加一个平行于辊子轴线方向的约束。

另一种相似的连接是：汽车的车轮与路面之间的连接。汽车沿车轮前进方向移动起来很容易，但是侧向运动却很困难（试着从侧面推一下汽车）。

如图 8-5 所示，两个约束对二维刚性卷幅的作用效果与在第 1 章提到的两个约束对纸板的作用效果相同。在约束作用下，卷幅可以绕着转动瞬心转动。这个瞬心位于两条约束线的交点处。如果两个辊子相互平行，那么瞬心将在无穷远处，这样只允许装置沿 X 方向传送

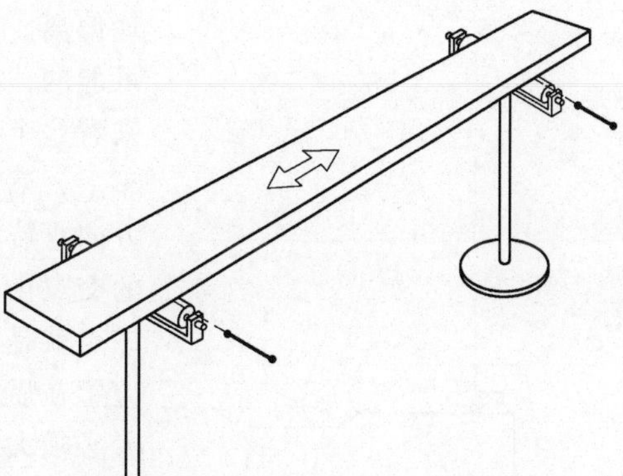

图 8-6

卷幅（见图 8-6）。注意，这是设计者容易疏忽的地方，尽管看起来，在两个平行辊子的约束下，卷幅可精确地沿着 X 方向运动，但在实际中，我们发现卷幅移动的方向还是会向辊子的两端波动。这是一个令人失望的结果，设计者觉得可能是由于辊子间没有进行精确对准，从而花费相当多的精力来改善辊子间的对准状况。

结果证明，这种努力是徒劳的。我们来看一下为什么，这里只需要拿汽车的例子来说明即可。假定有一辆无人驾驶的汽车，它的转向轮已经得到了很仔细的校准和固定，这时，这辆车既不会左转也不会右转。将这辆车放在一条长直的路面上并使之运动，如果这辆车的前进方向稍有偏差，在行驶一小段距离之后就会偏出路的边缘。试想，要达到何种精度（转向轮以及出发时车辆前进方向与道路的角度等都要考虑到），才可以使车始终行驶在路上。实际上，这是不可能的。这样一来，我们发现轮子施加的约束与接触点或者杆提供的约束不同，在轮子上施加的约束并没考虑路面的性质。这正与我们在辊子上传送卷幅时遇到的问题一致。从这种意义上讲，辊子或轮子提供的约束与接触点或杆提供的约束是不同的。

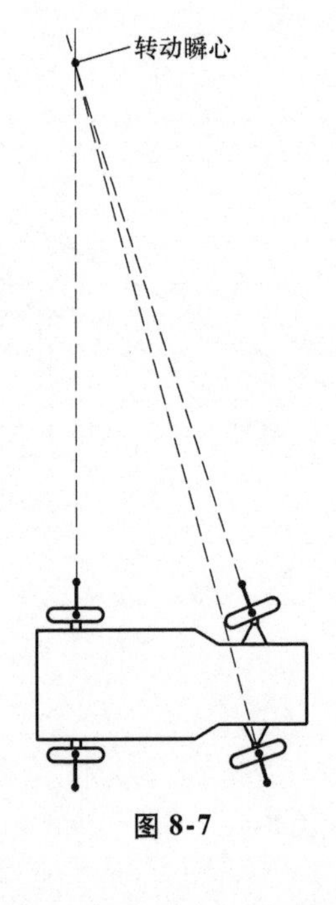

图 8-7

相同的问题也可见于图 8-5 所示结构的卷幅与辊子上。即便是两个辊子能实现很好的对准，卷幅也很平直，但如果初始对准不够理想，卷幅就会出现偏离。需要说明的是，实现这种理想的对准是不可能的，我们需要寻找其他解决方法。首先，我们来看这个问题在汽车上是如何得到解决的。在一辆车上，驾驶人一边监视 Y 方向一边操控方向盘。当方向盘旋转时，前轮的转轴与后轮转轴轴线延长线的交点由无限远变为有限的远点，如图 8-7 所示。该点就是汽车的转动瞬心。转向轮可以控制瞬心的位置在后轮轴线方向上移动。为使汽车转向，驾驶人必须大致使汽车的转动瞬心与道路的曲率中心重合，同时按照需要进行微调。显然，我们可以通过同样的方法来处理卷幅与辊子中的问题。

为了处理卷幅中遇到的问题，我们需要安装一个传感器监控卷幅的偏离位置信息，然后利用该位置信息去矫正某一个辊子的角度。例如，如果传感器检测到卷幅在 Y 方向上移动过多，会发出信号让辊子 2 的角度发生相应的改变，这时卷幅的瞬心如图 8-8 所示。卷幅会沿此中心旋转，使卷幅的边缘相应地向相反的方向移动。这样，卷幅偏离位置就变得可控了。

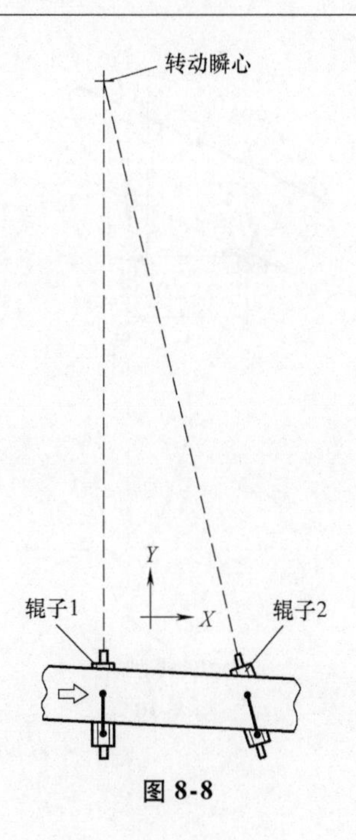

图 8-8

以上内容并不是为了设计某种伺服系统，而是为了更形象地说明辊子对卷幅的约束很少（不考虑卷幅的边缘）并且卷幅的运动可以精确到我们所期望的值。当卷幅上有 2 个约束时，我们就能找出它的转动瞬心。这些知识使我们能够控制卷幅，并且理解它们的运动形式，进而选择伺服系统或者其他方式来控制卷幅的偏离位置。

8.4 边缘导引

另一种可以用来控制卷幅偏移位置的方法是将上游的辊子替换为某一边缘导引装置。图 8-9 所示的边缘导引装置，是一个带有转轴的并且可以承受卷幅边缘的某种反力作用的桨叶形装置。卷幅导引可以提供一个与卷幅边缘成 90°的约束。这与辊子提供的约束不同。首先，辊子提供的约束不会涉及卷幅的任何特性，而边缘导引装置必然会关系到卷幅的边缘特性。第二个不同点，也是更细微的一点，在于辊子提供的约束无论在位置还是角度上都是固定的，而边缘导引的约束角度会随着卷幅边缘角度的变化而变化，并且总是与卷幅边缘成直角。这一点听起来可能不是很重要，但事实并非如此，我们在后面将会看到。

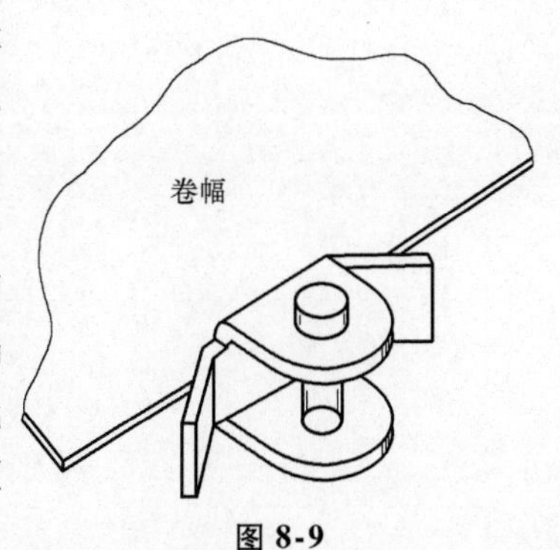

图 8-9

图 8-10 所示为边缘导引以及辊子所提供的约束，两者相距 l。很明显，图中所示的卷幅已经偏离直线。两条约束线所确定的瞬心在它们的延长线上。由于辊子驱动卷幅沿图中指示的方向，相应地，卷幅将绕瞬心顺时针旋转。

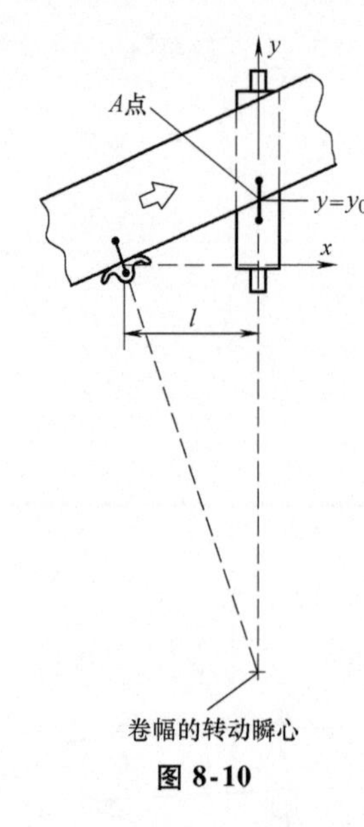

图 8-10

我们感兴趣的是：当卷幅沿图示方向传送时其偏移位置如何，特别是当卷幅跨过辊子轴线时 y 方向的位置。$t=0$ 时，$y=y_0$。我们选卷幅边缘的 A 点进行观察，它与辊子相接触并且位于辊子的轴线上。

在经历一个很短的时间 Δt 之后，A 点移动 Δx 到 A'点。结果卷幅边缘将移动 Δy，这样卷幅速度包含两个分量（见图 8-11）：纵向分量 $v_x=\dfrac{\Delta x}{\Delta t}$和横向分量 $v_y=\dfrac{\Delta y}{\Delta t}$。

在一个很小的时间段内

$$\frac{-\Delta y}{\Delta x}=\frac{y}{l}$$

代入速度方程得到

$$\frac{v_y}{v_x}=\frac{-y}{l}$$

$$-\frac{v_x}{l}=\frac{v_y}{y}=\frac{1}{y}\frac{\mathrm{d}y}{\mathrm{d}t}=\frac{\mathrm{d}}{\mathrm{d}t}(\ln y)$$

$$\mathrm{d}(\ln y)=\left(\frac{-v_x}{l}\right)\mathrm{d}t$$

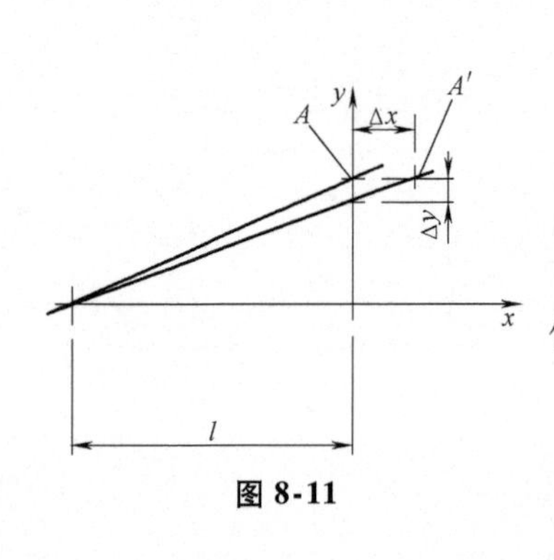

图 8-11

对上式两边进行积分（l 和 v_x 是常数），得

$$\int\mathrm{d}(\ln y)=\ln y\int\frac{-v_x}{l}\mathrm{d}t=\frac{-v_xt}{l}+c_1=\frac{-x}{l}+c_1$$

$$y=\mathrm{e}^{\left(-\frac{x}{l}+c_1\right)}$$

代入初始条件（$x=0$ 时，$y=y_0$），得到

$$y_0=\mathrm{e}^{0+c_1}\rightarrow c_1=\ln y_0$$

代入 c_1 值，得

$$y=\mathrm{e}^{\left(\ln y_0-\frac{x}{l}\right)}=\mathrm{e}^{\ln y_0}\mathrm{e}^{\frac{-x}{l}}=y_0\mathrm{e}^{\frac{-x}{l}}$$

这样我们看到卷幅边缘的横向位置 y 是关于卷幅纵向移动距离 x 的衰减指数函数。在工程上，我们似乎更习惯于关于时间常数的衰减指数函数，而这里是一个关于长度常数的衰减指数函数，其中长度常数是导引装置与辊子之间的距离 l。

对于受到辊子以及边缘导引约束的卷幅平面，初始位置距离其稳定状态 y_0，辊子上卷幅边缘的横向位置遵循下面的衰减指数函数曲线：

$$y=y_0\mathrm{e}^{\frac{-x}{l}}$$

式中，x 是指卷幅的纵向位置。

图 8-10 最终到达图 8-12 所示的稳定状态。此时，两条约束线平行，旋转瞬心在无穷远处。旋转自由度等价于一个纯粹的移动（X 方向）自由度。这是一个具有很好稳定性的卷幅传送方法。然而，这个方法的最大缺点是反转时不稳定。

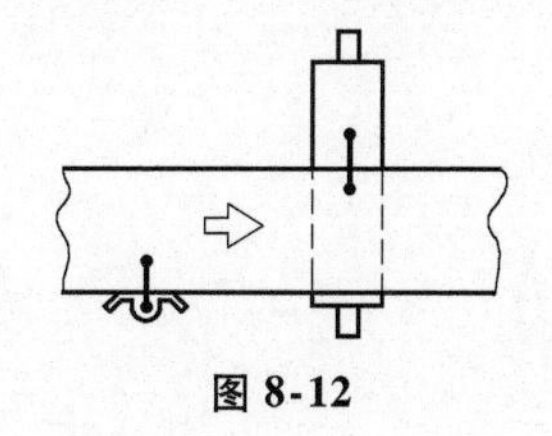

图 8-12

8.5　弧形卷幅

到目前为止，我们只考虑了那些拥有直边缘的卷幅。现在，我们将研究弧形卷幅的情况。这种卷幅拥有有限曲率半径的弧形边缘。我们可以通过之前已经讨论的二维分析方法来分析这类卷幅的行为特征。

图 8-13 所示是一个放大了的卷幅。这个卷幅通过一个装在上游的导引装置和一个辊子进行约束。我们可以由弧形卷幅的结构来确定曲率中心以及转动瞬心的位置。当卷幅向前移动，它一定绕着其瞬心旋转。这就造成了卷幅的边缘在横向上沿 Y 轴负方向移动，同时使得曲率中心向辊子的约束线方向移动。这样，反过来又得到了一个新的瞬心位置。瞬心沿着辊子约束线向曲率中心移动。

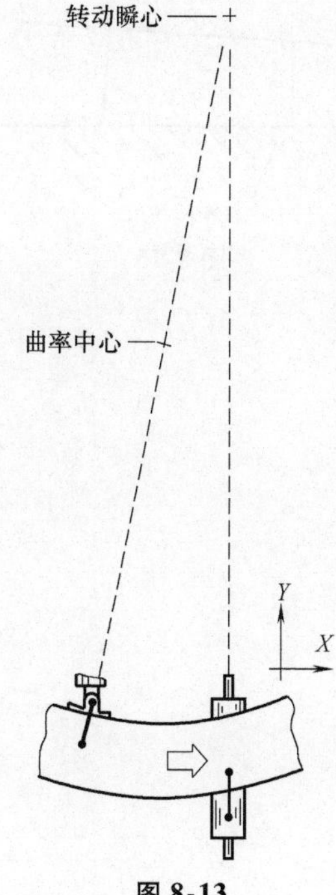

图 8-13

随着卷幅进一步向前移动，曲率中心继续向辊子约束线移动，同时卷幅的瞬心继续沿着约束线向曲率中心移动。渐渐地，两个点靠近为同一点，如图 8-14 所示。

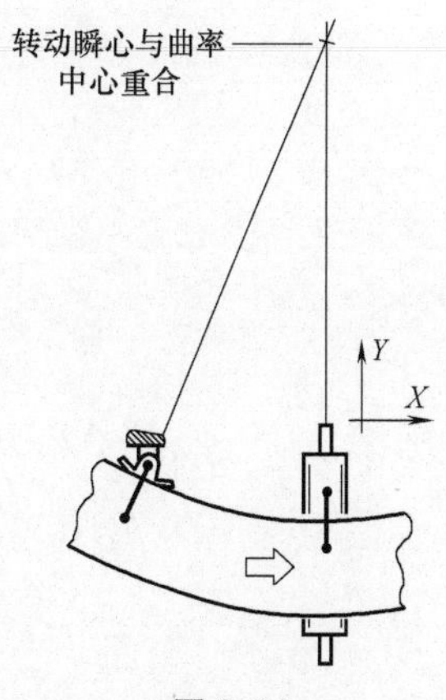

图 8-14

回顾前面我们研究的有关在边缘导引装置及辊子约束下的直卷幅稳定位置的内容。这类卷幅在当两条约束线平行时达到稳定状态。现在，直卷幅的曲率中心在无穷远处。实际上这不是巧合，我们可以得到如下结论：

任何曲率半径（无论是有限还是无限）下的卷幅，当受到边缘导引装置以及辊子的约束时，将向它们的稳定状态，即曲率中心与瞬心重合时的位置运动。

而且，如果仔细观察图 8-12 和图 8-14，我们会发现在稳定的位置，当卷幅跨过辊子时其边缘与辊子的轴线成 90°。不管边缘的曲率如何，一个被边缘导引以及辊子约束的卷幅将向它的稳定位置，即向卷幅的边缘与辊子的轴线成直角的位置靠近。由于这个原因，我们可以把下游的辊子看做一个角度约束。辊子可以看成是约束卷幅边缘与辊子的轴线保持 90°。但是，就像我们看到的，这样的情况仅仅发生在上游卷幅的位置被固定时（有一个边缘导引时）。我们可以把这样的稳定约束加载在卷幅平面上，如图 8-15 所示。把边缘导引画成一个箭头，箭头处用于固定卷幅的横向位置。辊子画成一根直线代表它的轴线。卷幅边缘与它成 90°。这种上游提供横向约束、下游提供角度约束的连接在卷幅传送装置的设计中很常见。

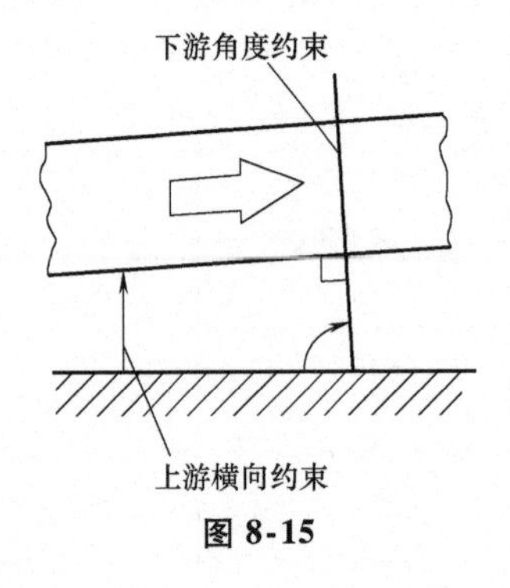

图 8-15

8.6 卷幅在辊子表面上必要的“转动”

在图 8-14 所示的稳定位置，弯曲的卷幅绕着它的曲率中心旋转，绕 Z 轴的旋转发生在卷幅与辊子的交界面上，辊子的圆柱面只在 X 方向移动（卷幅平面示意图中表示）。在卷幅边缘靠近瞬心处，卷幅的速度稍小于辊子表面的速度。在靠近边缘、离瞬心较远的位置，卷幅的速度稍大于辊子表面的速度。这样，微小的转动必然发生在卷幅与辊子接触区域的中心附近。这样的旋转跟驾驶人旋转方向盘时前轮相对于路面的旋转类似。在车不动时，需要花费很大的力气来转动方向盘，因为轮胎与路面之间总要产生滑动。然而，汽车在行进过程中，却只需要很小的驱动力。这种情况下，由于轮胎的弹性蠕变使得只要很小的转矩就能实现转动。弹性蠕变在卷幅与辊子的接触面也能起到积极的作用。有时，卷幅本身的弹性足够提供这种蠕变行为。如果辊子上装有橡胶封套，蠕变行为就会由橡胶封套来提供。

无论卷幅的瞬心与卷幅平面辊子的中心是否重合，卷幅在辊子表面的转动都会发生。就像我们看到的，当弯曲的卷幅运行在圆柱辊子上时发生了转动。同时，我们也应该很容易能够理解当直的卷幅在小锥形辊子上运动时也会发生转动。另外一种可以发生转动的情况是：在包含一个上游横向约束和一个下游角度约束的直卷幅传送装置中，存在“长度常数”，并且最初没有对准。

就像我们前面看到的，无论瞬心与辊子表面中心是否重合，卷幅相对于辊子的转动都会发生。而无论何时发生这种转动，平衡力系都会发挥作用。

例如，考虑弯曲卷幅放大的情况（见图 8-16），在边缘导引与下游辊子约束作用下卷幅处于平衡位置。转动后辊子对卷幅产生了一个顺时针方向的转矩。为了平衡这个转矩，产生了一个力偶，由边缘导引处的力 $\boldsymbol{P}_1$ 以及辊子处的力 $\boldsymbol{P}_2$ 组成。尽管这两个力并不是决定平衡位置的因素（平衡位置由瞬心的位置决定），却有助于我们对其进行更深入的了解。例如，边缘导引所产生的力省去了为了达此目的所必需的弹簧。在实际操作中，正是卷幅边缘自然地支撑着边缘导引。

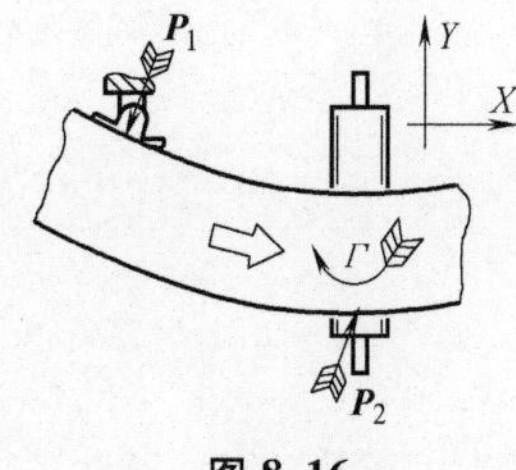

图 8-16

8.7　卷幅与辊子之间的连接：销接和铆接

卷幅与辊子的理想连接模型是假设用一个图钉将卷幅固定在辊子上，并放在二者接触区域的中心附近。当然，这只是一个理想的模型。这样的图钉会随着卷幅的行进反复移动。该模型中，卷幅与辊子的连接包括两个约束：一个 X 约束，一个 Y 约束。θ_Z 自由度没有被限制，正像所需要的那样。Y 约束是一种单一的轴向约束，这已经在 8.3 节讨论过。X 约束的作用是使卷幅的运动与辊子的驱动同步，但它一直被人们所忽视。通常情况下，在卷幅路径上的辊子是驱动轮。驱动轮与卷幅之间的 X 约束驱动卷幅沿 X 方向移动。

卷幅上所有其他的辊子都是惰轮。卷幅与每个惰轮之间的 X 约束只是约束每个惰轮的旋转位置，否则它们会自由旋转。

我们提到的这个单一图钉模型实际上是一种卷幅与辊子之间的销连接。通常，当设计一个用于传送卷幅的机器时，机器的辊子往往按照销连接模型来考虑。我们总希望每个辊子与卷幅之间都有一个销连接。

偶尔，我们也希望这种连接是铆接。在铆接中，θ_Z自由度也被约束掉了，例如打印机或绘图仪上的平板辊子就是很好的铆接例子。在这两个例子中，压辊有效地将纸的整个长度压在辊子上。如果压辊的长度稍短并且靠近纸的中间，就会接近于销接。但是如果压辊的长度较长，具有相当大压力的压辊，像打印机以及绘图仪中的那样，就会认为是铆接。

铆接会使卷幅相对于辊子的角度不可能发生变化，因为这样的铆接完全限制了平面二维的所有三个自由度，任何附加的约束都会变成过约束。因此，当我们设计卷幅传送机器时，应避免使用铆接。绝大多数情况下我们采用销连接模型。

8.8 带法兰的辊子

带法兰的辊子具有过约束的特征。辊子本身就是一个约束，而法兰本身旨在作为边缘导引，提供两个以上约束。这些约束进行叠加，于是产生了过约束。唯一可以使用带法兰辊子的情况是：如果卷幅张力和（或者）包角都足够小，可以使卷幅在辊子表面滑动（就像从侧面推停止的汽车一样）；否则，卷幅边缘会挤压法兰或者越过法兰。这两种情况都不允许发生（见图 8-17）。如果在某些特定场合中你确实想在卷幅路径上增加一个法兰，那么辊子上的约束必须要去除。

图 8-17

8.9　零约束卷幅支撑

在卷幅传送装置设计过程中，很容易发生过约束的情况。卷幅路径上通常布置很多辊子。如果每个辊子都提供约束，就很容易会出现过约束的情况。为了避免这种情况发生，可以使用一些特殊的辊子——不对卷幅产生约束的辊子。我们称之为零约束卷幅支撑。

1. 不会旋转的“鞋”

一种简单的消除约束的方法是将辊子锁住，使之不能转动，这样辊子就变成了一个静止的“鞋”。卷幅与“鞋”表面间总要发生滑移，辊子约束相应得以消除。但是，有时候附加的拉力会造成张力增加，固定面也可能会刮擦卷幅表面。一种解决问题的方法是：将压缩空气输送到卷幅与“鞋”之间的间隙，形成一个气垫使卷幅在其上运行。不过，这种方法的耗费高昂，通常只应用在一些固定大型制造设备中。

图 8-18 为不会旋转的“鞋”的示意图。示意图上的平面说明它是不能旋转的。

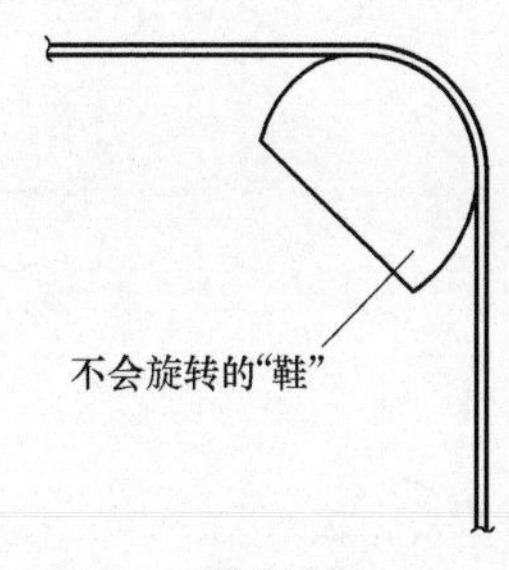

图 8-18

2. 具有轴向柔顺特征的辊子

消除辊子约束并非一定通过去除辊子这种方法，我们还可以采用一种特殊的辊子，它的表面被设计成轴向具有柔顺性（简称轴向柔顺）。轴向柔顺的意思是：辊子表面根据卷幅的需要在横向上可以自由移动；当与卷幅不接触后，它又回到初始位置。

这里有两个轴向柔顺的例子。图 8-19 所示为一个拥有橡胶封套的辊子，在它的表面刻有一些很深的沟槽（美国专利号：#4221480）。辊子表面可以看成由一系列橡胶圆盘组成。在实际工作中，这些圆盘会根据需要横向倾斜少许，但其在径向和切向还会保持相对较高的刚性。

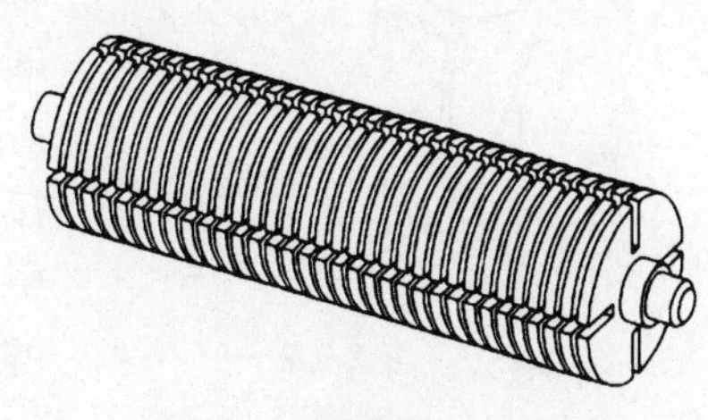
图 8-19

图 8-20 所示为另一种结构的轴向柔顺辊子

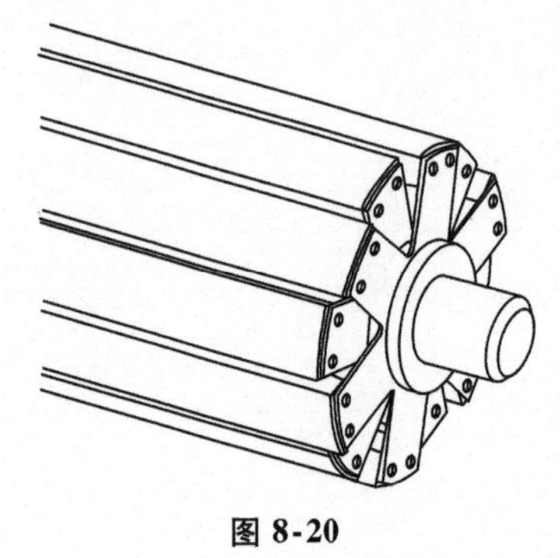

图 8-20

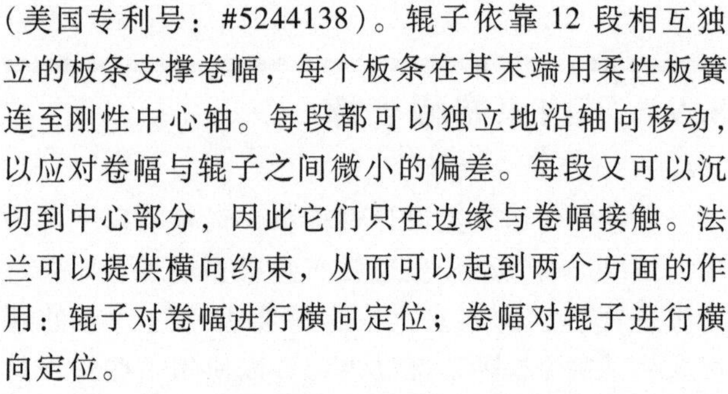

（美国专利号：#5244138）。辊子依靠 12 段相互独立的板条支撑卷幅，每个板条在其末端用柔性板簧连至刚性中心轴。每段都可以独立地沿轴向移动，以应对卷幅与辊子之间微小的偏差。每段又可以沉切到中心部分，因此它们只在边缘与卷幅接触。法兰可以提供横向约束，从而可以起到两个方面的作用：辊子对卷幅进行横向定位；卷幅对辊子进行横向定位。

图 8-21 所示为轴向柔顺辊子的示意符号。该符号表示：辊子表面由许多可轴向移动的板条组成，每个板条都可以沿轴向自由移动。

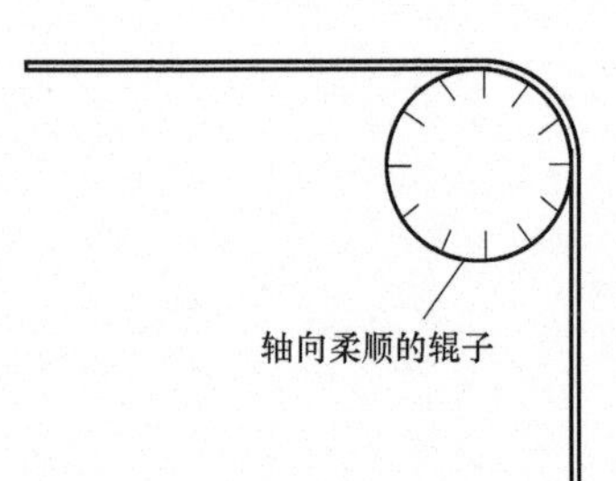

图 8-21

3. 万向辊子

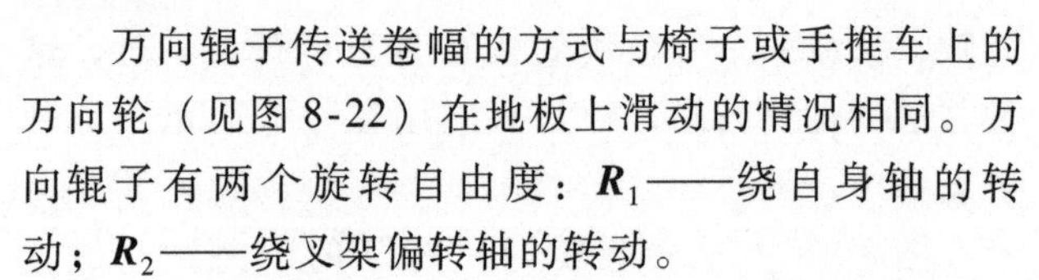

万向辊子能很好地消除过约束，而且不施加任何约束给卷幅。事实上，在卷幅与辊子之间的约束并没有消失，我们只是在辊子与基座之间又增加了一个自由度，允许卷幅定位辊子而不是辊子施加约束给卷幅。

万向辊子传送卷幅的方式与椅子或手推车上的万向轮（见图 8-22）在地板上滑动的情况相同。万向辊子有两个旋转自由度：$\boldsymbol{R}_1$——绕自身轴的转动；$\boldsymbol{R}_2$——绕叉架偏转轴的转动。

卷幅表面与辊子接触的运动包括平行于辊子轴线的运动以及垂直于轴线的运动。垂直分量产生了旋转自由度 $\boldsymbol{R}_1$，平行分量产生了叉架的旋转自由度 $\boldsymbol{R}_2$。自由度 $\boldsymbol{R}_2$ 可使轮子的偏差逐渐减小，就像卷幅传送中受到上游横向约束和下游辊子同时作用时的反应。轮子偏转的幅度也是偏转半径（$\boldsymbol{R}_1$ 和 $\boldsymbol{R}_2$ 之间的距离）的衰减指数函数。

对万向辊子的这种性能，我听到过一种简单的解释，这种解释很符合直觉，但其实是完全错误的。具体解释如下：

轮子与表面连接的接触区域中心，总是试图直接尾随在偏转轴线与表面交叉的地方。接触区域的中心以及偏转轴线的连线会和移动方向对齐，就像链连接会自动对准作用在其上的张紧力方向一样。如果辊子一开始就是偏转的，使得接触中心偏离到

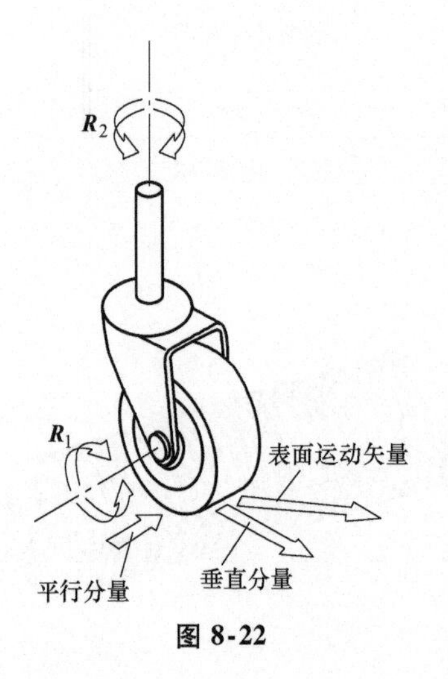

图 8-22

一边，就像链条松弛一样。

这种解释听起来很合理。我们不妨先看图 8-23 所示的一个沿 X 轴正向移动的万向轮与一个表面相接触的情况。轮子将会到达图示的位置，在这个位置上，所有的“松弛”都没有了。事实上，当偏移在图示的位置时，卷幅的运动矢量不仅会引起轮子绕其自身轴线的转动，同时也会产生一个剩余的与 $\boldsymbol{R}_1$ 平行的分量。

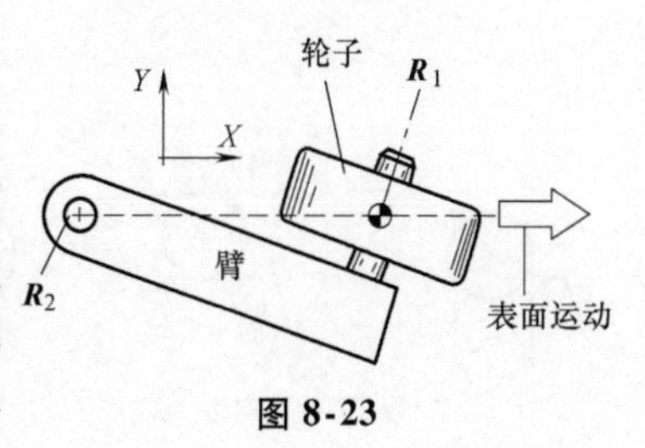

图 8-23

如前所述，这样将产生一个逆时针的旋转自由度 $\boldsymbol{R}_2$，使得整个部分逐渐达到图 8-24 所示的位置，即轮子轴线与运动表面的瞬心位置相交。

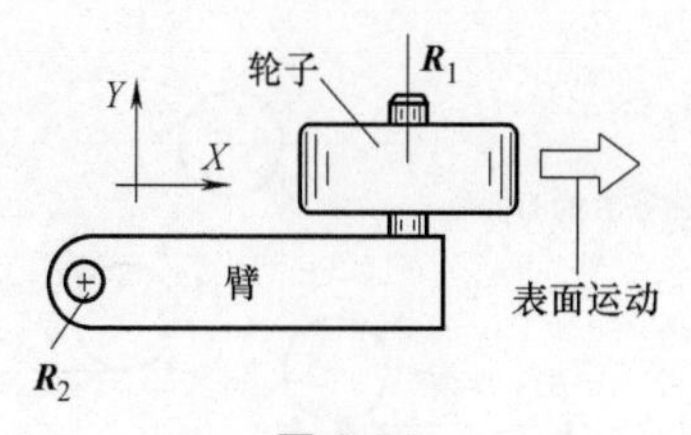

图 8-24

结果是：万向轮的轴线将会向着与其接触表面瞬心相交的方向移动。

假设有一个受到精确约束的卷幅，其中的一部分如图 8-25 所示。我们注意到图中没有表示出任何约束，只有一个转动瞬心。显然，一定有两个约束施加到卷幅上并确定了这个瞬心的位置。但是我们无须关心这两个约束的具体位置及形式，只需要知道卷幅受到了精确约束以及瞬心的具体位置。

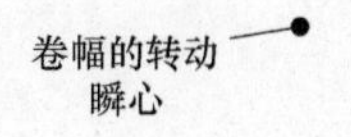

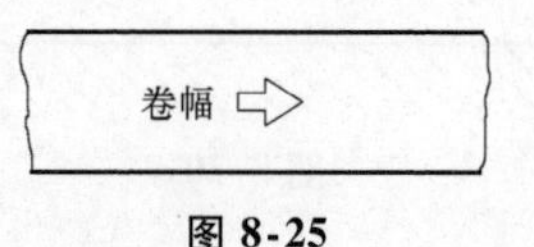

图 8-25

如果想再用另一个辊子支撑卷幅，这应是一个零约束辊子。如果我们选择用一个万向辊子（见图 8-26），这个辊子将会自动对准直到它的轴线与卷幅的瞬心相交。

图 8-26 是万向辊子的局部视图，装置的全貌可见图 8-27。辊子 A、C 也在图中标出，它们向卷幅提供了精确的约束以及确定的卷幅瞬心位置。为了避免过约束，辊子 B 自定位于上游辊子的轴线。自定位轴线的位置平行于通过辊子 B 上卷幅的角平分线，在上游方向与辊子 B 的距离大约是卷幅宽度。无论卷幅以何种角度覆盖辊子，轴线均处于这一位置。

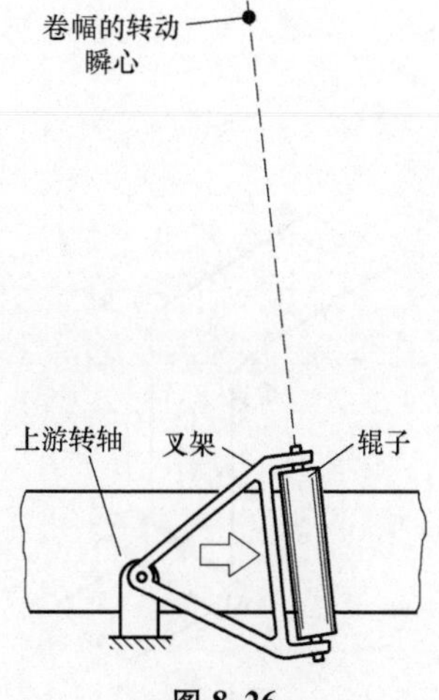

图 8-26

任何情况下，偏转轴线都平行于辊子上卷幅进入方向与出来方向的角平分线（见图 8-28）。

一般而言，偏转半径（偏转轴线到辊子轴线的距离）应同辊子的长度（或者卷幅的宽度）大致相同，而其精确长度并没有很严格的限定（见图 8-29）。

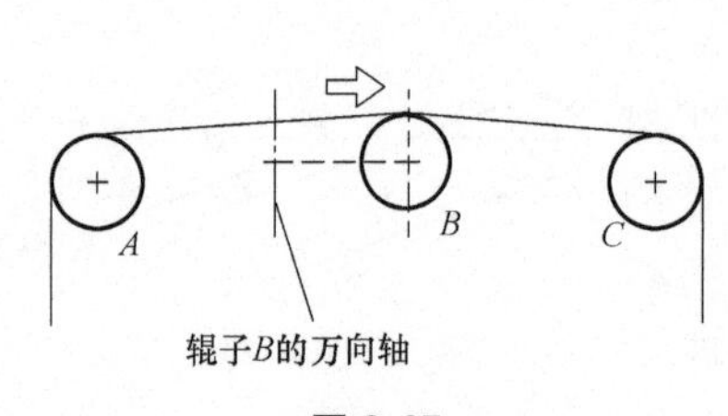

图 8-27

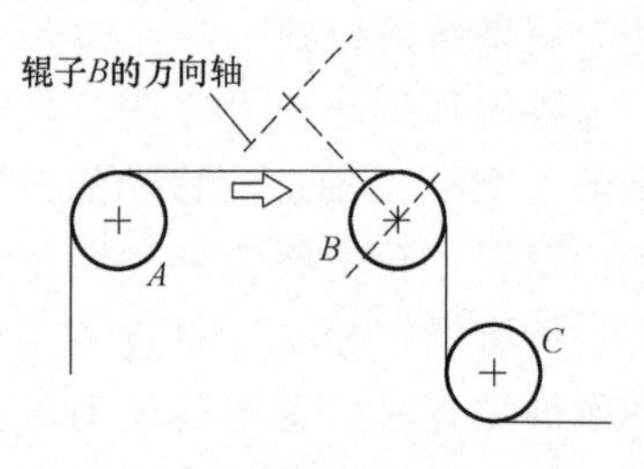

图 8-28

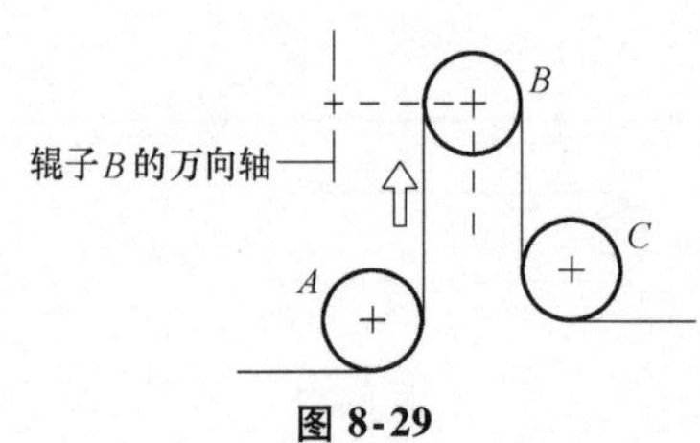

图 8-29

随着卷幅向前行进，万向辊也将会以卷幅纵向位移的衰减指数函数靠近其稳定位置（辊子轴线与卷幅转心相交）。正是由于向前行进时万向辊受到了衰减指数效应的影响，在卷幅向前移动了大概5倍于偏转半径的距离之后，可以认为万向辊到达了稳定位置。而当其反向运转时情况就完全不同了。注意到它与上游横向角度、下游角度约束对卷幅间距的影响具有相似性（见8.4节的内容）。

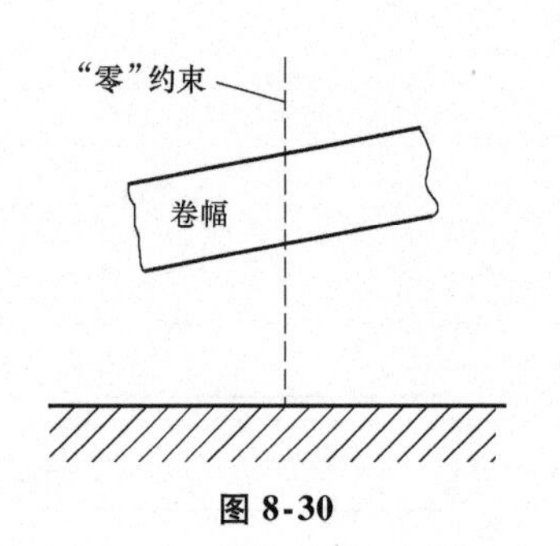

图 8-30

4. 卷幅平面的零约束示意符号

在卷幅平面示意图中，将零约束卷幅的支撑（无论是一个固定的"鞋"还是空气轴承支撑，无论是轴向柔顺辊子还是万向辊子）都画成虚线（见图8-30）。与角度约束符号（一条与卷幅边缘成直角的实线）不同，零约束的表示对卷幅边缘与虚线之间的角度没有要求。

8.10　在卷幅平面图上增加"连接"

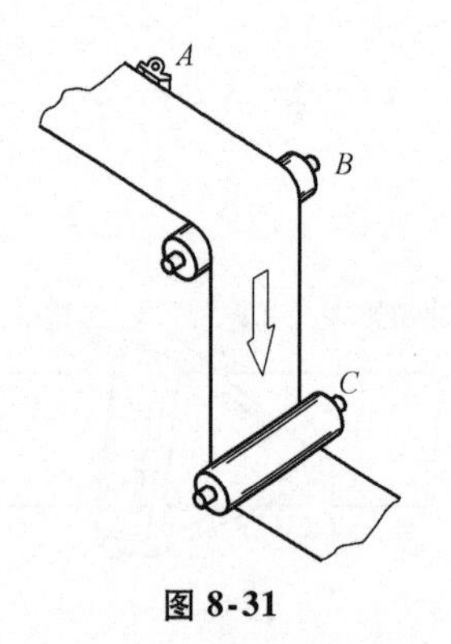

图 8-31

回顾8.2节，卷幅的传送问题实质上是一个二维问题，因此具有诸多优点。还有一个更大的好处是，我们可以利用卷幅扭转柔度获得一个额外的自由度。具体而言，我们可以利用沿跨度方向的扭转柔度，给相邻的跨度提供一个额外的自由度。图8-31所示的卷幅路径由上游横向约束 A、下游角度约束 B 和辊子 C 组成。

图8-32为图8-31所示卷幅的平面示意图，其中对 C 的偏差进行了放大。图中显示卷幅已经过约

束。约束对 A-B 定义了一个瞬心，B-C 定义了另一个，A-C 定义了第三个。卷幅要同时围绕三个瞬心进行转动。我们可以通过调整辊子 C 的倾斜度，使其轴线与卷幅平面内 A-B 的瞬心相交，并以此来解决这个问题。不过这种方案只有在卷幅的曲率半径不变的情况下才适用。当我们想要传送曲率半径不同的卷幅时（可能只是同一卷幅的不同部分），A-B 瞬心的位置将会自动移动到一个新的位置，约束 C 将不再与 A-B 的瞬心相交，我们不得不调整辊子 C 的位置使之再次倾斜。

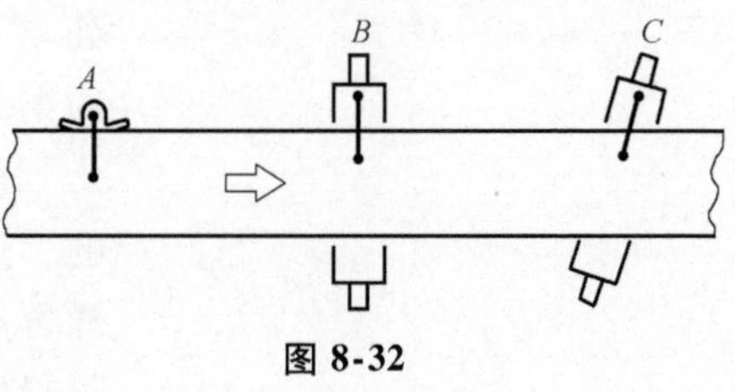

图 8-32

一种解决办法是：辊子 C 的轴线保持固定，使辊子 B 的位置可调，如图 8-33 所示。使辊子 B 的位置可调是指：使其可以绕着与进入时的跨度方向相平行的轴线自由旋转。这样，A、B 之间的卷幅只被 A、B 约束。约束 C 对 A、B 之间的卷幅没有影响，只影响辊子 B 的调节角度和 A、B 的扭转程度。但是，就像开始提到的，我们并不关心约束所控制的卷幅平面在哪里，只关心卷幅在平面的位置。因此，我们调节辊子 B 可以获得一个额外的自由度。现在，我们可以把 BC 段卷幅的约束看成卷幅在 B 处受到了横向约束（位置由约束对 A-B 决定），在下游的 C 处受到了角度约束。图 8-34 为卷幅传送装置的平面示意图。图中可调辊子 B 表示成“铰链点”。

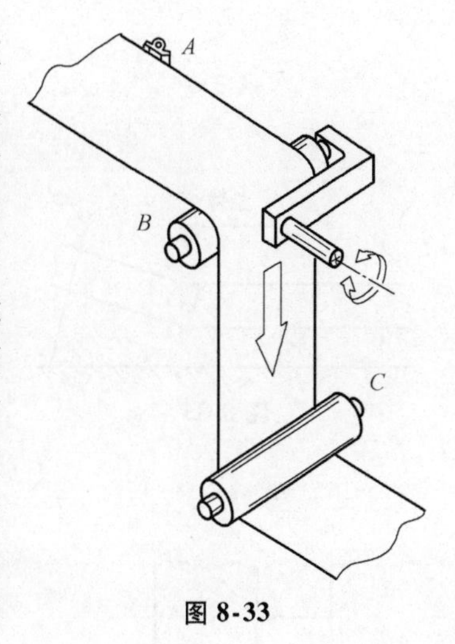

图 8-33

由于卷幅的进入部分与离开部分是正交的，万向节可以在卷幅平面示意图中表示一个连接。这时，最好采用 90°的包角，而 0°及 180°的包角根本不会起作用。因此，按照惯例，为了更有效地在卷幅平面上实现一种铰链连接，围绕万向辊的卷幅的包角应该是 45° ~135°。

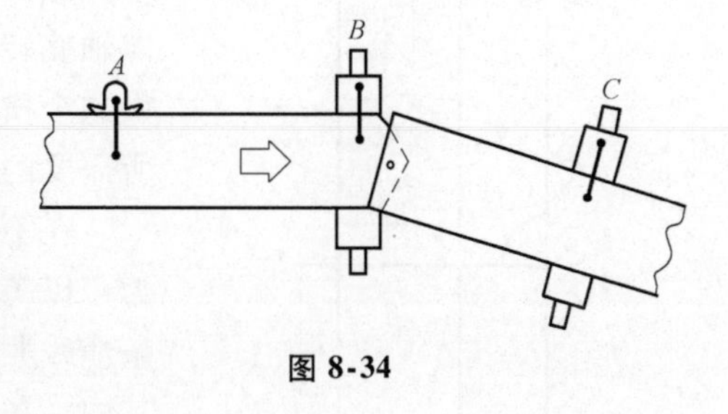

图 8-34

需要强调的是，采用上述在辊子 B 处运用万向节的办法，可以将由 B 提供的单一约束施加到 A、B 间的卷幅中去。在 8.3 节提到，A-B 约束对定义了一个瞬心，使得 AB 段绕其旋转，由此确定了卷幅在 B 的横向位置。BC 段卷幅的性能表现就像在 B

处有一个上游的横向约束，在 C 处有一个角度约束。

根据以上结论，简单地假设辊子 C 也是可调的，这样可以增加一个辊子 D 而不出现过约束。同样再假设辊子 D 可调，可以增加辊子 E，以此类推。可以想象一个长的卷幅传送线是由一系列这种可调辊子组成的，每一个辊子提供一个自由度，每个辊子都可作为前一段的角度约束。

8.11 悬臂

8.10 节提到的问题的另一种解决方法是：令辊子 B 保持固定，把辊子 C 变为零约束（利用之前提到的三种方法）。然后，就像我们所希望的那样，让辊子 C 可调，增加辊子 D。图 8-35 为平面布置图。在图中，使用了示意性符号。A 处的箭头表示边缘导引；B 和 D 处的实线代表辊子的轴线，均与卷幅边缘垂直；C 处的虚线代表零约束。某种意义上讲，AC 段的卷幅在 A、B 约束的作用下更像一个二维梁，BC 段就像一个悬臂梁，因为它并不在 A、B 之间，而是在卷幅的末端悬臂。

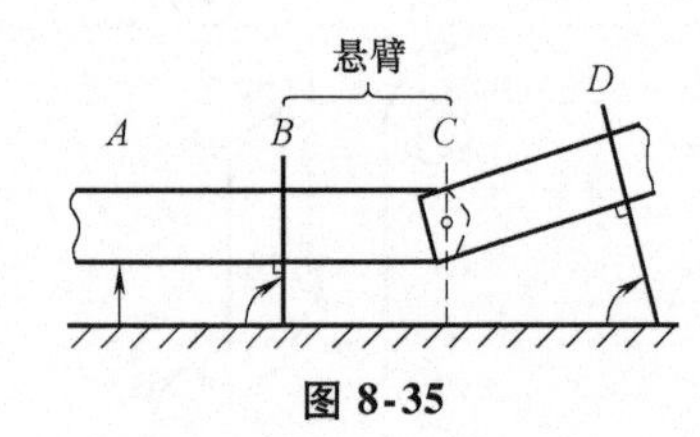

图 8-35

例如，假设我们在 C 处用一个万向辊子，就必须注意到卷幅对辊子施加一个横向力，以使其绕万向轴旋转。进一步说，正是由末端的悬臂部分来提供这个横向力，因此我们必须小心，确保悬臂部分所需要的横向力不超过卷幅能够提供的力的最大值。

在不发生屈曲的前提下，卷幅能够施加的最大力可以等效为图 8-36 所示的两条对角线，这时，两条缆线共同支撑张力 $\boldsymbol{T}$。显然，当 $\boldsymbol{F}$ 达到以下值时，其中一条缆线就会松弛：

$$F = \frac{1}{2}\ \frac{W}{l}T$$

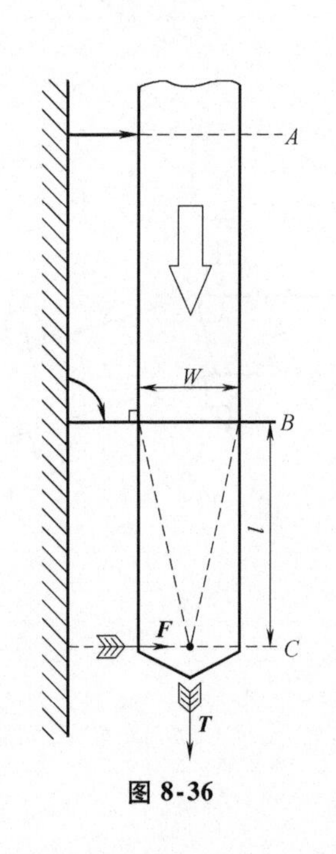

图 8-36

除了辊子 C 施加在悬臂部分的横向力，CD 段卷幅的张力也提供一个横向分力。随着 CD 段错位越多，这个分力也会越明显。因此，一旦在卷幅路径设计有悬臂部分，都要小心确保施加的力不会使卷幅产生屈曲。

8.12　实例：卷幅传送装置的平面示意图分析

现在，我们将使用卷幅平面示意图来分析一个多辊子卷幅传送装置。这个例子将告诉我们卷幅与传送装置之间的约束条件。如果与卷幅的连接处于欠约束或者过约束的状态，我们可以作出必要的改变以得到一个精确约束。只有被精确约束时，卷幅才能精确传送并且不会损坏。

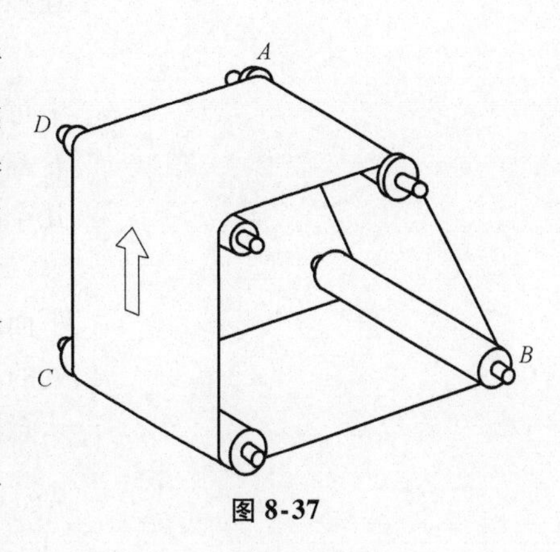

图 8-37

在我们这个例子中，所要分析的装置如图 8-37 所示，沿着装置周长的顺时针方向传送一个薄的塑料卷幅环。支撑卷幅的是四个辊子：*A*、*B*、*C* 和 *D*。

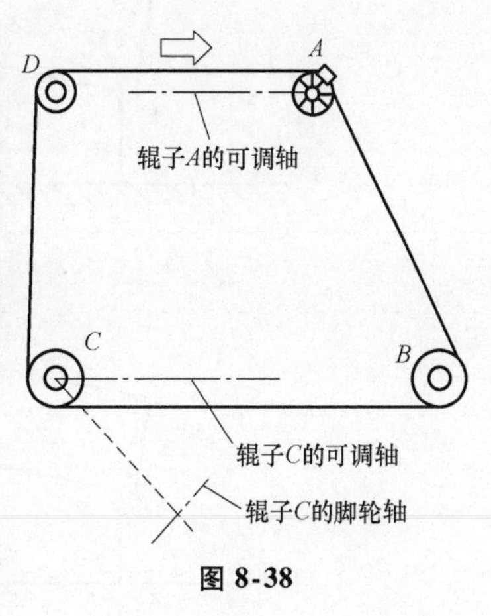

图 8-38

为便于分析，首先画出装置的侧视图（见图 8-38）显示出横向约束和零约束，以及每个辊子轴线的位置。位于顶部的辊子 *A* 是可调的，而且在 *A* 处有一个边缘导引。为了避免过约束，辊子 *A* 是轴向柔顺的。经过辊子 *A* 之后，卷幅传送到固定的辊子 *B*，一个与辊子 *B* 相连的电机提供驱动力。然后，卷幅传送到辊子 *C*，它是一个万向辊子。卷幅再继续传送到辊子 *D* 处，而 *D* 是一个位置固定的惰轮。最后卷幅再回到 *A* 处，完成一个循环。

现在，我们开始画卷幅平面示意图。作者喜欢从边缘导引开始画起，因为这个位置固定并且已知，然后往下游寻找一个角度约束。在这个例子中，*A* 处有一个边缘导引。辊子 *B* 是角度约束。平面示意图的开始部分如图 8-39 所示。卷幅横向固定在 *A* 处（有箭头），其边缘与辊子 *B* 成直角。由于存在偏差，辊子 *B* 的轴线与基座并不能保证绝对垂直。在平面示意图上，故意

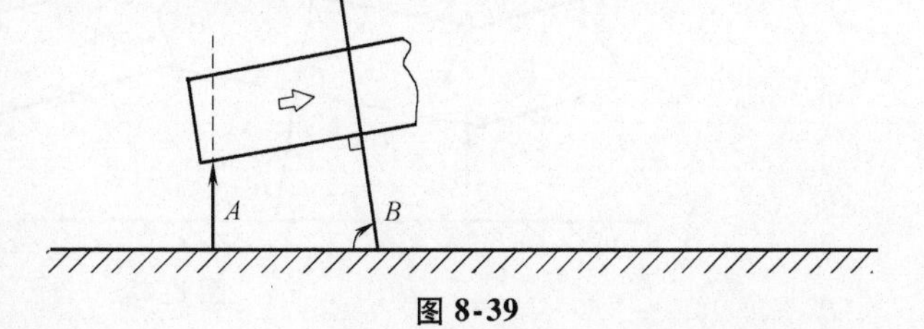

图 8-39

夸大表示这种偏差，从而使可调连接更加明显。

卷幅悬臂部分跨过辊子 B、C。由于卷幅被 A、B 精确约束，在 C 处不需要约束，因此，C 处需要一个零约束来支撑（C 是万向辊，因此是一个零约束辊子）。在图中 C 处的零约束用一条虚线来表示其轴线（见图 8-40）。

在这个例子中，卷幅路径是闭合的，因此在图中可以设定为“封闭环”。由图 8-41 可见，为了将卷幅从 C 传送到 D 再回到 A，我们需要在图中增加几个铰链点。这些铰链通过万向铰 A、C 提供。

实际上，如果不考虑辊子 D，到此就已经完成了平面示意图，如图 8-42 所示。A 处的轴向柔顺以及 C 处的万向轮都提供了所必需的零约束辊子。而在平面示意图中，A、C 处的万向铰则提供了必要的铰链。

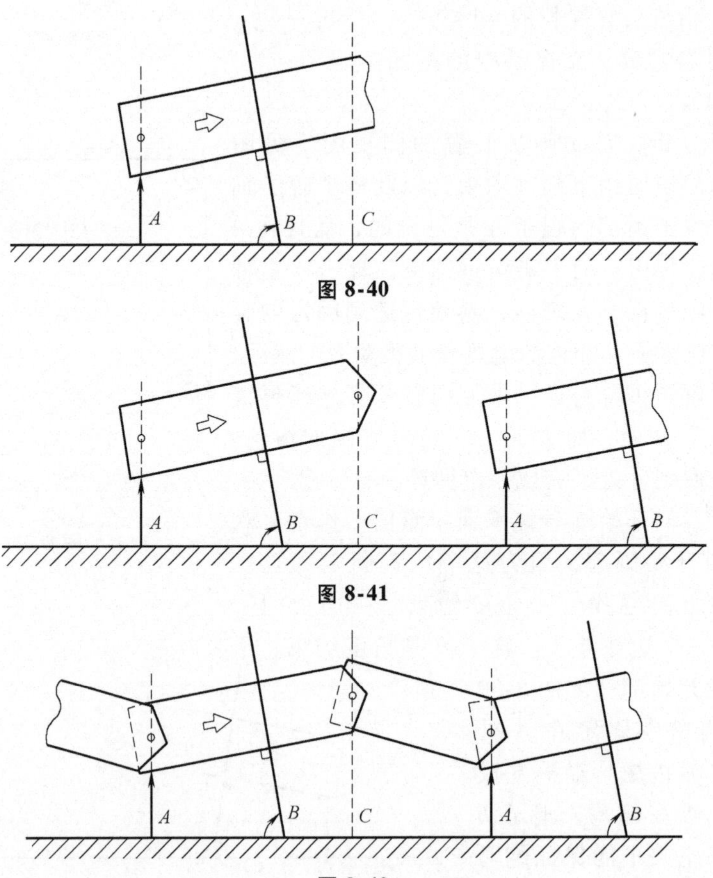

图 8-40

图 8-41

图 8-42

但是我们必须要考虑辊子 D。辊子 D 试图充当一个下游角度约束的角色，相对于固定横向约束辊子 C，如图 8-43 所示。

在某种程度上，对于卷幅平面而言，辊子 D 并不需要提供约束。因此，如果我们必须要装一个辊子 D（见图 8-44），那么它一定是个零约束辊子（比如静止“鞋”、空气轴承、轴向柔顺、万向辊等）或者是可调的。如果我们能够保证 D 是一个零约束辊子，卷幅在 AC 段的传送就如同 D 并不存在。

另一方面，如果我们选择辊子 D 可调，结果如图 8-45 所示。卷幅离开辊子 C，辊子 D 作为下游角

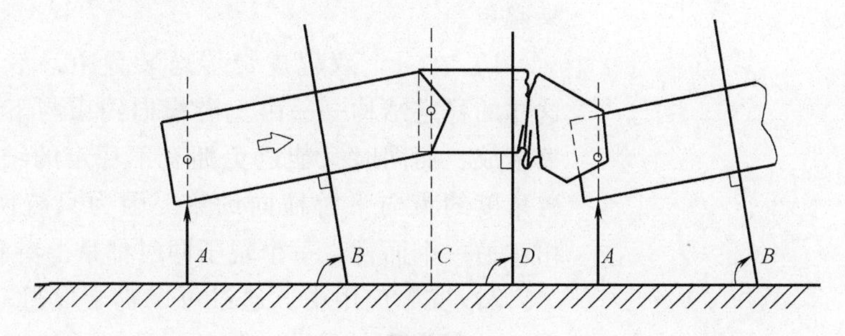

图 8-43

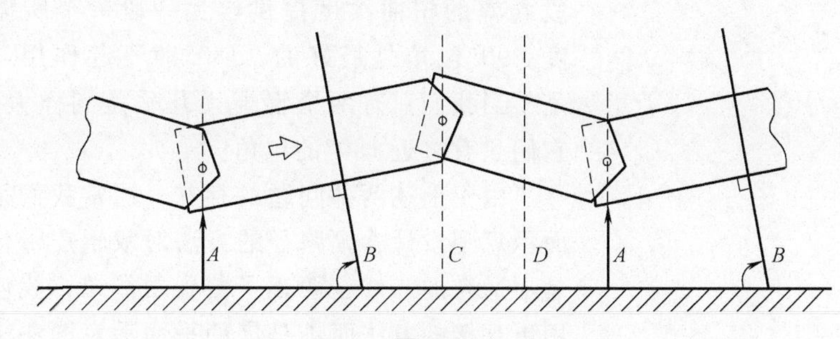

图 8-44

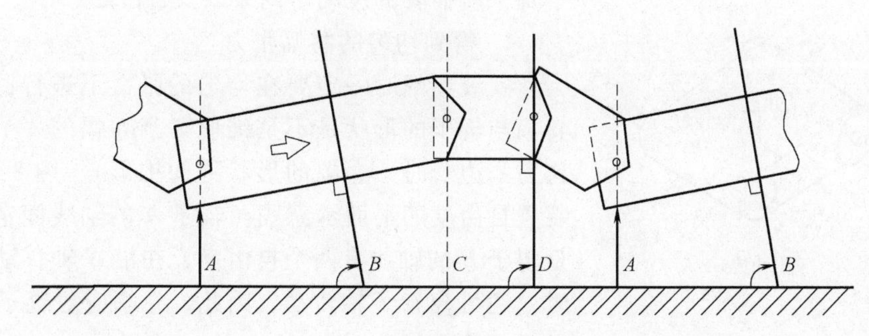

图 8-45

度调节约束。卷幅循环将会在 AD 段以很短的跨度封闭。万向辊 A、D 允许这样做。然而，平面示意图提醒设计者，由于 A、D 之间的跨距很短，辊子的明显错位将使 AD 段卷幅变得很陡。

8.13　双辊皮带传送

刚性卷幅在两个辊子的支撑下传送是一个特殊而有趣的例子，因为这种情况下会遇到很多困难，这些困难在三个或更多支撑时不会遇到，或者很容易避免。

1）在一个双辊皮带传送装置中，不可能建立这样的稳定结构——由上游横向约束与下游角度约束组成，而同时又能避免拥有不稳定的结构——上游角度约束与下游横向约束。因为只有两个辊子，相对另一个而言，每个辊子同时都是上游和下游。

2）实际应用中，通过可调辊子取得一个铰接，在 180°情况下是无法工作的。这样的连接主要靠一段卷幅的扭曲柔度提供给另一段一个所需的自由度。90°包角是最好的，180°时不起作用。不幸的是，当我们只有两个辊子（几乎是同样大小）时，它们只有将近 180°的包角。

由于上述两种问题的存在，通常我们采用的平面示意图设计卷幅路径的方法对双辊皮带传送装置是不适合的。好在两辊子装置很简单，我们可以采用更直接的方法而不是借助平面示意图法来分析两个辊子所需要的运动学约束以及自由度。

1. 得到均匀的卷幅张力

安装卷幅时一定要在均匀的张力下进行，无论卷幅与辊子的形状是不是锥形（当卷幅的一个边缘比另一边长时，卷幅的形状称为锥形）。图 8-46 为装置自由度的平面示意图。辊子 A 的轴线固定，但是辊子 B 的轴线有两个自由度，在沿 X 轴移动的同时，还可绕着 Z 轴转动，因此，卷幅应对辊子 B 提供 X 约束和 θ_Z 约束。

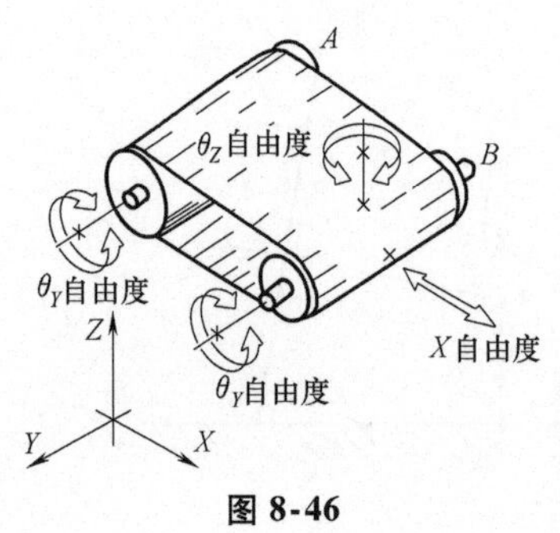

图 8-46

图 8-47 所示为一种可提供均匀张力的系统所需要的自由度。辊子 A 在绕 Z 轴方向是自由的，辊子 B 在 X 方向是自由的。考虑实际结构时该方案可能无法应用，但它确实有效。为讨论这个话题，我们不妨集中考虑图 8-47 所示的结构。

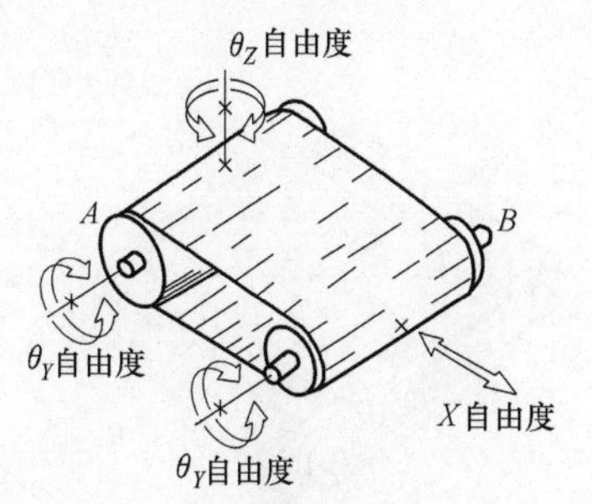

图 8-47

2. 卷幅横向位置

下面我们来讨论如何确定卷幅的横向位置。首先应考虑到辊子 B 对于辊子 A 绕 X 轴的小转角 θ_X 的影响，如图 8-48 所示（等效于辊子 A 绕辊子 B 的旋转）。由此造成了卷幅绕着每个辊子表面转动，并使它能以一个很小的螺旋角包住每个辊子。当辊子转动时，卷幅向前运动，在横向产生一个很小的移动分量。

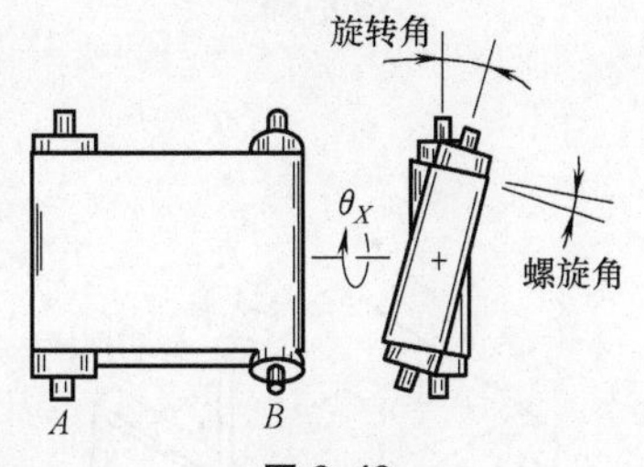

图 8-48

这时，卷幅在辊子上的运动很像丝带缠绕柱子的运动。由于丝带以螺旋方式缠绕在柱子上，随着柱子旋转，丝带绕着轴线作螺旋运动。丝带在轴向的速度取决于螺旋角的大小。相应地，卷幅的横向速度也受制于卷幅在辊子上的螺旋角。由于我们已经看到这个螺旋角由辊子绕 X 轴的旋转角 θ_X 决定，因此可以得出以下结论：

卷幅横向速度受制于辊子绕 X 轴的旋转角 θ_X。

如果我们能够检测到卷幅边缘在横向上的位置误差，就能够使用这些信息来控制辊子的旋转角，继而控制卷幅边缘横向位置移动到理想位置。

另一个控制卷幅横向位置的方法是依靠边缘导引来简化约束。当然，我们要避免过约束，因此若要使用一个边缘导引，辊子必须是零约束的。

3. 实例

图 8-49 所示为具有两个轴向柔顺辊子的卷幅传送装置。六边形的框架作为刚性支撑，左边的辊子安装在固定轴承上，右边的辊子铰接在弹簧预载的边缘平板上，为了获得均匀的卷幅张力，允许其具有 X 自由度和 θ_Z 自由度。

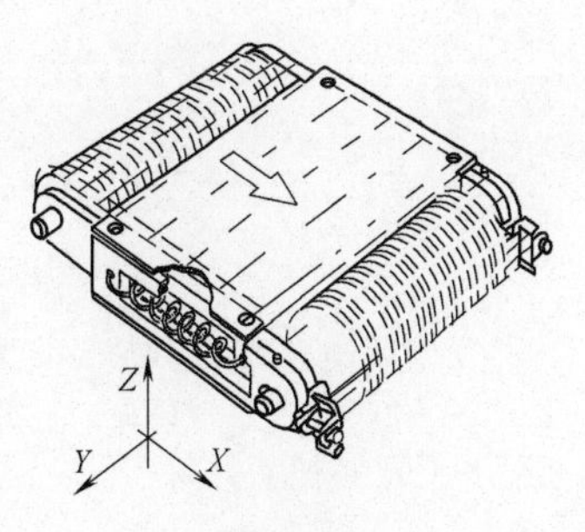

图 8-49

其中一个辊子是可调的，以实现零约束的目的。图 8-50 所示的装置中，右边的辊子可调，可以绕一个曲轴旋转。旋转轴弯曲部分的曲率中心确定

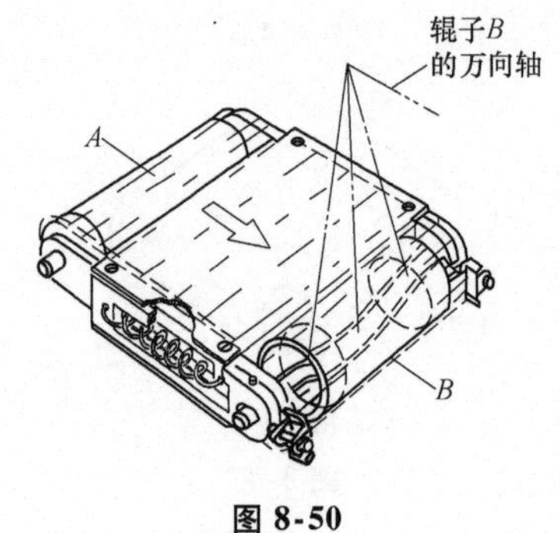

图 8-50

了辊子的旋转轴线。

可旋转的桨片为卷幅建立了“硬的”横向边缘。因为卷幅不允许具有横向移动，任何卷幅与辊子之间的螺旋角都会使得辊子横向移动。由于辊子是万向辊，这就导致伴随旋转角的改变，螺旋角必定会减小。换句话说，旋转轴线必须安装在上游而不能在下游。

卷幅边缘抵抗桨片的力与使辊子横向移动的力相等。事实上这是不可能的，因为辊子已经在其轴线上旋转，这时只需要一个很小的横向力就可以使得它轴向移动。

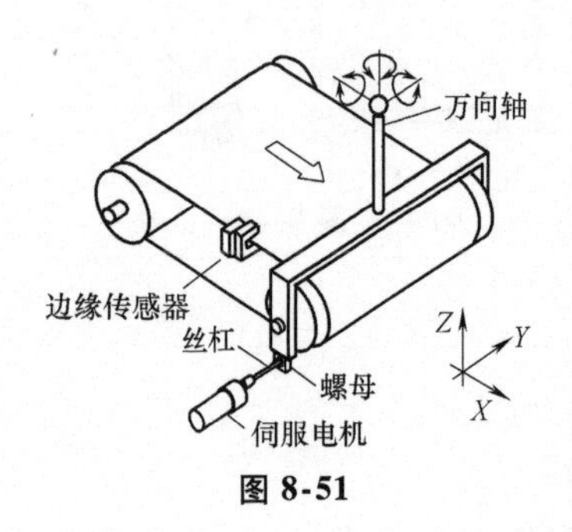

图 8-51

在图 8-51 所示的装置中，右边的辊子不能自由地绕其万向轴旋转，而是由一台伺服电机来驱动旋转轴线。同时，旋转桨片边缘导引被一对光电边缘传感器代替，与 Y 方向稍微错开安装。如果卷幅边缘位于两个传感器之间，没有信号传给伺服电机。但是当卷幅的边缘跑到死区（两个传感器决定的区域以外）时，电机会启动。伺服电机通过丝杠传动，使辊子旋转。这将带来两个立竿见影的效果：首先，卷幅边缘被重新拉离死区，使得电机再次关闭（负反馈）；其次，两个辊子之间的夹角向着减小卷幅横向速度的方向变化，使得卷幅边缘离开死区。在经过几次这样的角度修正之后，卷幅横向速度减小到零，伺服电机就很少被开启了。

在以上的例子中，万向轴的旋转达到两种立竿见影的效果：

1）对两个传感器与卷幅边缘之间的横向偏移进行修正；

2）对纵向轴进行修正。

事实上，我们知道万向轴的旋转可以等效为关于平行轴线（纵轴）的旋转和一个正交方向的移动（Y 方向）（见 3.9 节）。

这就使我们有了一个新的想法：重新设计图 8-52的装置，重新定位万向轴到纵向轴（纵向轴与万向轴平行并且与辊子轴线相交）。当然，在重新定位万向轴到纵向轴时，我们也需要提供一个边缘传感器的横向耦合运动。

图 8-53 所示的装置可实现纵向轴旋转以及在卷幅边缘与传感器之间的横向耦合移动，和此前的例子获得了同样的效果。一旦安装了传感器，无论辊子纵向角度何时改变，都能够及时发生横向移动。

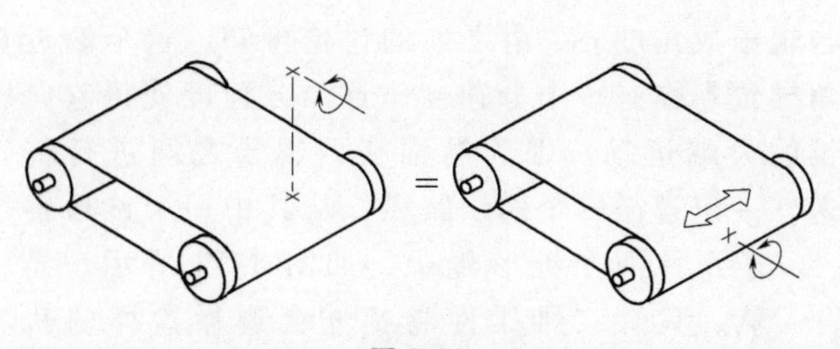

图 8-52

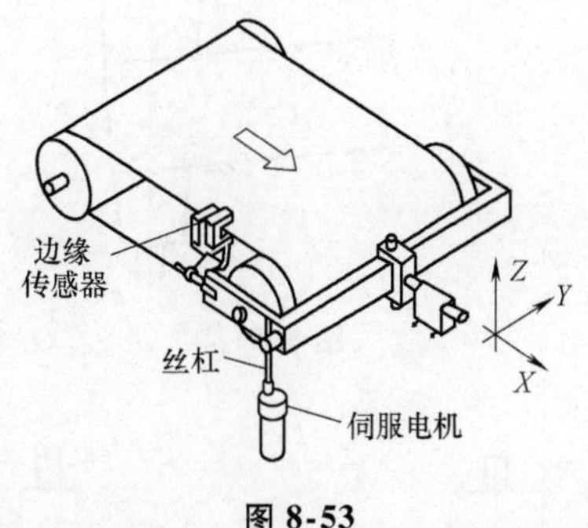

图 8-53

8.14　鼓形辊子

至此我们已经研究了二维刚性卷幅在辊子上的传送。我们发现，通过改变它们纵向轴线之间的相互位置，可以改变卷幅包角的螺旋角。同时，卷幅的横向移动比与螺旋角成正比。此外，还举了一个丝带在柱子上缠绕的例子。下面让我们继续这个话题。

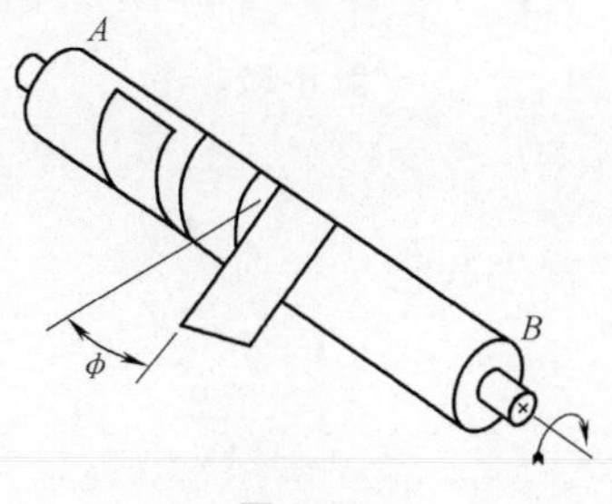

图 8-54

图 8-54 所示为一个假想的用来制造彩柱的机器。这个机器将丝带（卷幅）呈螺旋形缠绕在白色柱子（辊子）上。

丝带安装的角度是 ϕ，即丝带边缘与垂直轴线之间的夹角，也是丝带的螺旋角。丝带最初绑在柱子标记 A 的一端，直到到达标记 B 的另一端。显然，通过控制丝带的角度可以控制螺旋角，进而控制丝带的横向移动速度。我们可以以此模型来理解卷幅以一定的角度缠绕辊子时的行为。当卷幅以一定的角度缠绕辊子时，卷幅将产生一个向着一端的横向分速度向其接近。

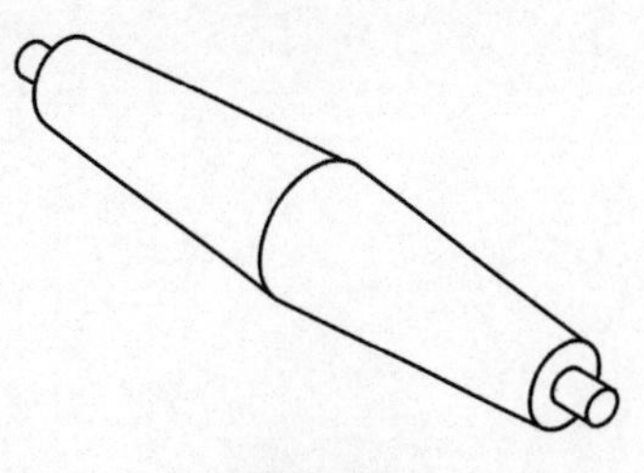

图 8-55

现在我们来研究鼓形辊子的应用（见图 8-55），

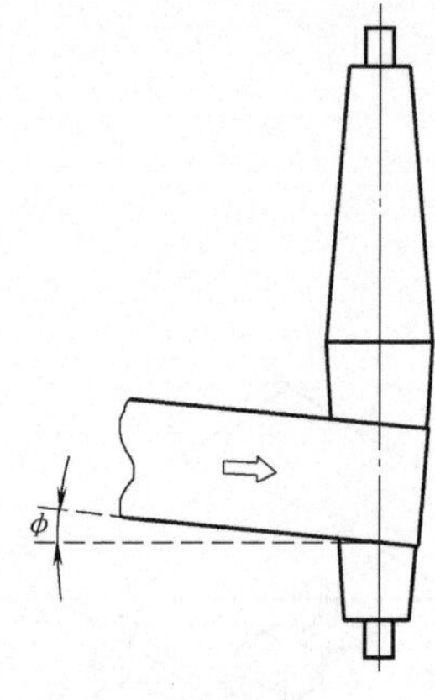

图 8-56

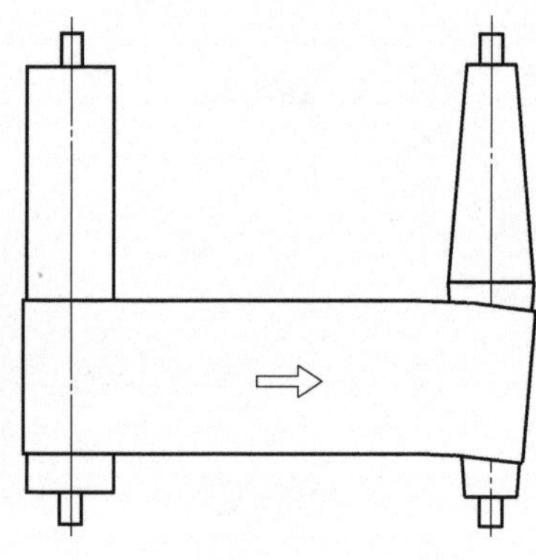

图 8-57

目的是实现在两个辊子上传送卷幅。这种情况下，鼓形辊子拥有背靠背的两个锥形体。就像我们在8.1节提到的，鼓形辊子在二维卷幅传送中还是很有用的。

为了帮助理解这种辊子的机理，图8-56给出了一段完全卷幅分布在半个鼓形辊子上的示意图。注意到由于辊子的锥形结构，卷幅被迫保持与辊子成角度 ϕ。由之前的讨论可知，这个渐近角导致卷幅有一个分速度，这个分速度使得它向锥的大端运动。因为卷幅在两辊子之间进行传送，一定遵循一个曲线路径，从其中一个锥形辊子到另一个锥形辊子，如图8-57所示。显然，只有二维柔性卷幅才会遵循这样的轨迹。保持非零的渐近角对卷幅沿曲线轨迹行进是必要的。例如，如果使用一个二维刚性卷幅来代替，卷幅就不能遵循这样的曲线轨迹，也就无法保持卷幅与锥形辊子之间的非零渐近角。因此，锥形辊子不可以应用到刚性卷幅上。但是对于一个柔性卷幅，渐近角可以保持，卷幅继续在横向上移动直到到达圆锥的大端。

本章小结

在本章中，我们将精确约束设计原理应用到了卷幅传送机械的设计中。我们使用大家熟悉的类比法研究了卷幅与每一个传送辊子之间连接的精确特性。然后，借助卷幅平面示意图，得到了全部约束线图集，清楚地看到为什么传统的卷幅传送装置为了正常工作对硬件的对准精度要求如此之高。更重要的是，我们学会了一种方法，能让我们可以设计卷幅传送装置，而不会产生过约束。此方法能够用来满足多种公差以及卷幅类型的不同设计要求。